지은이 티모시 버스티넨 • 브래들리 보이텍

티모시 버스티넨(Timothy Verstynen)은 카네기멜론대학교의 심리학과 및 인지의 신경기반 연구센터(Center for the Neural Basis of Cognition)의 조교수다.
브래들리 보이텍(Bradley Voytek)은 캘리포니아대학교 샌디에이고 캠퍼스의 컴퓨터 인지과학 및 신경과학 조교수다. 두 사람은 모두 좀비연구회 회원이며 다가올 좀비 대재앙을 연구하기 위한 연구비 지원금신청서를 준비하고 있다.

옮긴이 김성훈

치과 의사의 길을 걷다가 번역의 길로 방향을 튼 엉뚱한 번역가. 중학생 시절부터 과학에 대해 궁금증이 생길 때마다 틈틈이 적어온 과학 노트가 지금까지도 보물 1호이며, 번역으로 과학의 매력을 더 많은 사람과 나누기를 꿈꾼다. 현재 바른번역 소속 번역가로 활동하고 있다.
《단위, 세상을 보는 13가지 방법》,《아인슈타인의 주사위와 슈뢰딩거의 고양이》,《세상을 움직이는 수학개념 100》,《브레인 버그》 등을 우리말로 옮겼으며,《늙어감의 기술》로 제36회 한국과학기술도서상 번역상을 수상하였다.

좀비 꿈속의 양도 좀비인가?

DO ZOMBIE DREAM OF UNDEAD SHEEP?

Copyright © 2014 by Princeton University Press
Korean translation Copyright © 2023 by Hyungju Press
Korean edition is published by agreement with Princeton University Press through ERIC YANG Agency

이 책의 한국어판 저작권은 에릭양 에이전시를 통한
Princeton University Press와의 독점 계약으로 형주출판사에 있습니다.
저작권법에 의해 한국 내에서 보호를 받는 저작물이므로
무단전재와 복제를 금합니다.

좀비 꿈속의 양도 좀비인가?

글쓴이 | 티모시 버스티넨 & 브래들리 보이텍
옮긴이 | 김성훈

1판 1쇄 인쇄 2023. 7. 10.
1판 1쇄 발행 2023. 7. 20.

펴낸곳 형주 | 펴낸이 주명진
표지·편집 디자인 예온

신고번호 제 333-2022-000002호 | 신고일자 2022. 1. 3.
주소 부산광역시 해운대구 마린시티 2로 38 2동 2710호
전화 051-513-7534 | 팩스 051-582-7533

© Hyungju Press, 2023

ISBN 979-11-977647-4-5 03470

좀비 꿈속의 양도 좀비인가?

신경과학으로 상상해 보는 좀비의 뇌

티모시 버스티넨 & 브래들리 보이텍 지음 | 김성훈 옮김

차례

서문

1	그레이(좀비) 아나토미	17
2	좀비 꿈속의 양도 좀비인가?	45
3	느린 움직임의 신경 상관물	75
4	배고픔, 분노, 어리석음	97
5	좀비 대재앙 앞에서 울어봐야 소용없다!	129
6	꼬인 혓바닥	147
7	좀비의 주의철수 결핍증	183
8	그나저나 이 좀비 얼굴은 누구지?	207
9	내가 어떻게 내 자신이 아니지?	231
10	이터널 좀비 선샤인	249
11	좀비 대재앙에 과학으로 맞서자!	279

감사의 말	314
용어 설명	316
참고문헌 & 추천도서	330

PRELUDE

헛되지 않은 희생

　이 책은 과학에 관한 책이다. 구체적으로 말하자면 생각하는 인간으로 존재한다는 것의 본질적 의미를 탐구하는 책이다. 안타까운 일이지만 신경과학이라는 학문은 비극을 바탕으로 세워진 부분이 적지 않다.

　인간의 뇌에 대해 우리가 이해하고 있는 내용 중에는 사람의 뇌가 외상이나 질병에 시달리는 경우를 연구해서 알아낸 부분이 상당히 많다. 이 사람들은 의학문헌에서 머리글자 뒤에 익명으로 숨겨져 있는 사람이지만, 우리가 사랑하는 사람이기도 하다. 이들은 우리의 부모, 배우자, 형제, 자식, 친한 친구다. 하지만 어떤 불행이 찾아와 이들의 삶을 영원히 바꾸어 버렸다. 중추신경계가 손상을 입어서 행동하고, 생각하고, 지각하는 방식이 달라져 버렸기 때문이다.

　이런 손상과 그로 인해 생기는 행동의 변화 사이의 관계를 연구함으로써 우리는 우리 뇌의 실제 작동 방식에 대해 헤아릴 수 없을 만큼 귀한 통찰을 얻었다. 인간의 뇌에 대한 이해가 진화하면서 기초과학만 발전하는 것이 아니라 새로운 치료법과 완치법의 발전을 위한 필수적인 토대도 함께 닦여지고 있다. 신경과학 분야에서 우리들은 이런 개인적 비극으로부터 한 방울의 지식까지 모두 짜내어 한 번에 한 환자씩, 세상을 더 좋은 곳으로 만들기 위해 끊임없이 노력하고 있다.

  이 책은 주로 좀비에 관한 내용을 다루는 것으로 보이겠지만 사실 그런 개인적 비극으로부터 배운 교훈에 바치는 송시다. 그리고 환자들의 일상생활에 영향을 미치는 복잡한 질병을 이해하기 위해 시간을 들여 자신의 환자들에 대해 공부하고 연구한 과학자들에게 바치는 송시다. 그리고 아무런 잘못도 없이 질병에 걸려 고통 받으면서도 하얀 가운을 입은 낯선 사람이 던지는 질문들을 참고 견뎌 준 이들에게 바치는 송시다.

서문

 책가게 선반에서 이 책을 집어들며 이렇게 생각했을지도 모르겠다. "어떻게 좀비의 신경과학이란 게 존재할 수 있지?" 좀비가 뇌를 갖고 있는 것은 사실이다(전하는 얘기에 따르면 좀비를 죽이려면 그 뇌를 파괴해야 한다고 하니). 하지만 '좀비 신경과학'이 하나의 독립적인 연구 분야로서 자격이 충분하다고 주장하기는 쉽지 않다. 뇌, 특히 행동과 인지cognition 사이의 관계를 연구하는 신경과학은 공상 같고 우스꽝스러운 하위 전문분야로 이미 많이 나뉘어 있다. 거기에 하나를 또 더하자고?

 그런데 신경과학자들은 모든 것에 대한 답을 알고 있다는 사실을 알고 있었는가? 《뉴욕타임스》나 다른 대중매체의 '오피니언Opinion'(독자 기고) 코너를 즐겨 읽는 독자라면 당신이 아이폰과 사랑에 빠지는 이유, 자녀에게 산타클로스에 대해 거짓말을 하는 것이 신경학적으로 건강한 육아 형태인 이유, 혼수상태를 유도하면 천국이 증명되는 이유를 신경과학이 설명할 수 있음을 이미 알고 있을 것이다. 인간의 모든 실존을 우리의 흐릿한 렌즈로 걸러서 보면 인생의 모든 질문에 답할 수 있다. 우리의 추정에 따르면 2015년 초반 정도에는 인생의 의미를 설명하는 기능적 자기공명영상fMRI 연구가 나와야 한다(힌트: 여기에는 42개의 뇌 영역이 관련되어 있다). 철학, 종교, 물리학 분야에 종사하는 동료들에게 이런 소식을 전하기는 정말 미안하지만 몇몇 환상적인 뇌 촬영 장치와 이십 년에 걸친 각고의 고민 끝에 우리 신경과학자들은 이제 모든 것을 이해할 수 있게 됐다. 그러니 그들도 다른 취직자리를 알아보는 것이 낫겠다.

만약 신경과학이 다른 모든 것에 대한 만병통치약이자 설명이라면 좀비 대재앙이라고 못 다룰 이유가 무엇인가? 좀비를 상품화한 시장도 존재하는 마당에 말이다.

다시 당신이 지금 손에 들고 있는 이 책으로 돌아가 보자. 이 모든 사건의 발단은 2010년 여름 어느 날 매트 목Matt Mogk에게서 걸려 온 전화 한 통이었다. 그는 좀비연구회Zombie Research Society의 회장이자 『그건 더 이상 네 엄마가 아니야That's Not Your Mommy Anymore』와 『당신이 알고 싶은 좀비에 관한 모든 것Everything You Ever Wanted to Know about

Zombies』의 저자다. 매트는 브래들리가 강의한 유튜브 동영상을 하나 보았는데 그 동영상에서 브래들리는 세가^Sega 비디오게임과 마블 코믹스^Marvel Comics의 만화를 주식으로 먹고 자랐다고 했다. 매트는 브래들리가 만화와 뇌를 둘 다 좋아하니 아무래도 좀비 뇌의 본질을 탐험하는 데 제격이지 않을까 알고 싶어 했다. 브래들리는 이렇게 생각했다. "물론 그렇긴 한데… 이 말도 안 되는 수수께끼를 물어보기에 적당한 사람이 한 명 더 있죠."

그 후로 일이 모두 술술 풀려서 여기까지 왔다.

우리(티모시와 브래들리)는 캘리포니아대학교 버클리캠퍼스에서 박사 과정을 하다가 만났다. 우리는 비침습적 뇌 자극 프로젝트 noninvasive brain stimulation에서 짧게 공동으로 연구를 진행했었다. 그 연구는 다른 많은 과학실험과 마찬가지로 쓸 만한 결과를 얻지 못했지만 그 과정에서 우리는 둘 다 좀비 영화를 좋아한다는 사실을 알게 됐다. 그래서 진짜 과학과 더불어 터무니없는 좀비 연구도 시작했다. 부디 여러분도 이 터무니없는 연구를 좋아했으면 좋겠다. 무릇 진정한 과학이란 이래야 하는 것이라며 우리를 비난하지 않았으면 좋겠다.

이 좀비 연구는 정말이지 재미있었다. 우리는 둘 다 괴짜면서 과학에 대해 대중과 소통하고 교류하는 것이 중요하다고 믿는 과학자이기도 했다. 이것은 우리의 괴짜 과학과 비과학적 측면을 결합할 수 있는 두 번 다시 오기 힘든 기회였다. 브래들리는 지난 10년 동안 샌디에이고 코믹콘^San Diego Comic Convention(만화 등 서브컬처 관련 전세계적 규모의 박람회)에 매년 빠짐없이 참석해 왔고, 여드름투성이 십대였던 20년 전부터도 간간이 참석했었다. 그는 평생 자신의 과학자 경력 때문에 바로 그 컨벤션에서 수백 명의 만화광 앞에서 강연을 하게 되리라고는 생각해 본 적이 없었다(사실 그 강연장은 그가 매년 개최되는 신경과학 학회 학술대회에서 그보다 훨씬 적은 수의 신경과학자들을 모아놓고 실제 신경과학에 대해 강연했던 바로 그 강연장이었다). 티모시는 십대 시절에 〈카멧 나이트Night of the Comet〉(돔 에버하트Thom Eberhardt 감독, 1984년)와 〈바탈리언Return of the Living Dead〉(댄 오배넌Dan O'Bannon 감독, 1985년)을 연이어 처음 본 이후로 좀비 영화에 중독되었다. 애초에 티모시가 뇌에 관심을 갖게 만든 존재가 바로 타만Tarman이었다.•

좀비가 보이는 행동의 생물학적 기반에 대해 이야기하는 동안 얼마나 많은 사람이 우리와 함께 그 이야기에 빠져드는지 보면서 정말 놀랐다. 사람들이 자기한테 다가와 "저는 가족을 거느리고 있고, 성인이 된 이후로 남부럽지 않은 경력도 다져온 사람인데 두 분 때문에 신경과학자가 되고 싶다는 꿈이 생겼습니다!" "우연히 두 분 덕분에 과학을 좋아하기 시작했습니다!" 등의 말을 들으면 내가 뭔가 제대로 물긴 물었다는 생각이 들었다. 과학자로서 우리는 대중과 단절된 상태로 문제를 연구하며 많은 시간을 보낸다. 그러다 마침내 사람들과 공명하는 무언가를 연구하게 됐다는 생각이 드니 참 기분이 좋았다. 특히나 그 연구가 바보 같은 짓이라 더 좋다.

앞에서 신경과학은 모든 것을 안다고 했지만 사실 신경과학자들은 생물학적으로 사랑이 무엇인지, 사랑이 뇌 어느 곳에 저장되는

• 아마도 타만은 대중문화에서 사람들이 제일 많이 알아보는 좀비일 것이다. 그는 혼자만의 힘으로 '뇌'와 '좀비'를 하나의 문장 속에 묶는데 성공했다.

지 알지 못한다. 신경과학으로는 당신이 아이폰을 정말 사랑한다는 것도 증명하지 못한다(그나저나 〈뉴욕타임스〉 오피니언 코너에는 실제로 이런 글이 올라왔었다).• 우리는 당신의 마음을 읽지도(아직까지는), 알츠하이머병도 완치하지 못한다(역시나 아직까지는).

신경과학이 이런 일을 할 수는 없지만, 그래도 터무니없는 이 두 신경과학자와 한 무리의 좀비를 통해 당신이 무언가 배울 수 있지 않을까, 그리고 이 책을 읽다 보면 우리가 좋아하는 연구를 하면서 느낀 경이로움을 당신도 함께 나눌 수 있지 않을까 바람을 가져본다.

요즘 들어 좀비 바람이 뜨겁게 불고 있다는 것을 부정할 사람은 없을 것이다. 그 이유에 대해 많은 얘기가 나왔다. 우리 중 몇몇도(브래들리, 맥스 브룩스Max Brooks, 매트, 그리고 몇몇 좀비 전문가) 2011년 샌디에이코 코믹콘에서 토론자로 참석했었다(코믹콘은 매년 10만 명이 넘는 온갖 취향의 괴짜들이 모이는 연례행사다). 좀비의 인기가 어디서나 급증하고 있는 이유에 대한 설명 중 우리가 좋아하는 것은 사회적 상호작용과 소통의 방식이 새로워지고 있고, 세계화와 사회적 변화가 점점 커지고, 전례 없던 기술적 발전이 이루어지고 있으며, 번영과 불확실성이 뒤섞이는 등 세상이 점점 복잡해지는 것이 그 이유라는

• Martin Lindstrom, "You Love Your iPhone. Literally." New York Times Sept. 30, 2011(http://www.nytimes.com/2011/10/01/opinion/you-love-your-iphone-literally.html?_r=0)).

것이다. 텔레비전, 비디오게임, 영화에서 좀비 장르의 장점은 그것을 백지 삼아 작가가 이해하기 힘든 사회적, 심리적 공포와 염려를 얼마든 그 위에 투영할 수 있다는 점이다.

유전자 조작? 그건 좀비물이 제격이지! 핵무기와 방사능? 그것도 좀비지! 계급투쟁? 그것도 좀비! 인종차별? 역시나 좀비! 실존적 위기와 자아 혹은 자유의지의 불확실성? 당연히 좀비! 생물학적 실험? 두말 할 것 없이 좀비! 우주 탐험? 좀비! 걷잡을 수 없는 소비지상주의? 좀비! 무의미한 폭력? 좀비! 죽음? 좀비!!

맥스 브룩스는 CNN과의 인터뷰에서 이렇게 말한 적이 있다. "금융붕괴의 머리에 총알을 박아넣을 수는 없지만, 좀비한테는 그럴 수 있죠. … 나머지 다른 문제들은 너무 커요. 앨 고어$^{Al\ Gore}$가 지구 온난화를 제대로 표현해 보려고 했었지만 실패했죠. 우리 금융기관들의 붕괴를 표현하기도 힘들어요. 하지만 길을 따라 구부정한 자세로 다가오는 좀비를 표현하기는 어렵지 않습니다."** 좀비 현상의 폭발적 인기를 무시하기는 힘들다. 2002년에 나온 영화 〈28일 후$^{28\ Days\ Later}$〉는 좀비 영화를 새로운 시선으로 바라보게 만들어 이 장르에 새로운 활력을 불어넣었다. 그와 같은 해에 〈레지던트 이블$^{Resident\ Evil}$〉(기념비적 좀비 비디오게임)이 리마스터링되어 닌텐도 게임큐브에 출시되면서 비평가들로부터 엄청난 찬사를 들었다.*** 그

** http://www.cnn.com/2009/SHOWBIZ/10/02/zombie.love/index.html?iref=24hours.
*** IGN이 제시한 태그라인이 이 모든 것을 말해준다. "우리가 플레이했던 제일 예쁘고, 분위기 있고, 여러 모로 제일 무서운 게임": http://cube.ign.com/articles/358/358101p1.html.

다음 해인 2003년에 맥스 브룩스는 『좀비 서바이벌 가이드Zomebie Survival Guide』라는 유명한 책을 써서 좀비 문학 장르의 전체적인 수준을 한 단계 올려놓았다. 그리고 이듬해인 2004년에 나온 〈새벽의 황당한 저주Shaun of the Dead〉는 좀비 장르도 웃길 수 있음을 보여주어, 〈내 친구 파이도Fido〉(2006), 〈좀비랜드Zombieland〉(2009), 〈웜 바디스Warm Bodies〉(2013) 등의 영화가 나올 수 있는 길을 터주었다. 1980년대에도 잠깐 〈카멧 나이트〉와 〈바탈리언〉같이 웃기는 좀비 영화들이 쏟아져 나왔던 적이 있다. 하지만 그 중에서 현대의 좀비 코미디 영화처럼 인기를 끈 것은 없었다.

이 책에서는 좀비에 대해 이렇게 코믹하고 재미있는 태도로 접근해 보려고 한다. 이 책의 목표는 좀비를 이용해서 인지신경과학 분야를 재미있게 이해할 수 있는 플랫폼을 제공하고, 그와 함께 독자들에게 신경학의 역사와 뇌 자체의 특성에 관한 정보를 제공하는 것이다. 좀비를 사회적 병폐를 비유하는 도구로 이용할 생각은 없다. 대신 좀비의 다양한 행동장애를 세심히 들여다보고, 좀비의 모든 행동을 만들어내는 이 신화 속의 기관, 즉 좀비의 뇌를 들여다보면서 좀비를 이해해 볼 것이다.

영화 〈28일 후〉의 도입 부분에서 한 외로운 대학원생이 좀비 원숭이에게 찢겨 죽기 전에 이렇게 말했다. "무언가 치료하고 싶으면 먼저 그것을 이해해야 해."

그래서 이 책에서도 우리는 그렇게 이해해 볼 생각이다. 뒤에서 다룰 내용들은 신경과학적 사실, 역사와 관련된 보충설명, 개인적 일화, 그리고 방대한 좀비와 대중문화 참고자료들을 모아놓은 것이다. 특히 고전주의와 신고전주의 좀비 영화와 좀비 문학작품에 나오는 장면들을 많이 언급할 것이다. 구체적으로는 다음의 자료에서 나오는 줄거리가 자주 등장한다.

〈살아있는 시체들의 밤〉(Night of the Living Dead, 조지 로메로George Romero 감독, 1968년)

〈시체들의 새벽〉(Dawn of the Dead, 조지 로메로 감독, 1978년)

〈바탈리언〉(Return of the Living Dead, 댄 오배넌 감독, 1985년)

『나는 좀비를 만났다The Serpent and the Rainbow』(책, 웨이드 데이비스 Wade Davis, 1985년)

〈이블 데드 2〉(Evil Dead 2, 샘 레이미 감독, 1987년)

〈28일 후〉(28 Days Later, 대니 보일Danny Boyle 감독, 2002년)

〈새벽의 황당한 저주〉(Shaun of the Dead, 에드가 라이트Edgar Wright 감독; 2004년)

〈랜드 오브 데드〉(Land of the Dead, 조지 로메로 감독, 2005년)

〈내 친구 파이도〉(Fido, 앤드류 커리Andrew Currie 감독, 2006년)

〈좀비랜드〉(Zombieland, 루벤 플레셔Ruben Fleischer 감독; 2009)

『피드Feed』(책, 미라 그랜트Mira Grant, 2010년)

〈워킹 데드〉(The Walking Dead, 텔레비전 드라마, 2010년 –)

〈웜 바디스〉(Warm Bodies, 조나단 레빈Jonathan Levine 감독, 2013년)

『월드 워Z World War Z』(책, 맥스 브룩스, 2006년) (영화, 마크 포스터 Marc Forster 감독, 2013년)

설명하는 과정에서 스포일러가 있을 것이다. 미리 경고했다.
아니다. 지금 당장 가서 이 영화들을 모두 보고, 책도 읽어 보기 바란다. 어서 가라. … 우리는 여기서 기다리고 있겠다.

다 보고 왔는가? 좋다. 이제부터는 엄청난 스포일러가 쏟아질 것이다!

이 책은 우리가 앞서 프로젝트를 진행하면서 다른 매체를 통해 발표했던 자료들을 모아 놓은 것이다. 우리의 블로그나 강연에서 여기서 보았던 낯익은 내용을 접할 수도 있겠지만, 이 책에서는 여러분이 수월하게 좀비를 연구할 수 있도록 여기저기 조금씩 흩어져 있던 토막정보들을 깔끔하게 한 권의 책으로 묶어 놓았다.
그럼 동료 좀비 과학자들이여! 이제 좀비 뇌 왕국으로 떠나보자!

1장

그레이(좀비) 아나토미

> 야만인들 사이에서 신체나 정신이 약한 자는 곧 도태된다.
> 그리고 살아남은 자들은 보통 튼튼한 건강 상태를 보여준다.
>
> — 찰스 다윈, 『인간의 유래』

당신은 지금 좀비의 뇌에 관한 책을 읽을 참이다. 잠시 그 부분에 대해 생각해 보자. 그 생각에 흠뻑 빠져들어 보자. 당신이 지금까지 살면서 내린 어떤 결정들이 당신을 지금 이 순간으로 이끌었는가?

이번에는 생각을 메타 차원으로 한 단계 올려 당신이 방금 했던 모든 생각에 대해 다시 생각해 보자. 먼저 당신은 우리 두 저자가 살짝 창의력을 발휘해서 쓴 글을 읽었다. 당신은 그 글을 이해했고, 그것이 당신의 행동을 변화시켰다. 당신은 내면의 기억 회상 과정을 통해 당신이 살아온 삶에 대해 깊이 생각해 봤다. 어쩌면 애초에 저자들이 어떤 결정을 통해 이 책을 쓰게 됐는지에 대해서도 생각해 봤을지 모르겠다.

당신은 방금 생각, 기억, 감정의 융합을 경험했고, 또 이 책을 읽으면서 계속 경험하게 될 것이다. 이런 융합은 모두 뇌에서 끊이지 않고 일어나는 전기화학적 과정의 교향곡이 만들어내는 산물이다. 종이에 인쇄된 글자를 읽고, 과거의 기억을 끄집어내며 우리가 당신에게 언어로 요청한 내용을 따르는 등 당신이 방금 수행한 각각의 생각 단계는 당신의 머리뼈 속 회백질gray matter에 퍼져 있는 뉴런neuron의 작은 네트워크들이 수행하는 것이다.

신경과학자의 입장에서 보면 우리가 그런 온갖 '생각'을 할 수 있다는 사실 자체가 너무도 놀라운 일이다. 하지만 그런 생각을 전혀 할 수 없다면? 아니면 생각은 조금 할 수는 있는데 그에 대해 아무런 감정도 느낄 수 없다면? 아니면 감정은 느낄 수 있는데 아무것도 기억할 수 없다면?

신경과학은 그저 신경조직이나 뉴런, 신경신호에 대해서만 다루는 학문이 아니다. 신경과학은 철학, 계산이론, 심리학에도 강하게 뿌리를 내리고 있다. 이것은 가끔 경이롭기도 하지만 좌절을 안겨줄 때가 더 많은 아주 어려운 문제다.

이것이 우리를 여기까지 오게 만들었다. 서문에서 말했듯이 공교롭게도 이 책을 쓴 두 명의 과학자 역시 좀비 영화라면 사족을 못 쓰는 사람들이다.

이 작은 사고실험의 목표는 걸어다니는 시체walking dead에게 대체 무슨 일이 일어났길래 멀쩡하던 사람들이 소위 "아무 생각 없이 걸어 다니는 시체mindless walking corpses"• 로 변했는지 이해하는 것

• 영화 '랜드 오브 데드[Land of The Dead]'에서 아무나 흉내 낼 수 없는 역할을 맡은 데니스 호퍼Dennis Hopper가 이렇게 말했다.

이다. 이것을 이해하려면 뇌가 어떻게 사람과 좀비의 행동을 만들어내는지 먼저 이해해야 한다. 그럼 뇌가 정확히 무엇인지부터 알아야 한다.

하지만 좀비의 회백질로 파고들기 전에 한 발 뒤로 물러서서 양쪽 귀 사이에 자리 잡고 있는 1.35킬로그램짜리 이 작은 신경조직에 대해 먼저 살펴보자.

뇌 스캐너 없는 신경과학

이 장과 뒤로 이어질 장에서 우리는 종래의 법의신경학적forensic neurology 접근방식을 통해 좀비의 행동에서 나타나는 특성들을 뇌의 다양한 영역과 연관 지어 보려고 한다.

법의신경학적 접근방식이라니 대체 무슨 말일까?

전통적인 신경학neurology은 원래 살아있는 사람의 머릿속을 촬영할 수 있는 큼직한 기계장치가 발명되기 전에 뇌 연구에 적용하던 과학적 방법론이었다. 신경학은 뇌에서 무언가가 잘못됐을 때 환자에게서 신경학적 증상이 나타나는 이유를 이해하는 데 초점이 맞춰져 있지만 그 과정에서 건강한 뇌의 작동방식에 대해서도 많이 알게 됐다. 1800년대 중반에 신경학이 시작됐을 때 의사들은 그냥 사람과 동물의 행동을 관찰하는 것만으로 뇌의 작동방식을 추론해야 했다. 이것은 관찰대상의 행동을 자세한 부분까지 꼼꼼하게 관찰해서 그것을 바탕으로 뇌에 관해 추론하는 섬세한 기술이었다. 하지만 이것이 19세기 신경학의 등장과 함께 시작된 것은 아니다. 사실 이런 형태의 연구는 수 세기 전부터 이어져 내려오고 있었다.

우리는 보통 신경과학neuroscience(신경학은 뇌의 장애를 다루는 의학 분야인 반면, 신경과학은 건강한 뇌를 연구하는 실증적 학문 분야다)이 현대의 과학이라 생각하지만, 사실 이미 서기 150년에서 190년 사이에 로마의 의사 클라우디우스 갈레노스Claudius Galen가 뇌와 신경이 행동과 연관되어 있음을 실험적 연구를 통해 최초로 입증한 바 있다.

뇌 촬영 기술이 등장하기 거의 2000년 전의 이야기를 하고 있음을 명심하자. 닥터 하우스Dr. House(미국의 의학드라마 '하우스House'에 나오는 주인공 의사 - 옮긴이)는 그냥 환자를 MRI 촬영실로 보내면 뇌가 얼마나 건강한지 확인할 수 있지만, 2000년 전이면 그보다 까마득히 먼 옛날이다. 당시의 의사와 과학자들은 아주 적은 정보만 가지고 아주 많은 일을 해야 했다. 그렇다 보니 창의적이어야만 했다. 다양한 것을 시도해 보았다는 의미다. 그 중에 어떤 것은 효과가 있었고, 어떤 것은 없었다. 하지만 가끔은 무언가 새로운 것이 밝혀져 거의 알려진 것이 없던 뇌에 대해 일말의 지식이나마 보탤 수 있었다.

예를 들어 살아있는 돼지를 대상으로 진행한 유명한 실험에서 갈레노스는 호흡의 조절에 관여하는 신경을 추적하려 했다. 그러다 우연히 되돌이후두신경recurrent laryngeal nerve을 절단하게 됐다. 이 신경은 후두larynx, 즉 성대vocal cord의 근육을 통제하는 신경이다. 그러자 돼지는 꿀꿀거리는 소리를 바로 멈췄지만 여전히 호흡하면서 몸을 움직일 수 있었다. 많은 위대한 과학적 발견과 마찬가지로 그도 성대의 통제 방식을 순전히 우연으로 알아낸 것이다.

갈레노스는 또한 로마 검투사들의 의사이기도 했다. 검투사들은 툭하면 부상을 당하는 사람들이었다. 잔혹한 부상을 당할 때가 많은 이 남자들을 치료하는 과정에서 그는 척수의 절단이 행동에 어떤 영향을 미치는지 관찰하게 됐다. 특히 절단 부위 아래쪽으로는 마비가 오는 경우가 많았다. 그는 동물을 대상으로 실험을 하면서 이 연구를 이어갔고, 척수를 아주 높은 수준인 뇌간brainstem에서 절단하면 동물이 죽는다는 것을 알게 됐다. 이 관찰을 통해 우리의 팔다리가 척수를 따라서 나오는 서로 다른 출력에 의해 어떻게 통제되고 있는지 처음으로 엿볼 수 있었다.

안타깝게도 갈레노스 이후로는 뇌에 대한 지식이 오랫동안 정체되어 있었다. 그러다 계몽주의 시대가 펼쳐지면서 과학적 방법론의 아이디어가 다시 부활했다. 1800년대 초반에는 마리 장 피에르 플루랑스Marie Jean Pierre Flourens가 갈레노스가 한 것과 비슷한 실험을 진행했는데 이번에는 주로 토끼와 비둘기를 대상으로 이루어졌다. 그는 뇌의 서로 다른 부분들을 제거한 후에 그들의 행동을 관찰해서 뇌의 서로 다른 영역들이 행동과 어떻게 관련이 있는지 이해하려 했다. 그는 제거된 특정 영역에 따라 동물이 근육협응muscle coordination(신체의 신경기관, 운동기관, 근육 등이 서로 호응하며 조화롭게 움직이는 것 - 옮긴이) 능력을 상실하거나, 호흡 조절 능력, 혹은 특정 인지기능 수행 능력을 상실하는 것을 알아냈다. 이런 연구결과는 비록 초보적인 수준이었지만 뇌가 어떻게 우리를 살아있게 하는지에 관해 소중한 통찰을 제공해 주었다.

산업혁명에서 시작해서 1940년대와 50년대에 의학계에서 뇌 촬영기법을 처음으로 채용할 때까지는 이런 전통적인 관찰내용이 신경학 문헌의 주류였고, 의사들이 의지할 수 있는 내용도 이것이 전부였다.

이제 지금이 1916년이고 당신은 군의관이라고 상상해 보자. 한 병사가 폭발에서 살아남았지만 머리에 심한 부상을 입었다. 이 병사는 잠시 기절했었다 의식을 회복했지만, 글을 쓰고 포크로 음식을 먹는데 어려움이 생겼다.

당신이라면 이 행동을 어떻게 진단하겠는가? 뇌 촬영도구가 없다는 것을 명심하자. 환자의 뇌 영상을 하나 촬영해 보고 이런 식으로 말할 수는 없다. "유감이지만 자네 소뇌가 손상된 것 같군. 그래서 글쓰기에 문제가 생긴 거야. 하지만 이런 조치를 내릴 수 있겠어."

이것을 진단 내리려면 기존의 연구에서 정보를 얻어야 한다. 이런 연구는 대부분 플루랑스의 토끼와 비둘기 같은 동물에서 나온 것이다. 따라서 병사의 뇌에서 어느 영역이 손상을 받았기에 더 이상 칫솔 같은 일상적인 용품을 사용하는 법도 모르게 됐는지 이해하려면 아주 예민한 감각과 기존의 신경학 문헌에 관한 광범위한 지식을 겸비하고 있어야 한다. 게다가 이 모든 것을 오늘날보다 훨씬 못한 기술을 바탕으로 진행해야 한다. 좀비의 뇌에 무슨 일이 일어난 것인지 이해하려는 경우도 아주 비슷한 상황에 처하게 된다. 실제 좀비를 MRI 촬영실에 밀어넣을 수는 없기 때문에 이렇게 관찰을 통해 진단을 내리는 고전적인 방식에 기댈 수밖에 없다. 좀비의 뇌를 진단하는 이 여정에서 첫 번째 단계는 뇌와 그 안에 들어 있는 여러 부분들에 관한 기본적인 지도를 제작하는 것이다. 좀비의 뇌에서 무엇이 잘못됐는지 분석할 때 이런 지도가 유용하게 쓰일 것이다.

거대한 생물학적 통신망

뇌는 모든 자발적 행동을 주도하는 기관이다. 아침에 침대를 박차고 일어나게 만드는 것도 뇌이고, 노을을 바라보고, 장미꽃 냄새를 맡고, 초콜릿을 맛보고, 축구공을 차고, 다가오는 좀비의 머리에 도끼를 휘두르게 만드는 것도 모두 뇌다.

본질적으로 뇌는 뉴런neuron과 신경교세포glia라는 작은 세포들이 수십 억 개 모여 있는 것에 불과하다. 뉴런은 작은 입출력 연산기처럼 작동한다. 컴퓨터의 트랜지스터와 비슷하다고 할 수 있다. 다만 그보다 조금 더 복잡할 뿐이다. 뉴런의 꼭대기에는 가지돌기dendrite라고 하는 작은 가지들이 돋아 있어서 다른 세포의 소리에 귀를 기울일 수 있다. 이 가지에서 흘러들어온 정보는 세포체soma라는 세포의 몸통을 통과한다. 뇌에서 뉴런이 들어있는 부분인 회백질gray matter에 그런 이름이 붙은 이유가 바로 이 세포체 때문이다.* 밀도 높은 세포체가 있는 조직이 세포체가 없는 조직보다 조금 더 어두워 회백색으로 보인다. 가지돌기를 통해 모인 정보는 세포체에서 통합되고, 그에 따라 뉴런이 '발화fire'할 것인지, 말 것인지 결정이

---

* 사실은 오트밀을 더 많이 닮았지만, 자세한 부분까지 들어갔다가는 다시는 오트밀을 먹고 싶은 기분이 안 들 것 같다.

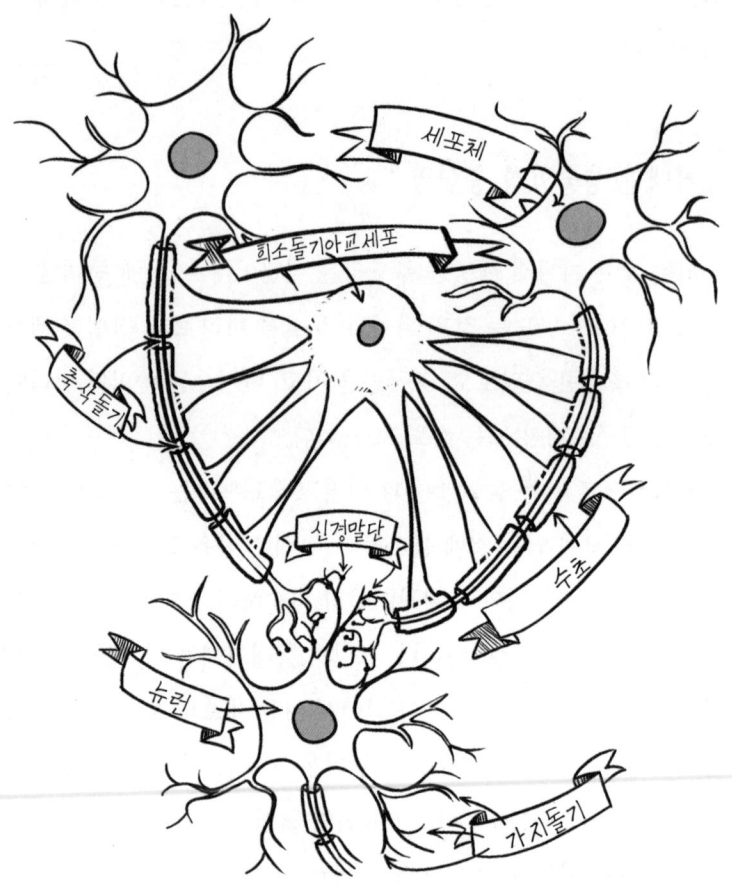

그림 1.1 뇌세포에는 통신을 담당하는 세포(뉴런, neuron)와 뒷바라지를 담당하는 세포(신경교세포, glia)가 있다. 양쪽 모두 세포의 생명을 유지하는 구조물이 들어 있는 세포체(soma)를 갖고 있다. 뉴런은 전깃줄 같은 구조물(축삭돌기, axon)을 따라 전기적 충동(electrical impulse)을 보내서 통신한다. 이 축삭돌기는 다음 뉴런의 가지(가지돌기, dendrite)와 거의 맞닿아 있는 연결부(시냅스, synapse)를 형성한다. 통신 분자(신경전달물질, neurotransmitter)는 이 시냅스 공간으로 분비된 후에 다시 신경세포의 가지돌기에 있는 수용체(receptor)와 결합한다. 신경교세포는 지방질의 코팅(수초, myeliin sheath)으로 축삭돌기를 절연하는 역할과 주변에 있는 분자와 신경전달물질을 청소하는 역할을 한다.

내려진다. 발화한다고 실제로 불이 나는 것은 아니고, 전기 신호가 만들어진다는 뜻이다. 이 전기 신호는 축삭돌기axon라는 덩굴손처럼 생긴 긴 구조물을 통해 세포에서 멀리 떨어진 곳으로 전달된다. 축삭돌기를 백질white matter이라고도 부른다. 색이 정말 하얗게 보이기 때문이다. 기본적으로 축삭돌기는 뇌라는 컴퓨터에 들어 있는 생물학적 전선이라 생각할 수 있다. 각각의 축삭돌기 끝에는 여러 개의 작은 분지가 갈라져 나온다. 이것을 축삭말단axon terminal이라고 하며, 다른 세포의 가지돌기와 연결되어 있다. 가지돌기가 나무의 가지라면 축삭은 나무의 몸통이고, 축삭말단은 뿌리다.

각각의 뉴런은 전하를 축적해서 다른 뉴런과 통신한다. 뉴런에 전하가 축적되면 축삭돌기에서 자신과 그 하류downstream 뉴런의 가지돌기 사이에 있는 작은 틈으로 신경전달물질neurotransmitter, 신경조절물질neuromodulator이라 불리는 화학물질을 분비한다. 이 틈을 시냅스 간극synaptic cleft이라고 한다. 이 화학물질이 그 다음 뉴런의 전압을 바꾸어 자체적 활동전위action potential를 발화할 가능성을 높이거나 낮춘다. 이런 전달 과정이 뇌에서 일어나는 근본적인 계산 과정이다. 한 세포는 자기와 연결된 세포들이 보내는 신호를 바탕으로 발화할지, 말지 여부를 결정한다. 이 부분에 대해서는 다음 장에서 조금 더 자세히 알아보겠다.

하지만 그렇다면 앞에서 언급했던 또 다른 세포인 신경교세포는 무슨 일을 할까? 오랫동안 대부분의 신경과학자들은 이것이 뉴런을 위해 일하는 일종의 조수라고 생각했다. 신경교세포는 뉴런들이 온갖 곳에 이 신경전달물질을 쏘고 다니며 어지럽혀 놓은 난장판을 정리한다. 그리고 뉴런의 건강을 유지하고 세포간 통신을 촉진하는 역할도 한다. 신경교세포의 조수 모형도 어느 정도 정확한 것이기는 하지만, 신경교세포가 그보다 훨씬 중요한 역할을 한다는 것이 점점 분명해지고 있다. 신경교세포도 자체적으로 약간의 계산을 담당하고 있음을 보여주는 연구들이 매년 늘고 있다. 하지만 이것이 어떤 계산인지, 그리고 그것이 행동과 어떤 관련이 있는지는 여전히 큰 수수께끼로 남아 있다.

하지만 이 모든 것이 어떻게 뇌를 작동하게 만드는 것일까?*

뇌가 상호연결된 거대한 통신망이라는 것이 알려진 지는 꽤 됐다. 물론 이 통신망이 얼마나 거대한가에 대해 처음에 추정했던 내용을 보면 조금 과장이 있었던 것이 사실이다. 예를 들어 1933년 6월 25일자 〈뉴욕타임스〉에 실린 한 기사의 헤드라인은 다음과 같았다. "뇌에 들어있는 전화선의 숫자는 1 뒤로 0이 1500만 개 달려 있다: 과학자들이 천문학도 무색하게 만드는 어마어마한 수를 말하다"였다. 우리가 현재 알고 있는 뉴런과 축삭돌기의 크기로 따지면 뇌의 크기가 태양계보다도 살짝 커야 한다는 말이다. 하지만 이 수치에 조금 과장이 있는 것은 사실이지만 실제로 뉴런의 수는 어마어마하다. 대략 800억 개에서 1,000억 개 정도의 세포가 각각 백 개에서 수만 개씩 다른 세포와 연결되어 있다. 따라서 기본적으로 뇌는 거대하게 연결되어 있는 컴퓨터 연결망으로 작동하는 셈이다.

---

* 여기서 말하는 뇌는 진짜 사람의 뇌다. 앞으로 이어질 40,000개 정도의 단어에서는 가짜 좀비 뇌에 대해 이야기할 것이니까 말이다.

그 안에는 수 조 개의 부품이 서로 연결되어 있다.

이것을 시야를 넓혀서 살펴보자. 컴퓨터 네트워크 회사인 시스코 Cisco의 보고서에 따르면, 2013년 현재 전체 인터넷에는 100억 개 정도의 활성화된 연결이 존재한다.** 2020년까지도 전체 인터넷의 연결은 500억 개에도 미치지 못할 것이다. 그럼 당신의 뇌는 전체 인터넷보다 거의 10배나 많은 연결을 갖고 있다는 말이다.

하지만 한 걸음 뒤로 물러나서 현미경 없이 뇌를 보면 아주 주름이 많다는 사실이 눈에 들어온다. 조직이 샤페이 견종의 얼굴처럼 쭈글쭈글하게 접혀 있다. 이렇게 주름이 접혀 있는 이유는 우리 머리뼈 속에는 이 세포들이 모두 들어갈 만한 공간적 여유가 많지 않기 때문이다. 그래서 조직이 최대한 촘촘하게 접혀서 들어가 있다. 이 주름에서 산처럼 튀어나온 부분을 뇌이랑gyrus이라고 한다. 그리고 골처럼 들어가 있는 부분을 뇌고랑sulcus이라고 한다. 어느 산이 얼굴을 볼 수 있게 해주고, 어느 골이 팔을 움직일 수 있게 해주고, 이런 뇌이랑과 뇌고랑을 가로질러 통신을 가능하게 해주는 신경 부호가 무엇인지 이해하는 것이 우리 신경과학자들의 일이다.

뇌의 지도

이 책에서는 뇌에 있는 이 산과 골, 그리고 그 안 깊숙이 묻혀 있는 기묘하고 복잡한 뉴런 무리(신경핵nucleus이라고 한다)에 주로 초점

** http://newsroom.cisco.com/feature-content?type=webcontent&articleId=1208342.

을 맞출 것이다. 언뜻 보면 뇌는 중구난방으로 주름잡혀 있는 기관으로 보이겠지만 사실 뇌는 대단히 일관된 짜임새를 갖고 있다. 그럼 인간의 뇌를 구성하는 다양한 부분들을 살펴보자.

파충류의 뇌

인간의 뇌를 탐구하는 우리의 여행은 이미 좀비병zombism과의 관련성이 밝혀진 뇌 영역에서 시작한다. 『좀비 부검The Zombie Autopsies』(2012)이라는 소설에서 정신과의사 스티븐 슬로스만Steven Schlozman은 걸어다니는 시체들은 뇌가 파괴되어 소위 '악어의 뇌' 혹은 '파충류의 뇌'의 기능만 남아있다는 주장을 펼쳤다.

이 악어의 뇌란 무엇이고, 뇌의 다른 부위들과는 어떻게 다를까?

우리들 각자에게 원초적인 파충류의 뇌reptilian brain가 들어 있다는 개념을 처음으로 공식화한 사람은 신경과학자 폴 매클린Paul MacLean이다. 그리고 이 개념을 대중화시킨 사람은 칼 세이건Carl Sagan이었다. 그는 『에덴의 용The Dragons of Eden』이라는 책을 쓸 때 이 개념을 적극적으로 빌려왔다. 매클린이 뇌에 적용한 개념적 틀거리를 '삼위일체 뇌 모형triune brain model'이라고 부른다. 뇌가 세 개의 개별 복합체로 구성되어 있다는 의미다(이름이 중요한 것은 아니지만 완벽을 기하기 위해 얘기하자면 이 세 부분은 각각 파충류 복합체reptilian complex, 고대포유류 복합체paleomammalian complex, 신포유류 복합체neomammalian complex라 불린다). 알려진 해부학적 구분을 이렇게 대략적으로 나누는 지도가 여전히 어느 정도 사용되고 있다.

여기까지는 괜찮다.

하지만 안타깝게도 매클린의 가설에서는 이 세 가지 복합체가 서로 다른 진화 단계를 나타내며(이것은 사실이 아니다) 서로 비교적 독립적으로 작용하기 때문에 별개의 '의식'을 가능하게 한다고(아마도 그렇지 않을 것이다) 주장했다. 이것은 각각의 동물이 발달의 진화적 단계에 따라 서로 다른 유형의 의식을 갖고 있을 거라는 의미다. 이런 개념이 흥미로운 것은 분명하지만 현대 신경과학에 따르면 정상적인 상태에서 우리가 서로 경쟁하는 독립적인 의식들을 갖고 있다는 주장을 뒷받침할 증거가 없다. 대부분의 뇌 영역 사이에 막대한 양의 통신이 이루어지고 있기 때문이다.

이렇게 장황하게 글을 쓴 이유는 그저 신경과학자들은 이 '파충류의 뇌'라는 용어를 좋아하지 않는다는 말을 꺼내기 위한 것이었다. 이 용어가 뇌와 진화가 어떻게 함께 작동하는지에 관해 그릇된 인상을 심어주기 때문이다. 그럼에도 파충류의 뇌라는 이름이 그대로 굳어졌기 때문에 이 용어를 살짝 비꼬는 의미의 약칭으로 당분간 사용하도록 하자. 파충류의 뇌가 인간의 뇌보다 덜 진화한 것이 결코 아님을 알아야 한다. 왜 그럴까? 현재 지구상에 살아남은 모든 종은 동일한 시간 동안 진화해서 나온 결과물이기 때문이다. 악어나 다른 파충류, 혹은 지능이 떨어지는 동물들은 그저 서로 다른 진화적 압력evolutionary pressure에 대응하기 위해 진화했을 뿐이다. 악어는 다리를 건설하거나, 페이스북에 재치 있는 상태 업데이트를 올릴 수 있을 정도로 똑똑할 필요가 없다. 물소를 잡아먹고 번식을 하는 데 이런 일들이 필요하지 않기 때문이다.

파충류의 뇌는 몇 개의 큰 세포 덩어리로 구성되어 있다. 이 세포

덩어리를 신경핵이라고 한다. 이 회로에서 제일 쉽게 알아볼 수 있는 부분은 편도체amygdala라는 신경핵이다. 편도체는 아몬드 한 알 크기 정도의 뇌 영역으로 대략 머리뼈 양쪽 관자놀이 뒤에 자리잡고 있다. 편도체는 어느 한 기능에만 국한되어 있는 것이 아니라 '투쟁-도피 행동fight-or-flight behavior', 감정 조절 등 기본적 생존과 관련된 서로 다른 여러 행동과 관련되어 있다. 뇌 깊숙한 곳에 자리잡은 또 다른 뇌 영역으로 시상하부hypothalamus가 있다. 이 작은 신경핵 무리는 배고픔, 수면, 스트레스 같은 것을 조절한다. 시상하부가 이런 이름을 갖게 된 이유는 말 그대로 시상thalamus이라는 또 다른 뇌 영역 아래 자리잡고 있기 때문이다. 시상은 뇌의 메인 스위치보드로 신피질neocortex(신피질에 대해서는 뒤에서 얘기하겠다)에 들어있는 거의 모든 영역, 그리고 신피질 아래서 발견되는 여러 다른 뇌 영역(피질 하부 영역subcortical area이라고 한다)과 대화한다. 마지막으로 파충류의 뇌에서 중요한 마지막 부위는 바닥핵basal ganglia의 신경핵들로 구성되어 있다. 바닥핵은 서로 다른 신경핵들이 모여 있는 집합으로 모두 한데 연결되어 신피질 안에서 작은 계산 회로computational loop를 형성하고 있다. 여기에 대해서는 4장에서 더 자세히 얘기하겠다.

파충류의 뇌에서 사람의 신경망까지

현재 신경과학자들은 '파충류의 뇌'를 구성하는 뇌 영역들을 심부 뇌 영역deep brain region이라고 부른다. 그냥 '신피질이 아닌 부분'을 이렇게 부르는 것이다. 이런 용어를 사용하는 이유는 이런 영역들 대부분이 머리뼈의 가장자리로부터 먼, 뇌 깊숙한 곳에 묻혀 있기 때문이다.

'심부 뇌 영역'과 '신피질' 간의 구분을 이해하려면 뇌의 해부학과 진화에 대해 조금 알고 있어야 한다. 지렁이 같은 단순한 생명체에서는 기본적으로 뇌가 몸으로부터 감각 정보를 가져오고 행동 실행 명령을 내보내는 척수에 불과하다. 이는 반사작용보다 살짝 복잡한 수준이다. 더 복잡한 생명체는 시각, 미각, 청각 같은 감각 능력을 더 많이 가지고 있기 때문에 그런 감각을 처리하기 위해 더 많은 신경 구조를 갖고 있다. 마지막으로 가장 복잡한 동물들은 기억, 보상, 인지조절cognitive control, 그리고 좀비 무리들을 막는 장벽을 설치해서 미래를 대비하는 목표 지향적 행동goal-directed behavior 같이 더 인지적인 부분에 관여하는 뇌 영역도 갖고 있다.

하지만 이런 개념도 엄밀하게 말하면 100퍼센트 정확한 것은 아니다. 이렇듯 생겨난 지 얼마 안 된 과학 이론은 모호한 세상이다 보니 그 안에서 사는 것이 정말 피곤할 때가 있다.

이렇게 복잡성의 수준이 단계별로 증가하는 것을 예전의 단순한 행동에 사용되었던 신경구조물 위에 또 다른 신경구조물이 덧붙여진 것이라 생각할 수 있다. 빨간색 찰흙 덩어리를 밧줄처럼 길게 말았다고 생각해 보자. 이것이 기본 운동, 반사작용, 촉각의 처리 등에 필요한 척수다. 그리고 그 위에 주황색 찰흙 뭉치를 붙였다고 해보자. 이것이 뇌간brainstem이다. 이것은 좀 더 복잡한 운동과 호흡 같은 기본적 생명 기능에서 핵심적인 역할을 담당하는 뇌 영역이다. 그리고 그 위에 노란색 찰흙 덩어리를 철썩 붙이면 그게 중간뇌midbrain이다. 중간뇌는 빛과 운동의 감지 같은 저수준의 시각 처리에 관여

그림 1.2 뇌는 서로 다른 하위영역들을 갖고 있고 그 중 진화적으로 가장 원시적인 것은 척수다. 동물의 신경계가 복잡함이 증가함에 따라 뇌간과 소뇌 같은 뇌 영역들이 척수 위에 덧붙여졌다. 6층으로 이루어진 온전한 신피질을 갖고 있는 것은 포유류뿐이다.

한다. 중간뇌에는 도파민^{dopamine} 뉴런도 들어 있다. 이 뉴런은 운동과 보상 신호, 혹은 중요한 환경 변화의 신속한 감지에서 역할을 하는 것으로 여겨진다. 이 위에 초록색 공을 올려놓으면 그것이 시상^{thalamus}이다. 시상은 뒤이어 나오는 크고 파란 부분과 감각기관 사이에 놓여 있는 문지기다.

피질cortex(신피질을 그냥 피질이라고도 한다)은 다른 모든 구조물을 덮도록 쌓아올린 파란색의 큰 찰흙 덩어리다. 피질을 의미하는 영단어 'cortex'는 라틴어로 '나무껍질', '덮개'를 의미한다. 대부분의 사람이 뇌라고 하면 떠올리는 그림이 바로 이 피질이다. 피질은 수많은 산과 골로 주름이 져 있는 커다란 뇌 영역이다. 피질은 모든 포유류에 존재하며 주변 세상을 인식할 때 여러 방면에서 반드시 필요한 것으로 보인다. 악어 같은 파충류는 이 파란색 찰흙 덩어리인 피질이 아예 없다. 하지만 기본적인 생명 기능에 중요한 영역인 척수, 뇌간, 중간뇌는 갖고 있다.

흥미롭게도 거의 모든 뇌 구조물은 대칭으로 존재한다. 그래서 모두 좌반구에 하나, 우반구에 하나, 이렇게 2개씩 있다. 이런 양측성 구조bilateral organization가 중요한 이유는 몇 가지 행동을 병행해서 반독립적으로semi-independent 진행하는 것이 가능해지기 때문이다. 예를 들어 나는 오른손으로는 좀비를 향해 총을 발사하면서 왼손에 든 야구배트로는 나에게 비틀거리며 달려드는 다른 좀비들을 저지할 수 있다. 이렇게 하려면 내 뇌의 운동피질motor cortex(피질 중 운동을 조절하는 영역. 3장에서 설명한다) 중 왼쪽 절반은 내 오른 손으로 신호를 보내 방아쇠를 당겨 총을 발사하게 만들고, 오른쪽 절반은 왼쪽 팔 근육을 움직여서 공격해 오는 좀비를 저지해야 한다.•

• 하지만 이것이 문제가 될 수 있다. 두 운동피질이 뇌들보(corpus callosum)라는 동일한 백질 다발을 통해 서로 대화를 하기 때문이다. 그래서 야구배트를 휘두를 때 이것이 총을 들고 있는 팔도 같이 움직이게 만들어 조준이 흔들릴 수 있다. 따라서 뇌들보가 없는 경우가 아니면 이런 방법을 추천하지 않는다.

'반독립적'이라고 말한 이유는 내가 의지를 발휘해서 두 손이 서로 다른 두 가지 행동을 하겠다고 마음먹을 수는 있지만, 수면 아래서는 내가 신경 쓸 필요가 없는 수많은 무의식적 과정이("왼쪽 손가락폄근을 45퍼센트 펴고, 12킬로그램의 체중을 오른쪽 배바깥빗근으로 옮겨 13도 회전하라"는 식으로 생각할 필요가 없다는 뜻이다) 진행되고 있기 때문이다. 뇌의 서로 다른 반구에서 나오는 이 모든 운동은 반구들 사이, 그리고 심부 뇌 영역과 신피질 사이에서 정보를 통합해서 일어난다.

언뜻 보아서는 심부 뇌 영역들이 아주 단순한 일만 하고 있는 것 같겠지만 이들 각각은 그 자체로 제대로 된 기능을 수행하고 있는 하나의 뇌다. 이 심부 영역들은 신피질이 없어도 복잡한 시각 정보를 처리하고, 아주 복잡한 결정을 내릴 수 있다.

영화 〈쥬라기 공원〉(감독 스티븐 스필버그Steven Spielberg, 1993년)에서 비 내리는 밤에 티라노사우루스가 그랜트Grant 박사와 아이들을 공격하던 장면을 기억하는가? 그랜트 박사는 렉스Lex에게 움직이지 말라고 소리친다. 움직이지 않으면 티라노사우루스가 렉스를 보지 못할 거라 생각했기 때문이다. 그랜트 박사는 티라노사우루스가 파란색 찰흙 덩어리 피질이 없는 파충류이기 때문에 비 내리는 밤에 차를 배경으로 있는 두 사람의 복잡한 이미지 속에서 세부적인 내용을 파악하기는 힘들지만, 빛의 변화나 움직임 같이 거친 특성들은 쉽게 구분할 수 있다는 것을 알고 있었다. 이것은 중간뇌에 있는 위둔덕superior colliculus*이라는 뉴런 집합 때문이다. 중간뇌는 척수와 뇌간 위에 올라가 있는 노란색 찰흙 덩어리로 움직임에 강하게 반응한다. 움직임이 없으면 신경반응도 일어나지 않기 때문에 시각적으로 지각하지도 못한다.

위둔덕과 다른 심부 뇌 신경핵들은 신피질의 복잡한 회로가 없어도 움직이는 표적을 시각적으로 처리해서 물기나 뻗치기 등의 운동을 수행할 수 있다. 티라노사우루스 같은 파충류는 우리의 뇌 깊숙한 곳에 자리 잡은 것과 비슷한 회로에 의존하는 대단히 효율적인 사냥꾼이다.**

뇌 영역들이 진화적으로 덧붙여졌다는 것은 수백만 년에 걸쳐 변화하는 진화적 압력의 결과로 오래된 뇌 영역이 사라지는 것이 아니라, 다른 용도에 맞게 최적화되었다는 의미다. 삼위일체 뇌 이론이 어떻게 형성되었는지 이제 감이 오는가? 사람의 심부 뇌가 그저 악어의 뇌 위에 일부 신피질이 덧붙여진 거라는 생각도 어느 정도 일리는 있다. 하지만 물론 그것은 사실이 아니다.

포유류도 움직임에 대한 시각처리를 도와주는 위둔덕을 갖고 있다. 우리는 또한 파란색 찰흙 신피질에 더 수준 높은 시각처리영역도 갖고 있어서 움직임 감지 같은 저수준의 시각적 특성과 사물의 가장자리와 색깔 같은 다른 시각적 특성을 통합할 수 있다. 하지만 일부 포유류는 다른 포유류보다 더 큰 위둔덕을 가지고 있다. 사실 전체적인 뇌 대비 위둔덕의 상대적 크기를 보면 그 포유류가 사자,

---

• 적어도 포유류와 조류에서는 이렇게 부른다. 솔직히 티라노사우루스에서는 이 부위를 뭐라고 부르는지 확실히 모르겠다. 과학자들이 티라노사우루스를 실제로 본 적이 없으니까 말이다.

•• 아래둔덕(inferior colliculus)도 있다. 이것은 청각계의 뇌간 부분인데 이 주제와는 관련이 없다.

호랑이, 늑대 같은 포식자인지, 아니면 양, 생쥐, 소 같은 먹이동물인지 대략 짐작할 수 있다.

어떻게 위둔덕의 크기를 보고 이런 것을 알 수 있을까? 진화적 관점에서 볼 때 양이 하나의 종으로서 계속 살아남기 위해 중요한 것이 무엇인지 생각해 보자. 양에게 자기가 씹어 먹으려는 풀잎의 세밀한 부분까지 정확히 초점을 맞춰 볼 수 있는 능력이 필요할까? 그렇지 않을 것이다. 양은 나무 뒤에서 갑자기 늑대가 뛰쳐나와 자기를 찢어 놓을지 알 수 있어야 한다.

즉 뇌에 대해 구체적으로 아는 것만으로도 그 동물의 행동을 어느 정도 파악할 수 있다는 의미다. 시각적 움직임에 정말로 신경 써야 하는 동물은 위둔덕이 상대적으로 큰 것이다. 후각을 주요 감각으로 사용하는 동물은 그렇지 않은 동물보다 후각망울 olfactory bulb 의 크기가 클 것이다. 이것은 우리가 당면한 좀비 문제에서도 중요한 부분이다. 좀비의 행동을 관찰함으로써 그들의 뇌에 대해 무언가 추론할 수 있다는 뜻이니까 말이다.

악어는 먹잇감을 잡기 위해 정교한 덫을 설치할 필요가 없다. 좀비도 마찬가지다. 하지만 사람은 그럴 필요가 있다. 좀비는 먹잇감(우리)을 감지하고 추적해서 주저 없이 공격해야 한다. 주로 신피질의 바깥층과 오래된 심부 뇌 구조물 사이의 상호작용을 통해 생겨나는 감정과 인지 자체는 행동을 더 복잡하게 만들 뿐이다.

신피질

그렇다면 인간의 행동에 복잡성을 부여하는 이 신피질의 바깥층은 대체 무엇일까? 사람의 신피질은 보통 엽lobe이라는 네 가지 구획으로 나뉜다. 뇌의 뒤쪽에는 후두엽occipital lobe이 있다. 이것은 거의 적전으로 시각 정보 처리에 관여한다. 후두엽 바로 앞에는 두정엽parietal lobe이 자리잡고 있다. 두정엽은 몸과 피부에서 오는 촉각과 온도 같은 정보를 통합하고 공간에 대한 감각을 형성하는 데 도움을 준다. 특히 환경 속에서 길을 찾을 때 주변 사물에 주의를 기울일 수 있게 한다. 그 아래 있는 측두엽temporal lobe은 좀비의 신음 소리나 다른 소리에 반응하는 뉴런들을 수용하고 있고, 기억 형성, 물체인식, 감정 반응의 조절에 관여하는 뇌 영역들이 들어 있다.

뇌의 정면, 눈 바로 위쪽에는 전두엽frontal lobe이 있다. 이 영역은 (엄밀히 말하면 작은 뇌 영역들이 많이 모여 있는 것) 인간의 인식이 생겨나는 자리라고들 한다. 전두엽의 뒤쪽, 두정엽과 바로 맞닿은 경계 부위에는 운동피질이 있다. 이 뇌 부위에는 궁극적으로 우리의 골격근과 통신하는 뉴런들이 모두 들어 있다. 이 뉴런들은 우리가 몸을 움직일 수 있게 해주고, 좀비 포식자를 피해 꽁지 빠지게 도망할 수 있게 해준다. 전두엽의 나머지 부분은 더 복잡하고, 아직 이해가 부족하다. 하지만 이 뉴런들이 우리의 주의를 안내하는 데 도움을 주고, 총을 몇 발이나 쏘았는지, 총알이 몇 발 남았는지 등 짧은 시간 동안 무언가를 기억할 수 있게 돕는다는 것은 알고 있다.

아주 단순한 수준에서 보면 이 신피질 영역들은 감각 정보를 취해서 그것을 운동 출력으로 전환하는 정보 물줄기들의 집합이라 생각할 수도 있다. 당신의 바짓가랑이를 서툴게 붙잡고 늘어지는 좀비 무리를 피해 울타리를 기어오르고 있다고 상상해 보자. 이것은 눈, 귀, 피부에서 오는 세 개의 정보 물줄기들로부터 시작되며 각각 후두엽, 측두엽, 두정엽에 있는 1차 감각영역에서 제일 먼저 중계된다. 뇌의 뒤쪽에서 시작된 시각 정보 물줄기는 생명체의 정체를 확인하고, 그들이 나와 비교해서 어느 위치에 있는지 확인하는 앞쪽 뇌 영역으로 움직인다. 이 정보는 청각피질에서auditory cortex 오는 정보 물줄기(귀에서 들리는 좀비의 그르렁 소리), 그리고 체성감각피질 somatosensory cortex에서 오는 정보 물줄기(좀비가 손가락으로 내 발목을 긁는 느낌)와 통합된다. 이렇게 한데 모인 정보 물줄기들을 통해 이들이 발톱으로 나를 할퀴는 털북숭이 새끼 고양이가 아니라 내 발을 잡고 늘어지는 굶주린 좀비라는 것을 확인할 수 있다.

이렇게 모인 정보 물줄기들은 계속해서 전두엽까지 나아간다. 이곳의 뇌 영역들은 들어오는 이 정보들을 모두 추적 관찰해서 "계속 기어오른다" "좀비의 얼굴을 발로 찬다" "포기한다" 등 당신이 취할 수 있는 몇 가지 행동을 계산하고 그 중에 무엇이 최선인지 판단한다(예를 들면 "좀비의 얼굴을 발로 찬다"). 일부 뇌 심부 영역에 있는 회로를 통해 전두엽frontal cortex은 뇌의 앞쪽 부분에 있는 영역으로부터 신피질 바로 중간에 있는 운동피질로 이동하는 정보를 가지고 자신이 취해야 할 행동에 대해 고민하는 일련의 사건을 촉발한다. 여기서부터는 운동피질이 다른 심부 뇌 영역과 함께 작동해서 근육을 협응시키고, 필요한 발길질을 수행한다. 따라서 별개의 세 가지 감각 정보 물줄기들이 하나로 흐르는 정보의 강으로 모여서 잘 조화된 보호 행동을 낳는 것이다.

우리는 기억이나 감정 같은 다른 것들도 개별적인 생각과정인 것처럼 이야기하고 있지만 사실 인간의 인지는 그렇게 깔끔하게 설명할 수 있는 대상이 아니다. 강력한 감정을 유발하거나 인지에 부하를 가하면 반응이 느려진다는 것이 실험을 통해 알려져 있다. 여러분도 어떤 문제에 대해 생각을 너무 많이 했을 때 이런 경험을 해 본 적이 있을 것이다. 자기가 하고 있는 일에 대해 너무 많이 생각하다 보면 갑자기 능력이 살짝 저하되어 버린다. 하지만 일단 맥주 한두 잔 정도로 내면의 목소리를 차분하게 가라앉히고 나면 볼링 실력, 다트 실력, 당구 실력이 다시 좋아질 것이다. 예를 들어 괴짜 만화 XKCD(https://xkcd.com/323/, 랜들 먼로Randall Munroe가 연재하는 웹코믹 – 옮긴이)에서는 "발머 절정Ballmer Peak"이라는 개념을 소개했다. 이것은 술을 몇 잔 마시고 나면 프로그래밍 능력이 극적으로 개선되지만, 너무 많이 마시면 이렇게 극적으로 향상된 생산성이 급격히 사라지는 현상을 말한다(Jarosz et al. 2012). 그와 마찬가지로 좀비가 다가올 때 당신이 침착함을 잃고 두려움에 빠지면 손이 덜덜 떨리고 판단능력에도 심각한 문제가 생길 것이다.

생각이 너무 많아지면 행동이 느려지고 행동에 나서려는 충동에 브레이크가 걸린다고 하는데, 이것이 좀비의 뇌에는 어떤 의미가 있을까? 우리의 파란색 찰흙 신피질은 복잡한 문제를 분석하고, 자신의 행동을 더 넓은 사회적 맥락에서 생각하고, 다른 사람들에게 공감과 연민을 느끼고, 자신의 성공과 실패에 대해 생각하고, 과거의 정보를 이용해 미래의 결과를 상상하고, 비상시를 대비해 계획을 짤 수 있는 능력을 부여해 준다. 악어가 사냥할 때 이런 생각을 얼마나 할 것이라 생각하는가? 그리고 좀비는 생각을 얼마나 해야 할 거라 생각하는가?

좀비가 득실거리는 땅으로

이제 정상적인 인간의 뇌에 대해 조금 알아 보았으니 그리 정상적이지 못한 좀비의 뇌를 탐험해 볼 시간이 됐다. 앞에서도 말했지만 우리는 좀비의 행동을 관찰한 다음, 뇌와 행동의 관계에 대해 신경과학에서 이미 밝혀낸 내용을 토대로 그들의 뇌에 무슨 일이 일어난 것인지 추론할 것이다. 하지만 먼저 우리가 말하는 '좀비'의 정의가 무엇인지 결정해야 한다. '좀비'라고 하면 〈살아있는 시체들의 밤〉에 나오는 느릿느릿 움직이는 생명체를 의미할까, 아니면 〈28일 후〉에 나오는 빠르게 움직이는 성난 좀비를 의미할까? 당신이라면 부두교 민간전통에 나오는 실존 좀비도 여기에 포함시키겠는가?

이야기를 진행하기 위해 우리는 좀비병에 대한 공식적이고 임상적인 정의를 만들어 보았다. 우리는 관찰한 내용을 바탕으로(그리고 머릿글자를 좋아하는 과학계의 전통에 따라) 좀비를 의식결핍 과소활동 장애Consciousness Deficit Hypoactivity Disorder, CDHD라고 과학적으로 분류했다. 이 정의에 따르면 이 증후군에 걸린 사람은 온전히 깨어 있는 의식이 결여되어 있고, 일반적으로 전체적인 뇌 활성이 줄어들어 있다(물론 배가 고프거나 화가 났을 때는 예외다) 하지만 마지막 장에서 이런 공식적 진단에 대해 다시 이야기해 보겠다.

뒤로 이어질 10개의 장에서 우리는 완전히 발달해 있는 우리의 신피질을 이용해서 좀비 대재앙 이후에 길거리 여기저기에 흩어져 느릿느릿 걸어 다니는 좀비들이 만들어지려면 좀비의 뇌가 어떤 모습이고, 어떤 행동을 보여야 할지에 대해 우리가 생각하는 바를 세세한 부분까지 모두 인위적으로 구성해 보려 한다.

당연한 얘기지만 지금부터는 상황이 좀 기이하게 전개될 것이다.

> "그놈들이 너에게 다가오고 있어, 바바라….
> 너한테 오고 있다고. 저기 봐. 저기 한 놈 오잖아!"
>
> – 조니, 영화 〈살아있는 시체들의 밤〉(1968년) 중에

모든 것은 1968년에 펜실베이니아 주 시골 농장 지대 어딘가에 있는 작은 묘지에서 시작됐다. 바바라와 조니가 아버지의 묘소를 찾아왔다. 사람을 놀리기 좋아하던 조니가 귀신을 무서워하는 바바라에게 장난을 치기로 마음먹는다.

여동생이 묘지를 무서워한다는 것을 기억한 조니가 이렇게 말한다. " 그놈들이 너에게 다가오고 있어, 바바라. 너한테 오고 있다고!"

이렇게 바바라를 놀리는 유명한 장면에 뒤이어 정체를 알 수 없는 낯선 사람이 화면에 등장해서 두 사람을 향해 느릿느릿 다가온다. 관객들은 처음에는 그 사람이 술에 취했거나, 그냥 어디 몸이 안 좋은 거라 생각한다. 그 남자는 입을 떡 벌린 채, 조화롭지 못한 동작으로 비틀비틀 천천히 조니와 바바라에게 다가간다.

둘 중 한 사람만 이 느릿느릿 움직이는 남성을 위협으로 느끼고

그 남성이 손을 뻗어 잡으려는 것을 피해 서둘러 달아난다. 하지만 나머지 한 명은 결국 죽는다. 아니 정확히는 죽은 것이 아니었다. 이 야만적인 괴물은 조니를 신속하게 해치운 후에 카메라를 바라본다. 그리고 그의 눈동자 속에서 멍한 시선이 드러난다.

〈살아있는 시체들의 밤〉에 나오는 이 장면은 현대적인 좀비 호러 영화의 첫발이었고, 거의 반세기에 걸쳐 여러 세대의 영화 관람객들에게 공포와 매력을 동시에 선사해 주었다. 이것은 처음으로 묘사된 현대적인 좀비였음에도 그 안에서 야만적 괴물만 보이는 것이 아니라 자유의지와 의도를 의미하는 한 가닥 의식조차 완전히 결여되어 있는 존재가 보인다. 이것이 분명 우리가 의식^{consciousness}이라 부르는 그것은 아니다.

아이티 좀비와 나트륨 채널

신비주의의 종교적 의식이든, 상아탑의 철학 강좌든, 폭력이 난무하는 공포영화든 좀비에 대해 얘기할 때는 직간접적으로 뇌에 대한 말이 나오지 않을 수 없다. 우리 머릿속에 들어 있는 1.35킬로그램짜리 조직 덩어리가 모든 자발적 행동의 뿌리임을 고려하면 뇌 이야기가 빠지지 않는 것은 당연하다. 우리가 하는 모든 행동은 결국 뇌 이야기로 돌아오게 된다.

좀비와 그들의 뇌에 대해 진정으로 이해하려면 식민지 독립 후의 아이티에 대해 이해할 필요가 있다. 좀비^{zombie}라는 단어는 카리브해 지역의 부두교에서 나온 살아있는 시체에 대한 묘사에서 나왔다. 카리브해 문화의 대부분의 측면이 그렇듯이 부두교도 아프리카에서 옮겨온 전통에 뿌리를 두고 있지만, 노예무역 기간에 주입된 가혹한 종교적, 사회적 교리에 적응하며 진화했다. 부두교 문화의 여러 가지 신성하고 비밀스러운 의식 중에 아마도 좀비*(zombi, 'zombi'는 '죽은 자의 혼령'을 의미하는 'nzambi'라는 아프리카 단어에서 기원했다)를 만드는 것이 가장 논란이 많은 관습 중 하나일 것이다. 그래서 아이티에서는 이 행위를 공식적으로 불법화했다.

좀비 의식하면 흔히들 사악한 부두교 주술사(보코르bokor)의 악의적 행위를 떠올리는데, 이는 사실과 거리가 멀다. 이것은 아이티 시골지역에서 강력한 사회적, 문화적 기능을 수행한다. 사실 이것은 일종의 비공식적인 사법 처벌의 역할을 하고 있다. 공동체에게 위협을 가하거나 계속해서 문제를 야기하는 개인은 비밀 지도자 집단에 의해 재판을 받는다. 처벌이 필요하다는 판단이 내려지면 이 비밀 결사 조직은 보코르를 불러들여 죽음을 유도한 후에 물리적 육체로부터 '티 본 나지ti bon ange(작고 귀여운 천사)'라고 하는 영혼에서 제일 중요한 부분을 분리해 내어 그 사람의 영혼을 취한다. 그리고 이 영혼이 분리된 육체를 송장corpse cadaver이라 부른다. 일단 부활하고 나면 좀비의 물리적 육체를 데려가 섬의 다른 장소에서 보코르의 의지에 따라 움직이게 만든다.

영적인 믿음을 논외로 하면 좀비 의식의 기능은 문제가 많은 사

---

* 부두교 문화에서 비롯된 '살아있는 시체'에 대해 이야기 할 때는 전통적인 철자인 'zombi'를 사용하고, 공포영화에 등장하는 생명체를 얘기할 때는 더 대중적인 철자인 'zombie'를 이용하겠다. 번역문에서는 모두 '좀비'로 통일해서 번역하겠다 - 옮긴이

람으로 하여금 자기가 더 이상 자신의 영혼을 통제할 수 없게 만듦으로써 그런 개인을 추출해서 다른 곳으로 데려가는 것이다. 이런 노예는 물리적 노예이기도 하지만, 또 그만큼 심리적 노예이기도 하다. 좀비는 의식 이후에 소위 사슬로 묶일 뿐만 아니라, 당사자는 실제로 자신이 모든 자유의지를 잃어버렸다고 진심으로 믿는다. 사람이 죽어서 매장되었다가 마치 죽음으로부터 부활한 듯이 몇 주 후에 아이티의 거리를 돌아다니는 모습이 발견되었다는 보고도 몇 건 있다. 이런 보고가 드물기는 하지만 보고에 일관성이 상당했기 때문에 생물학자나 BBC 기자 같이 미신을 믿지 않는 사람들도 흥미를 느끼기 시작했다.•

이 모든 것이 뇌와 무슨 상관이란 말인가? 민족식물학자ethnobotanist 웨이브 데이비스는 이 부분을 인류학적으로 조사해 본 후에 아이티 좀비를 만드는 과정이 신경과학의 원리에 크게 의존하고 있다고 가정했다. 특히 웨이브 데이비스는 부두교의 좀비 만들기 관습은 두 가지 대단히 흥미로운 신경약리학적 물질을 사용하고 있다고 제안했다. 바로 테트로도톡신tetrodotoxin과 흰독말풀datura이다. 테트로도톡신은 많은 동물, 특히 그 중에서도 복어에서 만들어지는 신경독neurotoxin이다. 이 성분은 뇌 속 뉴런들이 서로 통신할 수 있게 해주는 시스템을 손상시키는 방식으로 작용한다. 일본의 진미인 복어 요리를 먹는 것이 흥미롭고도 대단히 위험한 경험

• 이 흥미진진한 과학적 불가사의의 구체적인 내용은 웨이브 데이비스의 책 『나는 좀비를 만났다The Serpent and the Rainbow』에 자세히 설명되어 있다. 동명의 영문 제목을 달고 나온 영화와 달리 이 책은 아주 재미있다.

인 이유도 바로 이런 특성 때문이다. 요리를 제대로 하지 않으면 먹고 죽을 수 있다.

구체적으로 들어가 보자. 부두교 주술사는 신경을 마비시키는 이런 특성을 이용해 희생자를 중독시키고 거의 죽음에 가까운 마비 상태에 가두어 죽음과 비슷한 상태를 흉내 낸다. 몸이 스스로 테트로도톡신을 제거해서 다시 의식이 돌아올 때까지 이 상태가 지속된다.

부두교 좀비 만들기의 과정을 이해하려면 먼저 뉴런의 작동 방식에 대해 어느 정도 알아둘 필요가 있다. 뉴런은 서로 간에 작은 활성 '스파이크'를 보내서 통신한다. 활동전위$^{action\ potential}$라고 하는 이 스파이크는 아주 우아한 전기화학적 통신 과정이다. 뇌 속 뉴런은 평소에는 음극으로 분극^{polarization}되어 있다. 이 말은 세포 외부보다 내부에 음전하를 띤 분자, 즉 양성자보다 전자의 수가 더 많은 분자가 더 많다는 의미다. 그리고 전하를 띤 분자는 불균형한 상태를 아주 싫어한다.

이 불균형을 세포의 극성에 대한 통제권을 차지하기 위한 일종의 전쟁으로 생각할 수 있다. 세포 밖에서는 양전하를 띤 이온의 부대가 성을 둘러싸듯 포위하고 있다("양극 장군님 만세!! 전진하라!"). 세포 안쪽에서는 음전하를 띤 이온 부대가 수비를 하고 있다("어떤 대가를 치르더라도 음극의 왕 폐하를 지켜야 한다!"). 실제 성처럼 이 세포막에는 입출입을 가능하게 하는 문이 달려 있다. 이 문을 이온 채널$^{ion\ channel}$이라고 하는데, 이것은 특정 유형의 분자만 통과시킨다. 어떤 문은 나트륨 이온처럼 양전하를 띤 침입군만 들여보내는 한편, 어떤

그림 2.1 활동전위는 뉴런에 전하 불균형이 축적되어 생기는 결과다. 여기서는 이것을 외벽 안팎으로 나타나는 사람과 좀비의 불균형으로 나타냈다. 흥분성 신경전달물질이 표적 뉴런 가지돌기에 있는 수용체와 결합하면 세포막(벽)에 있는 이온채널(여기서는 창문)이 열리면서 양전하를 띤 나트륨 이온(Na+, 좀비)이 세포 안으로 쏟아져 들어온다. 나트륨이 충분히 유입되면 전하가 축적되어 결국에는 번개가 치듯이 활성전위가 축삭돌기를 따라 전달된다. 그리고 양전하를 띤 칼륨 이온(K+, 사람)이 세포 밖으로 쏟아져 나가면서 전하를 다시 원래의 상태로 되돌린다.

문은 염소 이온처럼 음전하를 띤 수비군 증강 병력만 들여보낸다.

다른 뉴런으로부터 입력 신호가 들어오면 이 신호들이 세포의 전기적 균형을 두고 벌어지는 전투에 압력을 추가하게 된다. 다른 세포로부터 들어오는 각각의 입력을 살짝 양전하를 띤 스파이를 성으로 투입시키는 것이라 생각해 보자. 이런 경우 세포가 살짝 탈분극 depolarized되었다고 말한다. 그러다 결국 침투한 스파이가 충분히 많아져 양이온을 들이는 문이 열리면 전하를 띤 침입자가 안으로 쏟아져 들어온다("음전하들을 죽여라!!"). 이런 일이 일어나는 과정에서 세포 안에 전기적 활성이 축적된다. 이는 발을 카펫에 문질러서 정전기가 쌓이다가 문손잡이를 만지거나 해서 정전기가 방출되는 것과 비슷한 과정이다. 여기서 발생하는 작은 전기 스파이크가 활동전위 자체이고, 그 결과 세포는 자기와 연결되어 있는 다른 세포에게 작은 화학적 메신저를 분비하게 된다. 그럼 이 화학 메신저에 의해 그 다른 세포도 탈분극하라는 압력을 받게 되고, 결국에는 자신도 활동전위를 발화하게 된다.

물론 훌륭한 장편 서사 영화의 전투가 그렇듯이 여기서도 결국에는 다른 채널이 열리면서 양전하 침입자들을 밖으로 몰아내고 세포의 음극성을 회복한다. 그리고 세포는 또 다른 전투를 벌일 준비를 하게 된다.

그렇다면 테트로도톡신은 이 그림에서 어떤 역할을 하는 것일까? 양전하를 띤 나트륨 이온을 안으로 들이는 채널을 차단하는 작용을 한다. 이것은 기본적으로 세포의 전기적 수비를 강화하는 역할을 한다. 말 그대로 자기 몸통을 문에 끼워 넣어 양전하를 띤 침입자가 세포 안으로 침투하는 것을 차단해서 세포가 활동전위를 발화할 가능성을 낮추는 것이다.

테트로도톡신은 말초의 근육에 있는 뉴런에 특히 효과적으로 작용한다. 우리 몸의 근육에는 두 종류가 있다. 수의근voluntary muscle과 불수의근involuntary muscle이다. 수의근은 우리가 보통 근육 하면 떠올리는 근육, 즉 팔, 다리, 얼굴, 목 같은 곳에 있고 우리가 원할 때면 언제든 움직일 수 있는 근육들이다. 불수의근은 일반적으로는 자신이 직접 통제할 수 없는 근육들이다. 예를 들면 심장 근육, 눈의 홍채에 있는 근육, 혈관에 있는 근육 등이다. 거울 앞으로 가서 눈을 비춰 보며 자신의 의지로 동공을 작게 만들어 보자. 안 될 것이다.* 테트로도톡신은 모든 근육에 작용하지만 수의근에 가장 효과적으로 작용한다.

테트로도톡신을 충분히 적은 용량으로 투여하면 모든 수의근이 마비되고 호흡도 간신히 감지할 수 있을 정도로 아주 얕아지지만 죽지는 않는다. 그럼 죽은 사람 같은 모습이 된다. (물론 테트로도톡신을 너무 많이 투여하면 호흡을 조절하는 근육이 작동하지 않아서 실제로 죽게 된다. 그러니 복어를 먹는 것은 정말 조심해야 한다!) 보코르는 테트로도톡신을 이용해서 흉내 낸 이 '죽음'을 이용해서 독이 몸에서 사라질 때까지는 사람이 죽은 것처럼 보이게 만들 수 있다.

---

* 불수의근을 직접 통제할 수는 없지만 꾀를 써서 간접적으로 조작할 수는 있다. 예를 들어 정말 걱정스러운 것에 대해 생각해서 불안이나 공포를 유도하면 심장박동 속도가 빨라진다. 그리고 당신이 정서적으로 강력한 반응이 나타나는 사람에 대해 생각하면 홍채 근육을 간접적으로 통제할 수 있다. 이 경우 동공이 확장되게 된다.

이것이 웨이드 데이비스의 아이티 좀비 만들기 가설의 핵심적인 부분이다. 테트로도톡신을 치사량 이하로 투여하면 몸은 즉각적으로 이 화학물질을 분해하기 시작하고, 결국에는 근육에 대한 통제를 회복하고 정상적인 상태로 돌아온다. 하지만 보코르는 희생자를 부활시키면서 다시 한 번 신경약리학을 활용한다. 회복하는 희생자에게 흰독말풀(사실 역설적이게도 아이티에서는 이 식물을 흔히 좀비 오이zombi cucumber라고 부른다.)이라는 식물을 억지로 먹임으로써 보코르는 두 가지 목적을 달성한다. 첫째, 흰독말풀은 희생자에 몸에 있는 다른 복어 독의 분해를 가속한다. 이 식물 안에는 스코폴라민scopolamine, 히오스시아민hyoscyamine, 아트로핀atropine 등 약리학적 활성이 있는 물질이 많이 들어 있다. 특히 아트로핀은 유기인산염중독organophosphate poisoning을 일으키는 화학물질을 분해해 주는 것으로 여겨지고 있다. 우연히도 유기인산염중독 역시 복어 중독에서 함께 일어난다. 진지하게 다시 말하는데 이런 건 제발 먹지 말자!

흰독말풀 복용은 이 고약한 독소들의 분해를 돕는 것에 더해서 보코르의 또 다른 목적도 충족시켜 준다. 희생자를 의식이 혼미하고 고분고분 말 잘 듣게 만드는 것이다. 스코폴라민과 히오스시아민은 강력한 환각물질로 밝혀졌다. 둘 다 아세틸콜린acetylcholine이라는 화학물질을 조작해서 작용한다. 흰독말풀은 희생자를 변성의식상태altered state of mind로 만들어 고분고분 말을 잘 듣게 만든다. 이 과정을 거치고 나면… 짜잔! 보코르의 좀비가 탄생한다.

보시다시피 시작하자마자 좀비라는 개념은 신경과학에 확고한 발판을 가지고 있다. 하지만 현대에 들어서 등장한 좀비들은?

의식의 스위치 누르기

앞으로 되감기해서 현대적인 좀비, 아니면 적어도 좀비라고 했을 때 대부분의 사람이 떠올리는 현대적인 공포영화 속 좀비로 돌아가 보자. 우리는 살아있는 시체가 어떻게 걷고, 보고, 말하는지(혹은 말을 하지 않는지) 등등에 대해 이야기하는 데 많은 시간을 할애할 것이다. 하지만 사람들이 보통 좀비에 대해 처음 묻는 질문은 다음과 같다. "좀비도 의식이 있나요?" 혹은 "좀비도 자유의지가 있나요?"

이 점은 명확하게 해두자. 좀비가 의식이 있는지, 없는지도 우리도 모른다. 우선 공포영화 속 좀비들은 실제로 존재하지 않기 때문이다. 하지만 그것을 무시하고 영화 속에 묘사된 좀비가 실제 생명체라고 가정하더라도 의식이 있는지, 없는지 우리가 알 수는 없는 노릇이다. 좀비는 분명 자유의지의 통제 아래에서 행동하는 것 같지 않지만, 좀비가 아닌 정상적인 사람들도 그럴 때가 있다. 과학은 어떤 사람이나 동물이 의식을 갖고 있는지, 아닌지 쉽게 검사해 볼 수 있는 의식측정기를 갖고 있지 않다. 신경과학이 뇌가 어떻게 의식을 만들어내는지에 대해서는 고사하고, 정확히 의식이 무엇인지에 대해서도 별로 아는 것이 없다는 것도 문제다.*

---

* 이것은 철학 분야와는 대조적이다. 철학은 사고실험이라는 측면에서 좀비의 개념을 아주 명확하게 설정하고 있다. 이 관점에 따르면 좀비는 생각하고 행동하는 개인으로서 표면적으로는 정상적인 인간처럼 보이지만 의식의 본질적인 미묘한 뉘앙스가 결여되어 있는 존재다. 이런 좀비를 철학적 좀비(philosophical Zombie), 혹은 'p-좀비'라고 하는데, 이런 존재는 당신이나 나처럼 행동할 수는 있지만 당신과 내가 갖고 있는 것으로 보이는, 지각과 의도에 대한 고유의 자각이 없다.

의식 상실이 확실하게 동반되는 상태가 한 가지 있다. 잠이 든 상태다. 매일 밤 대부분의 사람은 머리를 대고 잠에 든다. 그리고 결국에는 뇌에서 자발적으로 생각하는 부분이 그냥 꺼지는 것처럼 보인다. 우리는 분명 자는 동안에는 자발적으로 무언가를 하지 않는다. 그리고 분명 자기 자신에 대해 자유의지를 행사하지도 않는다(단 자각몽lucid dream을 꾸는 희귀한 경우는 예외다. 이런 경우라면 우리도 당신에 대해 어떻게 이해해야 할지 모르겠다).

여기서 더 중요한 점은 우리가 발을 내딛은 이 작은 지적 모험에서 잠의 메커니즘을 아는 것이 좀비에 대한 이해와 특히나 관련이 있다는 것이다. 잠을 자는 좀비를 본 사람은 한 명도 없기 때문이다! 하지만 마찬가지로 좀비가 완전히 깨어있는 경우도 절대 없어 보인다. 이게 무슨 일일까? 이것을 이해하려면 먼저 우리 같은 소위 '정상적인 인간'에서 나타나는 잠의 본성을 이해할 필요가 있다.** 우리 뇌는 정확히 어떤 방식으로 스위치를 꺼서 완전한 각성 상태에서 깊은 무의식의 수면 상태로 빠져 들어가는 것일까?

뇌가 잠을 어떻게 조절하는지에 대한 답은 전쟁으로 황폐해진 1917년의 유럽에서 나왔다. 제2차 세계대전이 아직도 유럽대륙을 뒤흔들며 넓은 영토를 사람이 살 수 없는 황무지로 만들고 있었다. 수백만 명의 남성, 여성, 아이들이 전투에 의해 직접적으로, 혹은 그 후로 찾아온 질병에 의해 간접적으로 이미 사망한 상태였다.

** 이 책을 읽고 있는 당신이 좀비가 아니라고 가정했을 때의 애기다. 만약 당신이 좀비라면 전화를 부탁한다. 아주 흥미로운 연구 사례가 될 것이다!

전쟁의 화마가 할퀴고 간 이 잿더미 속에서 총알, 폭탄, 혹은 새로 도입된 화학무기보다도 더 끔찍한 새로운 위협이 속삭이며 다가왔다. 기이하고 불가사의한 질병이 최전방에 있는 사람들에게 영향을 미치기 시작했다. 이 병에 걸린 사람은 발열과 함께 통제 불가능한 돌발적인 사지 운동(무도병chorea), 눈을 움직이는 데 따르는 어려움, 아주 이상한 정신의학적 증상 등을 나타냈다. 때로는 통제 불가능한 조증maniac(기분이 비정상적으로 들떠 있는 상태 - 옮긴이)에 빠져 망상에 휩싸일 정도로 과도한 흥분 상태에 들어갔다. 하지만 종종 너무 피곤해서 몸을 움직이거나 잠자리에서 일어날 수도 없을 정도로 졸린, 깊은 인사불성 상태에 빠지는 경우도 있었다. 이런 무기력 증상이 심해지면 혼수상태로 진행되는 경우가 많았고, 결국 사망하는 사례도 많이 나왔다.

이런 상황에서 콘스탄틴 폰 에코노모Constantin von Economo라는 젊은 의사가 최전선에 있다가 병에 걸리거나 부상을 입고 빈으로 돌아온 환자들을 치료하고 있었다. 폰 에코노모는 일반적인 상상력의 범주에 들어오는 정상적인 의사는 아니었다. 우리는 폰 에코노모가 최초의 "세계에서 가장 흥미로운 사나이The Most Interesting Man in the World(한 맥주회사의 광고 캠페인에 등장한 사람 - 옮긴이)"였다고 생각하고 싶다. 잘 다듬어진 콧수염 위로 콧날이 오뚝하게 서 있는 40대 초반의 근사한 남성이었던 폰 에코노모는 23세의 나이부터 인용이 많이 되는 연구 논문들을 발표해 온, 이미 국제적으로 명성이 높은 과학자였다. 그는 이어서 한 공주와 결혼하고, 신경해부학, 의학, 생리학 분야에서 몇 편의 혁신적인 연구를 발표하고, 그 과정에서 당시

가장 권위 있는 과학상을 수상하기도 했다. 아참, 그가 뛰어난 전투기 조종사이기도 했다는 말을 했던가? 사실 폰 에코노모는 과학보다 비행에 더 큰 열정을 가지고 있었는지도 모른다. 그는 빈에서 최초로 자격증을 받은 비행기 조종사였고, 오스트리아의 항공학회에서 16년 동안 회장을 역임했다. 제1차 세계대전 동안에는 여러 번에 걸쳐 최전선에서 복무하려고 시도했었다. 그리고 결국에는 이탈리아 북부, 제1차 세계대전에서 가장 악명 높은 공중 전쟁터 중 한 곳에서 몇 차례에 걸쳐 임무 비행을 명받았다.

그가 전투기 조종을 좋아하는 것에 당연히 폰 에코노모의 가족은 걱정이 됐다. 사랑하는 가족으로부터 압박이 심해지자 결국 그는 최전선에서 물러나 더 안전한 관심사를 추구하기 위해 빈으로 돌아오게 된다. 아마도 마지못해 그러지 않았을까 상상해 본다. 하지만 더 안전한 곳을 찾아온 이 결정 덕분에 결국 폰 에코노모는 역사에 한 획을 긋게 된다.

폰 에코노모가 불가사의한 이 새로운 질병의 사례를 처음 보기 시작한 곳은 빈의 한 종합병원이었다. 일부 환자가 슬로우모션처럼 움직이거나, 기면증 환자와 비슷한 방식으로 불이 어두워지자마자 잠에 빠져드는 것이 보였다. 하지만 어떤 사람은 잠을 거의 잘 수 없는 듯 보이고, 통제되지 않는 격렬한 경련과 함께 만성적인 조증이 나타났다.

의학계에서 이런 사례가 목격된 적은 한 번도 없었다. 20년 전에 아시아를 휩쓸며 백만 명의 목숨을 앗아갔던 전염병과 비슷한 독감인가? 소아마비인가? 환자들이 비정상적인 움직임을 보였기 때문에 어쩌면 이 두 질병 사이에 연결고리가 있는지도 모른다.

물론 이 가설들은 모두 틀린 것이었다. 결국 폰 에코노모는 아직까지도 그 정체가 미스터리로 남아있는 새로운 질병에 걸린 최초의 환자들을 보고 있었던 것으로 밝혀졌다. 그는 이 질병에 기면성 뇌염encephalitis lethargica, lethargic encephalitis이라는 이름을 붙여주었다. 이런 형태의 뇌염이 그 후로 10년에 걸쳐 전 세계 유행병으로 자리잡아 최소 수만 명의 사람을 괴롭히다가 처음 찾아왔을 때처럼 홀연히 사라져 버렸다.

기면성 뇌염의 특징은 뇌, 특히 뇌간(머리뼈 안에서 척수 바로 위에 자리잡고 있는 작은 줄기), 중간뇌(뇌간 바로 위에 자리잡고 있음), 간뇌diencephalon(중간뇌와 신피질 사이에 자리잡고 있는 뇌 영역들의 집합)에 생기는 염증이다. 이 전염병을 일으키는 병원체가 무엇이었는지 제대로 확인되지 않아 아직까지도 불가사의로 남아 있다. 1917년 당시 이 병은 거의 안티좀비 현상이라 할 수 있는 증상을 일으키는 정체불명의 기원을 가진 정체불명의 질병일 뿐이었다. 이 병은 죽은 자를 살아있는 것처럼 돌아다니게 만드는 대신 살아있는 사람을 아주 조용해지게 만들어 거의 죽은 것처럼 보이게 만드는 경우가 많았다.

기면성 뇌염에서 가장 특이한 증상이 수면의 변화였기 때문에 폰 에코노모는 법의신경학자의 기질을 발휘해서 이 질병이 뇌 자체에 대해 무언가 새로 밝혀줄 수 있을지, 구체적으로 말하면 이 질병을 통해 뇌에서 수면과 각성을 빚어내는 영역이 어디인지 밝혀낼 수 있을지 확인하는 작업에 착수했다.

이 때 과학에는 뇌가 잠에 드는 원리에 관해 절반쯤 확인이 된 가설이 몇 가지 나와 있었다. 폰 에코노모가 '자극 결핍 이론 Theory of Lack of Stimuli'이라고 부른 한 가설은 뇌가 물리적으로 충혈되면서 피질이 마비 상태에 빠진다는 개념을 전제로 삼았다(팔로 들어가는 혈류를 차단하면 그 팔이 잠에 빠지는 것과 비슷한 상태). 또 다른 가설에서는 몸에서 수면제로 작용하는 화학물질을 혈류로 분비해서 피질의 기능을 정지시킨다고 추측했다. 이 가설은 잠을 재우지 않은 피곤한 개의 혈액을 잘 쉬고 건강한 개에게 주사하면 건강했던 개가 잠에 빠지더라는 관찰을 바탕으로 나온 것이었다.

하지만 이런 가설 중에 폰 에코노모가 자신의 환자에서 관찰한 특성과 맞아떨어지는 것은 없었다. 그는 과도한 졸림과 긴장증 catatonia(온몸의 운동 기능이 극도로 억제되어 움직이지 않는 증상 - 옮긴이) 증상이 있는 환자들은 눈을 조절하는 데도 어려움이 있는 것을 알아차렸다. 이것은 보통 시신경 optic nerve(눈에서 시각피질로 신호를 보내는 신경. 7장 참고)이 자극을 받았을 때 보이는 증상이다. 그래서 기면성 뇌염의 이런 변종을 '기면성눈근육마비 somnolent-ophthalmoplegic'라 불렀다. 그와는 대조적으로 불면증과 무도병이 있는 환자는 바닥핵이 손상을 입었을 때 생기는 다른 운동장애와 비슷한 증상이 나타났다(바닥핵에 관해서는 3장에서 더 자세히 얘기하겠다).

이런 관찰을 바탕으로 폰 에코노모는 간뇌의 일부인 시상하부가 잠자리에 드는 것과 깨어나는 것을 모두 촉진하는 뇌 영역임이 분명하다는 가설을 세웠다. 더 구체적으로 설명하자면 그는 수면을 촉진하는 뉴런은 분명 시신경 근처 간뇌의 앞부분에 위치하고 있을 것이고, 각성을 개시하는 뉴런들은 분명 간뇌의 더 뒤쪽에 자리잡아 중간뇌로 확장되어 있을 것이라 생각했다. 이런 관점에서 보면 우리가 잠에 들기 위해서는 수면 촉진 뉴런이 피질을 조용히 시키는 일련의 사건을 시작해야 한다. 그리고 깨어나기 위해서는 각성 촉진 뉴런이 그와 반대되는 일련의 사건을 시작해야 한다.

폰 에코노모 Von Economo는 죽기 바로 전인 1933년에 한 유명한 강연에서 이 개념을 제안했다. 그는 수면을 촉진하는 뇌 영역과 각성을 촉진하는 다른 뇌 영역 사이의 결투라는 개념을 최초로 제안한 사람이다. 이번에는 80년을 빨리 감기해서 현재로 돌아와 보자. 지금 와서 보면 폰 에코노모의 관찰이 과녁을 정통으로 맞힌 것으로 보인다. 현재는 수면과 각성이 이 두 심부 뇌 영역 사이의 정교한 힘의 균형을 통해 조절된다는 것이 밝혀졌다.

우리가 어떻게 깨어나는지부터 살펴보자. 우리가 깨어나기 전에 뇌간 깊숙한 곳에 자리잡고 있는 망상활성계 reticular activating system라는 한 무리의 뉴런이 시상과 신피질에 신경화학물질을 퍼붓는다. 이 물질은 신피질에 들어 있는 대부분의 뉴런의 발화율 firing rate을 높이는 역할을 한다. 뇌간에 있는 뉴런의 한 무리가 나머지 뇌에 '어서 일어나!'라고 소리치는 것이라 생각할 수 있다. 망상활성계의 이 '켜기' 스위치가 시작되는 데는 시상하부 뒷부분에 있는 조면유두체핵 tuberomammillary nucleus이라는 소규모의 뉴런 무리를 활성화시키는 것이 부분적으로 역할을 하고 있다고 생각하고 있다. 그렇다면 조면유두체핵이 폰 에코노모가 기면성 뇌염 환자를 연구하면서 발견했던 그 영역일 가능성이 높다.

일단 조면유두체핵과 몇몇 다른 신경핵에 의해 촉발되고 나면 망상활성계로부터의 신호가 뇌를 깨우기 시작한다. 이 과정에서 이 신호들은 피질로 가는 길에 몇 번 병목현상을 거치게 되는데, 무언가 일이 생겨 피질에 몇 밀리미터만 손상을 입어도 문제가 커질 수 있다. 예를 들어 시상에 있는 이런 병목 중 한 곳에 약간의 손상이라도 입으면 완전히 깬 것처럼 보이지 않거나, 적어도 절반 정도는 깨어 있지 않은 것처럼 보이게 된다.

시상(특히 중심 부위)의 특정 부위에 손상을 받으면 몸의 반대쪽에서 일어나는 자극에 쉽게 반응할 수 있는 능력을 잃게 된다. 예를 들어 왼쪽 시상에 손상을 입으면 몸의 오른쪽에서 일어나는 일들에 대한 반응이 멈추게 된다. 오른쪽 시야에서 총구의 섬광이 번쩍인다고? 그래봐야 눈도 깜짝하지 않을 것이다. 좀비가 썩어가는 손을 뻗어 당신의 오른쪽 다리를 잡았다고? 아무 반응도 없다.

이렇게 반응이 소실되는 이유는 뇌의 절반이 활성망상계로부터 각성 신호를 받지 못해 아직도 잠들어 있기 때문이다. 그래서 뇌 영역의 반대쪽에서 일어나는 일에 주의를 기울이지 않게 된다.

이번에는 '끄기' 스위치를 알아보자. 잠에 빠지게 해주는 끄기 스위치는 망상활성계를 사실상 꺼버리는 뉴런 무리에 의해 가동된다. 시상하부에 자리잡고 있는 배외측시각전핵ventrolateral preoptic nucleus이라는 뉴런 무리가 잠에 빠져들게 하는 일련의 사건을 개시한다. 이 뉴런들은 신경 활성을 억제하는 화학메신저를 뇌간의 망상활성계 각성 영역으로 보낸다. 그럼 이 각성 뉴런들이 신속히 꺼지면서(엄밀하게 말하면 발화율이 느려지는 것이지만 개념적으로는 이것을 꺼지는 것이라 생각할 수 있다) 신피질의 활동이 느려지고, 근육으로 가는 신호를

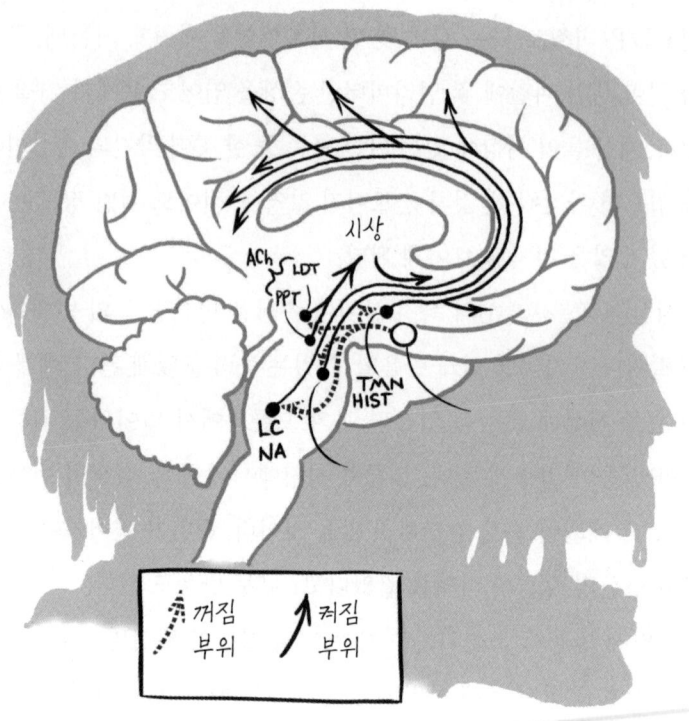

그림 2.2 뇌에는 각성 시키거나(켜짐), 잠에 들게 하는(꺼짐) 스위치로 작용하는 두 개의 시스템이 들어 있다. 켜짐 네트워크는 망상활성계 시스템이다. 이것은 뇌간과 중간뇌 뒤쪽에 있는 세포 무리로 세로토닌(serotonin, 5-HT), 히스타민(histamine, HIST), 아세틸콜린(Ach) 등의 신경전달물질로 시상과 신피질을 자극해서 각성을 촉진한다. 꺼짐 네트워크는 본질적으로 망상활성계를 끄는 방식으로 작동한다. 중간뇌의 앞쪽에 있는 배외측시각전핵(VLPO)이라는 또 다른 세포 무리가 GABA라는 신경전달물질을 보내서 망상활성계의 세포들을 끄면 이 꺼짐 네트워크가 시작된다.
그림: Clifford B. Saper, Thomas C. Chou, and Thomas E. Scammell, "The sleep switch: Hypothalamic control of sleep and wakefulness," Trends in Neurosciences 24.12 (2001):726-31.)

마비시켜 운동이 줄어들고, 배외측시각전핵에서 오는 신호가 멈출 때까지 인사불성 상태가 된다.

그렇다. 두 시스템 간의 상호작용이 일어나는 것이다. 조금 더 앞쪽에 있는 한 시스템은 잠에 들라는 신호를 보낸다. 그리고 이 첫 번째 시스템 바로 뒤에 있는 또 다른 시스템은 잠을 깨우는 일련의 사건을 촉발한다.

사람의 수면/각성 주기에서 또 한 가지 흥미로운 특성은 대략 24시간의 주기를 따른다는 것이다. 당신이 오늘밤 10시에 피곤을 느껴 잠자리에 들었다면 내일도 밤 10시쯤이 되면 피곤해질 가능성이 높다. 깨어나는 것도 마찬가지다. 전날 밤에 술을 진탕 마시지만 않았다면 일반적으로 매일 아침 같은 시간에 깨어나게 된다.

일주기 리듬 circadian rhythm이라고 하는 이 24시간 주기는 시상하부의 일부인 시각교차상핵 suprachiasmatic nucleus, SCN(뇌의 중심부의 작은 부위인 시상하부의 영역에서 시신경이 교차하는 영역인 시각교차 구역 바로 윗부분에 위치)에 들어 있는 또 다른 소규모 뉴런 무리에 의해 조절되는 듯하다. 이것은 2만 개 정도의 뉴런으로 이루어진 작은 무리로 눈에 있는 빛 감지 세포로부터 직접 입력을 받는다. 즉 시각교차상핵이 시상과 시각피질의 의식적 시각계를 우회해서 망막으로부터 직접 정보를 받는다는 의미다. 이 뉴런들은 빛에 주목하기 때문에 지구의 명암주기를 따라간다. 이 주기도 하루 24시간의 주기를 따르므로 결국 일주기 리듬 역시 그와 비슷한 주기를 따라 작동하도록 설정된다.

시각교차상핵이 손상을 받으면 어떤 일이 일어날까? 놀랍게도 사람은 수면과 각성의 자연스러운 리듬을 계속 유지한다. 다만 24

시간 주기를 더 이상 따르지 않는 것으로 보일 뿐이다. 대신 25에서 26시간 리듬에 정착하게 된다. 이것을 비-24시간 수면각성장애non-24-hour sleep-wake disorder라고 한다. 마치 사람의 몸이 지구의 낮밤 패턴을 모르는 상태에서는 25시간보다 긴 다른 일주기 리듬을 따르는 경향이 있는 것처럼 보인다. 하지만 우리 내부의 일주기 리듬 길이가 얼마나 되는가에 상관없이 시각교차상핵에 손상을 입은 사람도 여전히 규칙적인 잠이 필요한 것을 보면 한 가지 중요한 사실을 알 수 있다. 우리 인간은 반드시 잠을 자야 한다는 것이다.

꿈은 하루의 재방송

우리가 결국 잠에 들면 무슨 일이 벌어질까? 지금까지는 잠을 일종의 '꺼짐' 상태라 얘기해 왔다. 하지만 이 '꺼짐' 상태에서도 뇌는 믿기 어려울 정도로 복잡한 일을 하고 있다.

우리가 잠을 자는 동안에 어느 시점에서 급속안구운동rapid eye movement, REM 수면 단계라고 하는 뇌 기능 단계로 들어간다는 얘기를 들어본 적이 있을 것이다. 이 렘수면REM sleep 동안에는 각성 시스템의 일부가 살짝 깨어난다. 신피질에서의 활성이 증가하고, 중간뇌의 일부이면서 망상활성계의 일부이기도 한 피개tegmentum의 뉴런들도 더 많이 발화하기 시작한다. 하지만 우리가 깨어 있을 때와 달리 배외측시각전핵에 있는 수면을 촉진하는 세포와 말초 근육을 마비시키는 세포들 모두 활성을 유지하기 때문에 뇌가 준각성 상태이면서도 대부분 수면에 빠져 있는 상태에 들어간다. 이렇게 꿈을 꾸는 상태에서는 낮 시간 동안 겪었던 사건에 대한 기억인 일화기억episodic memory을 부호화하는 뇌 부분에서 무언가 대단히 특이한 일이 벌어진다.

뇌 깊숙한 곳에는 해마hippocampus라고 하는, 바다동물 해마처럼 생긴 작은 뇌 영역이 있다. 이 구조물과 기억과의 관계에 대해서는 뒤에서 더 자세히 이야기 할 것이다(10장). 일반적으로 해마는 단기기억short term memory을 장기기억long term memory으로 응고하는 일을 담당하는 것으로 여겨진다. 하지만 해마는 공간 탐색spatial navigation(지형지물을 이용해서 점 A에서 점 B로 어떻게 갈 수 있는지 파악하는 능력)에서도 중요한 역할을 하고 있다. 현재로서는 해마가 우리가 돌아다니는 환경에 대해 내적으로 작은 지도를 만들어 이런 역할을 하고 있는 것이라 추측하고 있다.

해마의 전기적 활성을 검사하다 보면 아주 흥미로운 속성을 갖고 있는 일군의 세포를 만나게 된다. 장소세포place cell라고 하는 이 뉴런들은 당신이 공간의 특정 위치에 있을 때마다 흥분한다.

보통 이 얘기가 나오면 신경과학과 학생들한테서 이런 반응이 나온다. "잠깐만요! … 뭐라고요???"

사례를 통해 생각해 보는 편이 더 쉬울 것이다. 당신이 빈 욕실이라고 생각해서 들어왔더니 한쪽 구석에는 굶주린 좀비가 있고, 또 한 구석에는 큼직한 도끼가 놓여 있다고 해보자. 당신이 출입구로 들어오는 순간 해마에 있는 몇몇 장소세포가 발화를 시작하며 뇌에게 이렇게 말할 것이다. "우리는 이 실내 공간에서 남쪽 중앙 부위로 이동했어." 당신이 도끼가 놓여 있는 쪽으로 가로질러가는 동안에는 그 실내에서 당신이 차지하고 있는 위치에 반응하는 서로 다른 세포 무리가 발화를 할 것이다. 당신이 청소부가 떨어트리고 간 양동이 주변을 이동할 때 발화하는 세포도 있을 것이고, 당신이 부서진 변기에서 흘러나온 물웅덩이 위로 뛰어넘을 때 발화하는 세포도 있을 것이고, 당신이 도끼가 놓여 있는 구석으로 갔을 때 발화하는 세포도 있을 것이다.

해마가 내가 실내에서 어디에 있는지 신경 쓸 이유가 무엇이냐고 묻는 사람도 있을 것이다. 아까 분명 해마는 기억을 담당하는 뇌 영역이라고 했지 않은가? 관찰력이 뛰어난 독자가 던질 만한 훌륭한 질문이다!! 어느 장소세포가 어떤 순서로 발화했느냐는 순서는 당신이 지금 들어와 있는 환경에서 어떻게 움직였는지에 관한 작은 역사를 뇌에게 말해 준다. 비디오게임에서 당신이 어디를 거쳐 왔는지 보여주는 지도 위 추적표시와 다르지 않다. 당신이 실내를 많이 탐험할수록 해마도 그 공간에 대한 감각이 좋아지고, 다음에 그곳에 왔을 때 어떻게 움직이는 것이 좋은지 감을 잡을 수 있다(물론 그 좀비와의 만남에서 살아남았다는 가정 아래).

이것이 잠과는 무슨 상관이 있을까? 제일 깊은 잠은 아니라도 더 깊은 잠에 빠져 있는 동안 우리 뇌는 장소세포가 활성화되었던 이 순서를 반복하면서 낮 동안의 경험을 사실상 재방송하게 된다. 1990년대 중반의 과학자들이 쥐가 깨어 있을 때와 잠들어 있을 때의 장소세포 활성을 비교해서 이런 사실을 발견했다. 이들은 쥐가 우리 안을 탐험하면서 기록된 세포 활성이 쥐가 자고 있는 동안에 동일한 순서로 반복된다는 것을 발견했다.

당신이 좀비와의 만남에서 간신히 살아남아 운 좋게도 잠깐 눈을 붙일 수 있게 됐다고 해보자. 당신이 자고 있는 동안 해마 속 뉴런들은 좀비가 우글거리는 욕실에서 일어났던 당신의 움직임을 재방송하게 된다. 이는 아마도 당신이 그곳에 다시 들어가게 됐을 때 그 장소에 대해 더 잘 파악할 수 있도록 그 환경에 대한 기억을 응고화 consolidation하는 과정일 것이다. 이 '수면 응고화 기억sleep consolidated memory'은 정상적인 기억 기능에서 핵심적인 부분이다. 잠을 자지 않으면 해마에 의존하는 기억을 부호화하기가 힘들다(이 주제에 대해서는 뒤에서 더 자세히 다룬다).

신속한 전환의 중요성

대부분의 경우 각성과 수면 사이의 전이는 다소 갑작스럽고 최종적으로 이루어진다. 각성과 수면 사이에서 이렇게 신속하게 전환이 이루어지는 것은 상당히 중요한 부분이다. 만약 한꺼번에 완전히 깨어나거나 잠들지 않고 뇌의 서로 다른 부분이 각자 다른 시간에 잠이 든다고 상상해 보자. 예를 들어 운동피질은 좀 눈을 붙여야겠다고 마음먹었는데 시각피질은 초롱초롱 깨어 있다고 해보자. 그럼 정말 이상하지 않을까? 진화적으로 보면 오랜 시간 동안 완전히 깨어 있거나, 완전히 꺼져 있는 것이 항상 반쯤 잠이 든 인사불성 상태로 돌아다니는 것보다 훨씬 낫다. 아침에 잠자리에서 일어나 비틀거리면서 욕실로 가기까지의 처음 몇 분은 정말 힘들다. 이런 순간이 몇 시간 동안 지속된다고 하면 얼마나 끔찍할지 상상해 보자.

좀비 대재앙 속에 살면서 이런 상태에 놓여 있다면 더 심각해진다.

놀랍게도 모든 동물이 우리처럼 자는 것은 아니다. 예를 들어 돌고래와 고래를 비롯해서 바다에 사는 포유류인 고래목cetacean은 절대 완전히 잠들지 않는다. 대신 이들은 한 번에 뇌를 절반씩 쉬게 한다. 하지만 이들에게는 이것이 대단히 중요하다. 숨을 쉬기 위해 계속 수면으로 올라와야 하기 때문이다. 이들이 만약 오랜 시간 동안 완전히 잠에 빠진다면 익사하고 만다.

하지만 가끔 우리 뇌가 신속한 전환에 실패할 때가 있다. 가끔은 이런 전환이 너무 느리게 일어난다. 때로는 당신이 자는 동안에 움직이지 않게 막아주는 뉴런들이 제대로 기능을 못 할 때도 있다. 이런 경우에는 아주 곤히 잠들어 있는 상태에서도 여전히 세상을 돌아다니는 경우가 생긴다. 이것이 우리가 흔히 자면서 걷는다는 의미로 말하는 '몽유병sleep walking'이다. 과학용어로는 야행증somnambulism이라고 한다. 이 단어 역시 자면서 걷는다는 의미의 라틴어에서 나왔다. 야행증이 있는 사람들은 야외에 나가서 걷거나, 나무를 기어오르는 등 놀라울 정도로 복잡한 일을 수행할 수 있다. 이런 행동들 모두 자신의 행동에 대한 자발적 통제 없이 이루어진다. 그리고 그 후에도 그 사실을 전혀 기억하지 못한다.

신경학적 입장에서 보면 우리는 아직 야행증의 메커니즘을 정확히 알지 못한다. 하지만 수면을 촉진하는 심부 뇌 시스템과 각성을 촉진하는 심부 뇌 시스템 사이의 불균형 때문에 각성과 수면 사이의 어중간한 상태에 머물게 되는 것이라 추측하고 있다. 뇌간에 있는 심부 영역들이 피질에게 속도를 올리거나 낮추라는 모순되는 신호를 받고 있을 가능성이 있다. 이 두 신호가 의식을 장악하기 위해 싸움을 벌이지만 승자와 패자가 확실히 나뉘지 않고 있는 것이다. 그래서 몸의 일부만 각성이 일어난다. 의식 없이도 행동할 수 있는 부위는 대부분 신피질 아래 있는 진화적으로 오래된 영역들이다. 전부는 아니어도 대부분의 신피질을 포함한 다른 부분들은 잠든 상태로 남아 있다. 마치 심부의 오래된 뇌와 젊은 신피질, 이렇게 두 개의 뇌가 통합된 하나의 뇌로 작용하지 않고 서로 적대적으로 작동하고 있는 모습 같다.

이렇게 균형이 깨진 혼란스러운 상태에서 다시 처음의 질문으로 돌아가 보자. 좀비도 의식이 있을까?

바바라가 살아있는 시체와 처음 만났던 장면을 기억해 보자. 그 좀비는 자유의지 없이 충동적으로 행동하는 것처럼 느릿느릿 움직였다. 거기에 덧붙여 그 좀비는 움직임이나 반응 모두 대단히 느렸다. 마치 백일몽을 꾸는 듯한 모습, 마치 몽유병에 걸린 것 같은 모습이었다.

이 좀비, 혹은 여느 좀비가 꼭 의식을 갖고 있다고 말할 수 있을까? '의식'이 자유의지를 발휘한다는 것을 의미한다면 그 대답은 '아니오'다. 의식이 있다고 할 수 없다. 이런 것들은 모두 현대 신경과학의 측정 능력을 벗어나 있는 개념들이다. 하지만 '의식'이 깨어 있는 상태에서 자신의 주변 환경에 대해 인식하는 상태를 의미한다면 신경과학을 통해 통찰을 얻을 수 있다.

　현대의 좀비는 수면을 조절하는 이들 심부 뇌 시스템에 기능장애가 있다고 생각하게 만드는 주요 증상 3가지가 있다. 첫째, 좀비는 절대 잠드는 일이 없는 것 같다. 이들은 먹잇감을 찾아 쉬지도 않고 밤낮으로 돌아다닐 수 있다. 이런 극단적 형태의 불면증이 있다는 것은 망상활성계가 절대 꺼지는 일 없이 만성적으로 바쁘게 일하고 있음을 암시한다. 이것은 수면을 촉진하는 배외측시각전핵에 병소가 생긴 동물에서 보이는 모습과 유사하다.

　둘째, 좀비는 주변을 돌아다니며 행동을 취할 수 있을 정도로는 깨어 있지만 완전한 각성 상태의 전형적 특징인 확실한 자각은 결여되어 있는 듯 보인다. 그 대신 그들은 우리 모두가 자는 것도 아니고 깨어 있는 것도 아닌 경계지대에서 경험하는 멍하니 느려진 상태에서 움직이는 듯 보인다. 따라서 여기서도 심부 뇌에 자리 잡은 수면 촉진 뉴런이 어느 정도 관련되어 있는 것 같다. 불면증의 첫 번째 증상과 비교해 보면 일견 이것은 직관에 어긋나는 듯 보인다. … 하지만 기억하자. 각성(켜짐)과 수면(꺼짐)을 전환하는 스위치는 정상적인 경우 신속한 일련의 과정을 통해 작동한다. 하지만 그 일련의 과정이 신속하게 작동하지 않을 경우에는 몽유병 같은 수면 장애가 생긴다.

　셋째, 좀비는 해마에 의해 부호화되는 공간 기억과 경험 기억이 끔찍하게 결핍되어 있는 것 같다. 이들은 몇 주 동안이나 갇혀 있던 실내 쇼핑몰 같은 곳에서도 쉽게 길을 잃는다. 우리는 이런 유형의 기억이 수면 의존적 과정에 의해 형성된다는 것을 알고 있다. 이것은 좀비의 수면 주기가 망가져 있다는 가설에 더욱 힘을 보태준다.

그렇다면 좀비는 꿈을 꾸지 않는다는 의미일까? 꼭 그렇지는 않다. 심각하게 수면을 박탈당한 사람도 결국에는 렘수면과 비슷한 신경 활성을 짧게, 짧게 한 차례씩 나타내게 된다. 심지어는 깨어 있는 동안에도 말이다. 마치 뇌의 나머지 부분이 깨어 있는 동안에도 뇌의 일부가 짧게 렘수면을 경험하고 있는 것 같다. 따라서 좀비는 절대 잠이 들지 않는 것처럼 보이지만 그래도 여전히 꿈을 꿀 가능성은 있다.

만성적으로 수면을 박탈당했을 때, 특히 렘수면을 박탈당했을 때 나타나는 또 다른 증상은 정신의학적 망상이 증가하는 것이다. 어떤 사람은 잠을 많이 자지 않아도 정상적으로 기능할 수 있다는 일화들이 있기는 하지만 부족한 수면이 정신착란delirium, 주의력 문제attention problem, 망상적인 사고과정으로 이어질 수 있다는 것은 분명하다. 좀비병에서 나타나는 정신 망상적 측면 중 적어도 일부는 좀비 현상의 일환으로 나타나는 극단적 수면박탈로 설명할 수 있을 것이다.

모든 것을 종합적으로 고려할 때 좀비가 수면도 아니고 각성도 아닌 그 경계 구간에 영구적으로 붙잡혀 있다는 것이 우리가 세운 가설이다. 이런 상태는 심부 뇌의 배외측시각전핵에 있는 수면 촉진 세포와 망상활성계의 각성 촉진 세포들이 동시에 과다활성화되어 생길 가능성이 높다. 절대 완전히 잠들 수도 없고, 그렇다고 완전히 깨어 있지도 못하는 좀비들은 의식 결핍 상태에 갇혀 있고, 그 결과 신경활성이 전체적으로 느려져 있다.

3장
느린 움직임의 신경 상관물

> 근육이 움직이지 않으면 팔은 아무런 일도 할 수 없다.
> 일을 하려면 근육의 힘이 반드시 팔 속에서 작동해야 하고, 이 힘은
> 반드시 신경의 명령을 따라야 한다. 신경은 뇌에서 내려오는 명령을 근육에게
> 전달한다. 그럼 팔은 대단히 다양한 동작을 만들어낼 수 있다. 팔은
> 대단히 다양한 도구를 이용해 대단히 다양한 과제를 수행할 수 있다.
>
> ─ 헤르만 폰 헬름홀츠, 『힘의 보존에 관하여』

〈시체들의 새벽〉(1978)이라는 영화를 보면 무정부주의자들이 영화 속 주인공들이 안전하게 지키며 몇 주 동안 살고 있던 쇼핑몰로 침입하는 장면이 나온다. 그 바람에 쇼핑몰 바깥에 모여 있던 좀비 무리가 그곳을 자유롭게 돌아다닐 수 있게 된다. 좀비들이 느리고 서투른 모습으로 느릿느릿 걸어 다니는 동안 인간들은 게임을 하며 재빠르게 돌아다닌다. 좀비들은 느려도 너무 느리기 때문에 개개의 좀비가 가하는 위협은 사람들이 쉽게 해결할 수 있다. 숫자에서 밀리지만 않으면 실질적인 위협은 없는 셈이다.

좀비에서 가장 확연하게 드러나는 행동적 특성은 협응이 잘 안되는 느린 움직임일 것이다(물론 제일 확연한 특성은 사람을 물어뜯고, 그

고기를 먹는 것일 테지만). 아무나 붙잡고 좀비 흉내를 내보라고 하면 제일 먼저 팔을 앞으로 내밀고, 다리를 벌리고, 뻣뻣한 다리로 움직이며 목구멍 깊은 곳에서 나오는 소리로 신음소리를 낼 것이다. 영화를 보면 죽었다 살아난 좀비들은 걷기부터 시작하기 때문이다. 제대로 걷는다기보다는 어기적거린다고 하는 것이 더 정확한 표현이겠다. 발걸음 하나, 하나가 느리고 힘들어 보인다. 이들은 다리를 넓게 벌리고 뻣뻣한 자세를 취한다. 이것은 좀비의 뇌에 무슨 일이 일어났는지 말해주는 아주 중요한 단서다.

뛰어난 협응으로 신속하고 매끈하게 움직이던 건강한 사람한테 대체 어떤 일이 일어나야 좀비에서 흔히 보이는 어기적거리는 걸음걸이로 바뀌는 것일까? 먼저 이런 운동을 만들어내는 뇌의 신경로에 대해 생각해 보자.

움직임이 곧 생명이다

소위 고등 인지기능이라 부르는 '생각thinking'이 신경과학의 영광을 독식하는 경향이 있지만 뇌는 깊은 사색을 많이 하기 전에 많이 움직였다. 사실 어떤 과학자는 애초에 우리가 뇌를 갖게 된 이유가 환경 속에서 돌아다니기 위한 것이었다고 주장한다. 이런 주장이 나오게 된 논리적 근거는 멍게라는 작은 해양생물을 관찰해서 나왔다. 멍게는 척삭동물문phylum Chordata에 속하는 작고, 진화적으로 오래된 생명체다(과학자들이 진화적으로 오래됐다고 하는 말은 그 생명체가 수백, 수천만 년 동안 비교적 변화가 없었다는 의미다). 멍게는 어린 시절에는 아주 원시적인 뇌와 감각기관이 달린 작은 유충으로 살아간다. 유충기 동안의 목표는 주변을 헤엄쳐 돌아다니며 안착할 바위를 찾는 것이다. 일단 적당한 장소, 그러니까 유기물 먹이가 풍부하게 흘러들어오는 안전한 바위 같은 곳을 찾고 나면 멍게는 머리를 바깥으로 내밀어 그 바위에 달라붙는다. 그리고 그 다음에는 그곳에 눌러앉아 자기에게 흘러들어오는 먹이를 걷어먹고 산다. 그리고 이 멍게는 완전한 성체로 자라는 과정에서 아주 기이한 행동을 벌인다. 자기 뇌를 소화하는 것이다.

제대로 읽은 것이 맞다. 멍게는 자신의 뇌를 소화해 버린다.

생물학자와 신경과학자들은 이것이 진화적으로 유리한 행동이라 주장한다. 대사적 관점에서 보면 뇌는 정말로 비용이 많이 들어가는 기관이다. 뇌의 작동을 유지하는 데는 막대한 에너지가 소모되는데 입만 달고 바위 위에 막대기처럼 달라붙어서 살아가는 존재의 입장에서는 에너지(먹이)를 구하기가 만만치 않다는 의미다. 이렇듯 대사적으로 비용이 높은 뇌 같은 기관이 더 이상 필요하지 않은 경우라면 차라리 없애버리는 편이 낫다. 그래서 주변 환경을 탐색할 필요가 없어진 멍게는 더 이상 뇌가 필요하지 않아 그것을 없애 버리는 것이다. 하지만 자연은 낭비하는 법이 없다. 그래서 여기서 '없애버린다'라는 말의 의미는 '먹어치운다'라는 의미다. 그래서 멍게는 자신의 뇌를 소화한다.

다행인지는 모르겠지만 우리 인간은 주둥이만 달고 바위에 붙어사는 막대기 같은 존재가 아니다. 그래서 우리는 계속 움직여야 한다. 우리가 그냥 한 자리에 눌러앉아 뇌를 소화해 버릴 수는 없다.

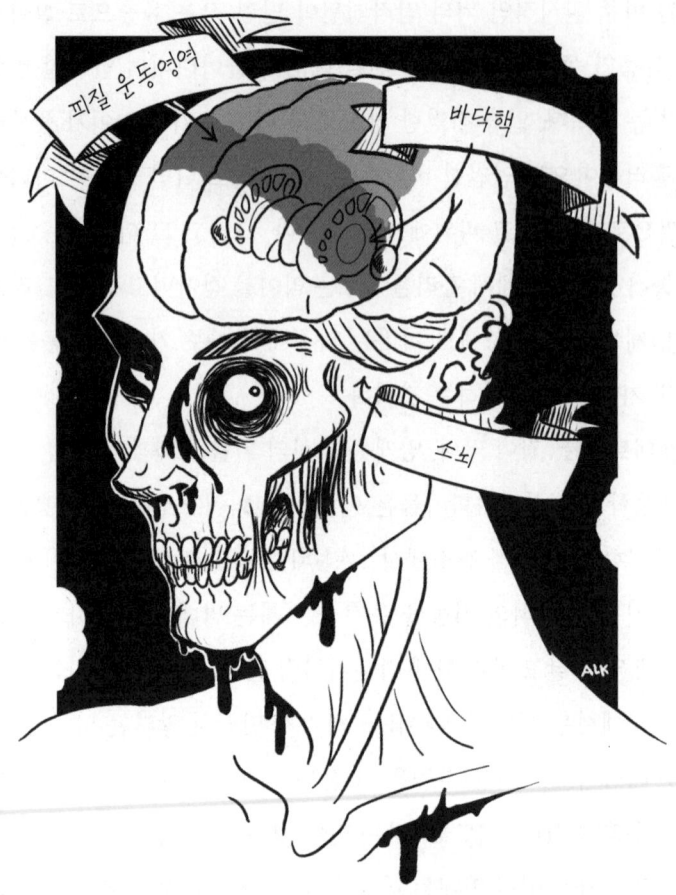

그림 3.1 운동 협응은 여러 뇌 영역들이 힘을 합쳐야 하는 복잡한 활동이다. 여기에 해당하는 뇌 영역으로는 운동을 계획하는 보조운동영역(supplementary motor cortex), 운동앞피질(premotor cortex) 등의 피질 운동영역과 척수를 따라 축삭돌기를 뻗어서 자신이 담당하는 근육과 통신을 하는 1차 운동영역(primary motor cortex)이 있다. 이런 피질영역에서의 활성은 피질 하부 바닥핵에 의해 조절된다. 바닥핵은 행동하려는 결심을 내리는 방아쇠 역할을 한다. 마지막으로 소뇌는 움직이는 동안에 발생하는 오류를 무의식적으로 신속하게 계산해서 교정하는 역할을 한다.

먹이가 저절로 굴러들어오지 않기 때문이다.* 우리는 밖으로 나가서 먹을 것을 구해 와야 한다. 하다못해 집 근처 동네 패스트푸드 체인점에서 가서 사오기라도 해야 한다. 뇌에게 있어서 움직임은 곧 생명이기 때문에 우리는 뇌를 계속 갖고 있어야 한다.

불행하게도 좀비도 우리와 같은 처지이다. 사람이 알아서 좀비와 만나는 것은 드문 일이기에 좀비는 직접 먹이를 찾아나서야 하며, 이는 좀비 또한 (음… 하다못해 부분적으로라도) 뇌가 필요하다는 의미이다.

뇌의 일차적인 기능이 우리를 세상 속에서 돌아다니게 만드는 것이라면 신경이라는 자산 중 상당 부분이 행동을 계획하고 실행하는 데 할애되어 있다는 것이 놀랍지 않다. 사실 단순하게 환경 속에서 움직이는 데 필요한 계산 능력만 보아도 피질 영역과 피질 하부 영역에 광범위하게 흩어져 분포되어 있다. 그럼 이제 우리를 돌아다니게 해주는 여러 가지 뇌 시스템들을 둘러보기로 하자.

피질 신경로

우리의 자발적 운동은 대부분 신피질의 주요 엽 4개 중 2개인 전두엽과 두정엽에서 시작된다. 공간 인식 spatial awareness을 주로 유지하는 두정엽의 뉴런, 그리고 의사결정을 통제하는 전두엽의 뉴런들은 다음에 어떤 행동을 할지에 대해 항상 서로 협상을 벌이고 있다.

---

* 물론 배달시켜 먹는 방법이 있긴 하지만.

아마 둘 간의 대화는 이런 식으로 진행될 것이다.

두정엽: "이봐, 왼쪽으로 30도 각도에 맛있는 브로콜리 조각이 하나 있어."
전두엽: "브로콜리?? 그게 맛있다고? 난 더 맛있는 걸 먹고 싶어!"
두정엽: (한숨) "좋아. 그럼 오른쪽으로 10도 각도에 있는 도넛은 어때?"
전두엽: "이제야 말이 좀 통하네. 이봐! 오른쪽 팔! 내 말 들려? 위팔세갈래근(삼두박근), 어깨세모근(삼각근), 손가락 근육을 준비시켜. 이제 손을 뻗으려고 하니까."
운동피질: "암요, 준비하겠습니다. 전두엽피질님!"

여기서 보면 두정엽은 주변 환경 속에 있는 사물이 어디에 있는지 말해주고 있고, 머리 앞쪽에 있는 전두엽 피질은 어떤 행동을 할지 결정한다.* 그럼 전두엽피질 뒤쪽에 있는 운동영역이 그 운동이 실제로 일어나게 만든다.

당신이 들어서 알고 있는 것과 달리 운동피질은 하나만 있는 것이 아니다. 사실 전두엽 여기저기에 퍼져 있는 몇 개의 운동영역이 운동을 계획할 수 있는 토대를 제공하고 있다. 중간 관리자 역할을 한다고 보면 된다. 이들은 앞쪽에서 내린 결정을 전달받은 다음 그것을 팔, 다리 등의 근육이 이해할 수 있는 계획으로 전환한다. 그런

• 이 책에서 언급하고 있는 뇌와 행동 사이의 다양한 관계와 마찬가지로 신경과학 분야에서는 대부분의 뇌 영역이 어떤 역할을 하는지에 관해 100퍼센트 확실히 알지는 못한다. 여기서 전두엽은 결정을 내리고, 두정엽은 공간에 주의를 기울이고 있다고 하는 말도 복잡한 현실을 지나치게 단순화시키고 있는 것이다.

데 이것이 말처럼 쉽지 않다.

다음과 같은 시나리오를 생각해 보자. 당신이 좀비가 되어 손을 바짝 말라붙은 흉측한 무릎 위에 올려놓고 참을성 있게 검사대에 앉아 있다. 그때 웃기는 가운을 입은 괴짜 과학자가 당신 바로 앞에 맛있는 인간의 살덩어리를 올려놓는다. 그럼 당신의 머릿속에 남아 있는 좀비 전두엽 부위가 당장 이렇게 말할 것이다. "당장 집어 들어!" 공짜 넓적다리 고기를 보고 눈이 돌아갈 테니까 말이다.

하지만 맛있는 고깃덩어리를 실제로 잡으려면 전운동영역premotor region이라는 당신의 좀비 뇌 속 운동계획영역이 어떻게 하면 무릎 위에 올라가 있는 손을 맛있는 살로 옮길 수 있는지 파악해야 한다. 맛있는 한입거리가 눈에 보이지만 무릎 위의 손을 고깃덩어리까지 옮기는 과정이 대단히 복잡하다는 것을 기억하자. 안구 뒤쪽은 세상에 대한 지도를 뇌로 투사하고 있는데 뇌는 이 지도를 근육 수축 계획으로 전환해야 한다. 그럼 근육은 뼈를 지렛대 삼아 수축하며 몸을 움직일 것이다. 이것은 꼭두각시를 놀리는 사람이 줄을 조화롭게 움직여서 꼭두각시 인형을 춤추게 만드는 것과 비슷하다. 다만 여기서는 당신의 뇌가 꼭두각시를 놀리는 사람이다.

이것이 얼마나 복잡한 과정인지 감을 잡으려면 잠시 한 발 물러나 무언가 시도해 보자. 커피, 혹은 자기 앞에 있는 무언가를 향해 손을 뻗으면서 자신의 팔에 일어나는 일을 근육마다, 관절마다 단계별 과정으로 설명해 보자. 어떤 근육이 먼저 움직이는가? 팔을 들어 올릴 때는 어깨세모근과 등세모근(승모근)을 움직인 후에 언제부터 위팔세갈래근을 움직이기 시작하는가? 그리고 언제 요측수근

굴근flexor carpi radialis의 힘을 풀고 노쪽손목폄근extensor carpi radialis, 손가락폄근extensor digitorum, 짧은엄지벌림근abductor pollicis brevis을 수축시켜 손을 펴 잡을 준비를 하는가? 어깨와 손목을 동시에 움직이려면 어떤 근육들이 조화로운 방식으로 함께 일해야 하는가? 아주 정신없다.

눈의 세계에서 근육과 관절의 세계로 가는 이런 전환 과정이 바로 전운동영역이 두정엽과 함께 힘을 합쳐 실패 없이 꾸준히 수행해야 할 과제다. 당신이 방망이를 야구공(혹은 좀비의 머리)에 휘둘렀는데 헛스윙을 했다고 너무 실망하지는 말자. 야구공(혹은 좀비 머리)을 야구 방망이로 정확히 때리는 것은 정말, 정말 힘든 일이기 때문이다.

전운동피질은 일단 꼼꼼하게 계산을 마무리하고 나면 그 명령을 1차 운동피질로 보낸다. 이것은 당신 뇌의 정중앙에 작은 띠처럼 자리잡고 있는 조직이다. 실제로 1차 운동피질은 근육으로 직접 신호를 보내 그 근육을 수축, 혹은 이완하게 만든다.* 사실 우리 몸에서 제일 긴 신경섬유 중에는 1차 운동피질에서 척수로 가는 축삭돌기도 있다. 이 세포 중 일부는 머리 꼭대기에서 허리까지 뻗어 있다. 이 뉴런은 척수에 있는 다른 세포(운동뉴런)에게 말한다. 그리고 이 운동뉴런이 직접 근육을 자극한다. 꼭두각시 조종사가 되어 근육의 수축을 통제하며 당신이 잘 협응된 매끄러운 동작으로 움직일 수 있게 하는 것이 1차 운동피질의 임무다.

• 엄격하게 따지면 1차 운동피질은 뇌에서 근육으로 가는 모든 투사 중 절반 정도만 보낸다. 나머지 절반은 다른 전운동계획영역에서 온다.

다시 연구가 진행 중인 좀비 버전의 당신에게 돌아와 보자. 궁극적으로 당신의 좀비 근육을 수축시켜 망가진 당신의 팔을 눈앞의 사람 고기로 뻗게 만드는 역할은 1차 운동피질의 몫이다.

바닥핵 신경로

피질에 있는 운동영역은 새로 등장한 신참이라 할 수 있다. 적어도 진화적으로 보면 그렇다. 뇌의 더 깊숙한 곳에는 바닥핵을 구성하는 진화적으로 더 오래된 영역들이 있다.

바닥핵은 뇌 속에서 일련의 정보 순환회로를 이루고 있는 작은 신경핵(뇌세포 집단)들의 집합이다. 이것을 자동차에 들어 있는 일종의 타이밍벨트라 생각할 수 있다. 피질의 세포들이 바닥핵으로 신호를 내려 보낸다. 그럼 바닥핵 영역은 자기들끼리 조금 대화를 나눈 후에 자신이 내린 결정사항을 다시 피질로 올려 보낸다. 피질은 이 정보에 대해 생각해 본 후에 다시 과정을 처음부터 반복한다. 이 전체 과정은 불과 몇 밀리초 안에 일어나고, 이 과정이 제대로 진행되기 위해서는 정보의 순환이 정확한 타이밍에 따라 신속하게 일어나야 한다.

그럼 이 순환회로들은 대체 무엇을 하는 것일까? 사실 꽤 많은 일을 한다. 어떤 순환회로는 캔디크러쉬 게임 레벨이 올라간 경우처럼 보상이나 돌출^{salience}(당장에 중요한 문제) 등을 처리한다. 어떤 순환회로는 복잡한 규칙을 학습하고 노래 속 멜로디나 언어 속 문법 같은 것을 학습할 때 역할을 한다. 또 어떤 순환회로는 운동을 개시하고 실행에 옮기는 일을 담당한다. 보상을 예측하는 일이든, 새로운 게임 방법을 학습하는 일이든, 산탄총으로 손을 뻗는 일이든 상관없이 바닥핵은 피질에서 유입되는 질문을 바탕으로 뇌의 결정을 촉발하는 작은 '문' 역할을 하는 듯 보인다.

또 다른 시나리오를 생각해 보자. 명사수인 당신은 좀비 대재앙 이후에 생존자들이 세운 피난처에서 야간에 보초를 서게 됐다. 망원경으로 보니 숲에서 어두운 형체가 느릿느릿 걸어 나오는 것이 보인다. 당신은 숲에 정찰병이 나가 있다는 것을 알고 있다. 그래서 당신 속의 신중한 자아는 저 형체가 간절하게 도움을 필요로 하는 지치고, 부상당한 친구일지도 모른다고 말한다. 반면 불안한 자아는 저 형체가 사람을 공격하기 위해 걸어 나오고 있는 또 다른 좀비일 거라 말한다.

그럼 당신에게는 두 가지 선택이 있다. (1)방아쇠를 당겨 잠재적 위협을 제거한다. 혹은 (2)친구를 죽일 수도 있으니 방아쇠를 당기지 않는다. 과학에서는 이것을 할까 말까 결정Go/No-Go decision이라고 부른다.

뇌 속에서 전두엽피질은 양쪽 결정을 모두 바닥핵으로 보낸다. 이 과정에서 제일 먼저 들르는 곳은 선조체striatum의 신경핵이다. 선조체는 미상핵caudate nucleus, 조가비핵putamen, 측좌핵nucleus accumbens으로 이루어져 있다. 이것들을 모두 하나로 묶어서 바닥핵 신경로의 첫 번째 입력이라 생각할 수 있다. 이 선조체에서는 총을 쏠 것이냐, 말 것이냐는 결정이 경쟁 관계에 있는 두 신경로를 따라 중계된다. 직접 경로가 활성화되면 일련의 사건을 촉발해서 결국 방아쇠를 당기게 만든다. 그래서 이것을 '하자' 경로go pathway라고도 부른다. 반면 간접 경로는 억제성 신호를 보내서 방아쇠 당기는 행동을 종료시켜 총을 발사하지 않게 막는다.

즉 행동할 것인가, 말 것인가의 결정이 이 두 경로 사이의 경쟁으로 이루어진다는 의미다. '하자'가 이기면 당신은 총을 쏘게 되고, '말자'가 이기면 총을 쏘지 않는다. 피질은 직접 경로와 간접 경로에 계속해서 정보를 퍼부으며 두 경쟁적인 결정을 지속적으로 신속하게 업데이트한다. 만약 숲에서 나타난 형체가 비틀거리며 그렁 신음소리를 낸다면 '좀비를 쏴라'에 더 유리한 증거이기 때문에 직접 경로에 더 힘이 실린다. 그리고 결정이 '하자' 쪽으로 더 강하게 쏠린다. 만약 그 형체가 도움을 요청하는 친구의 목소리와 비슷한 소리를 낸다면 친구를 쏘지 않기 위해 간접 경로에 더 힘이 실려 '말자' 쪽으로 결정이 기울게 된다.

결국 할지 말지에 대한 최종 결정은 바닥핵의 이 두 가지 경로에서 나온다. 결정들 사이의 이런 소소한 경쟁은 바닥핵의 순환회로를 통해 작은 형태로 하루에도 수천 번, 어쩌면 수백만 번에 걸쳐 일어난다. 보통은 운동에 대한 결정과 관련해서 일어나지만 온갖 다른 결정과 관련해서도 일어날 수 있다.

파킨슨병Parkinson's disease이라는 신경학적 질병과 관련해서 바닥핵에 대해 이미 들어본 사람도 있을 것이다. 파킨슨병에서는 중요한 신경화학물질인 도파민이 고갈된다. 도파민은 바닥핵이 건강하게 작동하는 데 필수적인 성분이다. 도파민이 없으면 신속하게 정보를 통합하고 주기적으로 업데이트하는 이 시스템 전체가 제대로 된 기능을 멈추고 만다.

일반적으로 사람들은 파킨슨병이라고 하면 몸을 벌벌 떨거나 움 찔거리는 동작을 떠올린다. 사실 이것은 파킨슨병의 증상이 아니라 이 병의 치료에 흔히 사용되는 약물의 부작용이다. 약을 복용하지 않으면 파킨슨병 환자들은 리드미컬하게 지속적으로 썰룩거리는 증상이 생기는 경우가 많지만 파킨슨병 환자에서 가장 눈에 띄는 운동 증상은 운동이 느려지거나, 굳어버리는 것이다. 특히 자발적 운동을 개시하는 능력을 잃기 시작한다. 그래서 몸이 그냥 굳어버린 것처럼 보인다.

흥미롭게도 파킨슨병 환자가 모든 행동 계획에서 막히는 것은 아니다. 이들은 내부적으로 발생하는 특별한 유형의 운동에 대해 특히 어려움을 느낀다. 자기가 향해야 할 명확한 표적이 존재하지 않을 때는 움직임을 개시하는 데 곤란을 겪는다는 얘기다. 예를 들어 "이제 거실로 가세요"와 같이 상대적으로 두루뭉술한 요청을 하면 파킨슨병 환자는 거실 쪽으로 움직임을 개시하는 데 어려움을 느낄 수 있다는 것이다. 만약 "저기 보이는 소파로 가세요"라고 요청하면 환자는 표적(이 경우는 소파)을 향해 움직임을 개시하기가 훨씬 쉬워질 것이다. 즉 파킨슨병 환자에게 초점을 맞출 대상이나, 안내해 줄 대상처럼 무언가 목표로 삼을 만한 것을 제시해 주면 운동을 시작하는 데 어려움을 겪을 가능성이 낮아진다. 하지만 목표를 내부적으로 생성해야 하는 상황이 오면 파킨슨병 환자는 그것을 위한 행동을 계획하는 데 어려움을 느낀다.

이런 일이 왜 일어날까? 바닥핵이 내적으로 유도되는 운동을 계획하고 협응하는 데 특화되었기 때문이라 여겨지고 있다. 바닥핵은 직접 경로와 간접 경로의 균형을 통해 운동을 시작하거나, 아예 운동이 시작되지 않게 막는 문처럼 행동한다.

따라서 신피질의 운동영역들은 운동 계획을 들고 올 때 바닥핵과 지속적으로 소통을 한다. 여기서 명확한 표적이 없으면 피질영역은 바닥핵 신경로에 더 크게 의존해야 한다. 그래서 이 신경로가 계속 준비상태로 긴장하게 된다. 이런 긴장이 쌓이고, 쌓이고, 쌓이다가 결국 더 이상 참을 수 없게 되면 '펑!'하고 터진다. 직접 경로가 승리해서 행동 신호가 근육으로 흘러갈 수 있게 되는 것이다. 하지만 자동차 타이밍벨트의 상태가 좋지 않으면 엔진의 효율이 크게 낮아지는 것처럼, 파킨슨병에서도 이 순환회로가 차츰 효율성을 잃으면서 운동을 개시하고 매끄럽게 통제하는 능력에 문제가 생기게 된다.

그래서 뇌의 회로에서는, 특히 바닥핵 경로에서는 타이밍이 가장 중요하다.

소뇌 신경로

지금까지 피질이 어떻게 행동을 계획하는지, 바닥핵이 어떻게 운동 계획을 촉발하는지 살펴보았다. 하지만 운동이 그저 계획한 대로 이루어지는 것은 아니다. 운동은 대단히 동적이다. 따라서 당신이 전기톱을 들고 여기저기 휘두르며 좀비들을 절단내고 있는 동안에 뇌는 자기가 할 일을 정확하게 하고 있는지 확인할 방법이 있어야 한다. 전기톱은 충분한 힘으로 휘두르고 있는가? 넘어지지 않게 체중 이동을 잘 하고 있나? 너무 왼쪽이나 오른쪽으로 치우치지는 않았나?

소뇌가 이런 계산을 전문적으로 한다.

소뇌cerebellum(라틴어로 '작은 뇌'라는 뜻)는 신경과학자나 일반인 모두에게 제일 인정을 못 받고 있는 부위일 것이다. 소뇌는 뒤통수 쪽에 자리 잡고 있는 브로콜리 모양의 작은 뇌 영역이다. 하지만 크기만 보고 속으면 안 된다. 사실 이 작은 뇌 구조물 속에는 뇌에 들어 있는 전체 뉴런 중 절반 정도가 들어 있다. 맞다. 무려 절반이다!

먼 옛날 고대 이집트 알렉산드리아의 해부학자들도 뇌 뒤쪽에 붙어 있는 이 이상하게 생긴 돌출부위를 연구했었지만 소뇌를 이해하기 시작한 것은 2세기 중반의 로마 의사 갈레노스Galenos부터였다. 그는 황소, 당나귀, 사람의 소뇌를 해부학적으로 처음 묘사해서 기록으로 남겼다. 갈레노스는 소뇌 구조의 복잡성을 근거로 이것이 고등 사고 기능에는 필요하지 않다고 결론 내렸다. 당나귀나 사람 모두에서 비슷한 수준으로 복잡해 보였기 때문이다. 그래서 그는 이것이 뇌간의 연장이라고 생각해서 하나로 묶어 버렸다.

모든 훌륭한 과학자들의 연구가 그렇듯이 소뇌의 해부학에 대한 갈레노스의 가설도 결국은 어리고 건방진 제자들에게 놀림감이 되고 말았다. 제자들은 사소한 세부사항으로 보일 수도 있는 부분에서 생긴 실수를 강조함으로써 자신들의 지적 우월성을 확신했다. 갈레노스의 경우 이 건방진 학생은 플랑드르의 의사 안드레아스 베살리우스Andreas Vesalius였다. 그는 소뇌의 크기에 대해 갈레노스가 묘사해 놓은 것을 보고 굉장히 화가 났다. 좋다. 엄밀히 말하면 베살리우스는 갈레노스의 제자가 아니었다. 사실 그는 갈레노스가 죽고 1500년 후에 살았던 인물이다. 하지만 우리 모두는 우리보다 앞서 살았던 위대한 과학자의 제자들이다.

갈레노스의 연구에 대해 베살리우스는 이렇게 적었다. "소뇌에서 제일 높은 부위는 후두부 중간까지만 연장되어 있다. 비록 어떤 사람(즉 갈레노스)은 황소나 당나귀, 혹은 꿈에 속았는지 소뇌가 구멍 뒤쪽 부위에서 올라온다고 적었지만 말이다."(Glickstein et al. 2009에 인용)

해석: 사람의 소뇌는 다른 동물과 생김새가 아주 다르기 때문에 아마도 동물과 다른 역할을 하고 있을 것이다!

만약 당시에도 동료 심사 시스템이 존재했더라면 베살리우스는 모든 학자들이 골치 아파하는 잘난 척하는 심사위원이 되었을 것이다.

19세기까지는 뇌 뒤쪽에 이 이상하게 생긴 구조물이 있다는 것만 알았지 그것이 실제로 어떤 일을 하는지는 몰랐다. 물론 초기에 나온 여러 과학 가설과 마찬가지로 소뇌의 기능에 대한 최초의 이론들을 살펴보면 이상한 것들이 많았다. 예를 들어 볼타Volta가 1800년대 초반에 두 개의 금속을 이용해서 전기를 만들어낼 수 있음을 발견한 이후로 과학자들은 소뇌에서 교대로 등장하는 회색과 백색의 표면이 일종의 볼타 전지Voltaic pile를 이루어 뇌에서 사용할 전기를 생산한다고 믿었다. 이것을 '소뇌 전지 이론Coppertop Battery theory'이라고 부른다.

물론 지금 돌아보면 소뇌의 기능에 대한 가설 중에는 이것보다 더 터무니없는 것도 있었다. 1800년대 중반의 골상학자phrenologist 들은 소뇌를 성욕의 뿌리로 보았다. 사실 그래서 색광증이 있거나 습관적으로 자위를 하는 성도착자로 판정을 받은 사람에게는 머리 뒤쪽 소뇌 부위에 얼음을 갖다 대는 치료를 제안하기도 했다. 소뇌의 성기관 가설은 결국 프랑스의 의사 피에르 플루렝스Pierre Flourens(1794-1867)에 의해 검증을 받게 됐다. 플루렝스는 성욕이 아주 넘치는 수탉에서 소뇌를 제거하고 그 행동이 어떻게 바뀌는지 지켜봤다. 하지만 수탉은 여전히 암탉을 향한 성욕이 여전히 강해서 암탉이 걸어갈 때마다 추파를 던졌지만 동작의 협응이 너무 형편없어서 일을 성사시키지는 못했다(토요일 밤 대학가 술집에 가보면 알코올이 소뇌 기능에 미치는 영향 때문에 생기는 이런 행동을 여럿 관찰할 수 있다). 이 관찰을 통해 소뇌는 성욕이 뿌리가 아닐 가능성이 커졌다. 그보다는 운동 협응이 분명 그곳에서 일어나고 있는 것 같았다.

다시 현재로 돌아와 보자. 이제 우리는 소뇌가 본질적으로 운동계의 품질관리 전문가라는 사실을 알고 있다. 당신이 좀비를 마주하고 전기톱으로 손을 뻗는 상황으로 돌아가 보자. 당신이 처음 전기톱으로 손을 뻗었을 때 약간의 차이로 그 손잡이를 제대로 잡지 못하고 빗나갔다고 해보자. 소뇌는 손과 눈에서 오는 모든 감각적 경험을 취해서 어떤 식으로는 그 모든 정보를 편집하고 이렇게 말한다. "이봐, 놓쳤잖아!" 그리고 이어서 당신이 원하는 행동 명령(그 망할 전기톱을 잡는 것)을 살펴보고 다음에 제대로 잡으려면 어떤 변화가 필요한지 계산해 낸다.

소뇌는 당신이 겪는 모든 감각적 경험과 당신이 수행하는 모든 운동 계획을 감시해서 당신이 느끼리라 예상하는 것을 확실히 느낄 수 있게 만든다. 사실 자기가 자기를 간지럽힐 수 없는 이유도 소뇌 때문이다. 자신을 간지럽히려 하면 소뇌는 그 간지럼을 태우는 것이 자기 손이라는 것을 알고, 그로 인해 무언가를 느끼게 되리라는 것을 예상한다. 그 결과 간지러움을 별로 인지하지 않게 된다. 하지만 다른 누군가가 간지럽히면 소뇌는 그에 대한 내적 기대를 형성하지 못하거나, 적어도 그것을 잘 하지는 못하기 때문에 미칠 듯이 간지러운 감각을 느끼게 된다.

등이 가려워서 자기 손으로 긁을 때는 놀라지 않지만(예상되는 감각적 경험) 좀비의 손이 자신의 어깨를 기어오를 때는(분명 예상치 못했던 자극) 깜짝 놀라는 것도 모두 소뇌 덕분이다.

소뇌가 손상을 입거나 기능장애가 생기면 감각과 운동 신호를 감지하는 능력에 문제가 생겨 전반적인 협응 능력을 상실하게 된다. 예를 들어 척추소뇌실조증spinocerebellar ataxia 환자는 소뇌와 다른 뇌간 세포들을 퇴화시키는 유전성 질환을 갖고 있다. 질병이 진행되면서 이런 환자들은 균형과 협응에 문제를 나타내게 되고, 심지어는 입과 혀를 통제하는 근육들이 제대로 일을 하지 못해 발음이 불분명해지는 지경까지 갈 수도 있다(마비성 말장애dysarthria라고 한다). 소뇌가 손상되면 보는 것도 영향을 받을 수 있다. 소뇌에 문제가 생긴 환자는 시선을 한 곳에서 다른 곳으로 옮길 때 눈의 운동이 매끄럽지 못하게 된다. 이것을 안진증nystagmus(무의식적으로 일어나는 안구의 주기적 운동)이라고 한다.

소뇌는 사실상 뇌 운동계의 품질관리담당자라 할 수 있다. 사실 운동계만이 아니다. 감각 입력을 감시하는 이런 특성 덕분에 소뇌가 언어, 공간지각, 감정 처리, 심지어 의사결정에 이르기까지 여러 가지 용도로 상당히 유용하다는 것이 밝혀졌다. 이 정도면 소뇌는 '작은 뇌'라는 칭호를 얻을 자격이 충분하다.

우리의 운동을 통제하는 회로에 대해 알아보았으니 이제 바깥에서 돌아다니는 시체 무리로 다시 눈을 돌려보자. 좀비의 동작은 느리고, 경직되고, 협응도 제대로 이루어지지 않지만 그래도 좀비는 운동 계획을 올바른 방향으로 짜는 능력은 있어 보인다. 즉 좀비가 우리를 향해 달려들고 싶을 때 대부분 방향을 제대로 잡는다는 얘기다. 일단 손이 우리 몸에 닿으면 좀비는 아무 문제 없이 우리를 붙잡는다. 따라서 피질의 운동계는 모두 온전해 보인다. 그럼 뭐가 잘못된 것일까? 좀비에서 보이는 운동장애를 설명할 만한 그럴듯한 원인으로 뇌에서 유일하게 남은 범인은 바닥핵과 소뇌다.

이런 제한을 고려하면서 바닥핵에 기능장애가 있을 때 무슨 일이 일어날지 생각해 보고, 이것을 소뇌에 이상이 생겼을 때와 비교해 보자. 양쪽 경우 모두 걷고, 운동을 협응하는 데 문제를 겪게 되지만 그 방식에서는 극적인 차이가 난다. 예를 들어 파킨슨병 환자는 자세가 구부정해지고 걸을 때도 발을 끌며 잰걸음을 걷게 된다. 그리고 목표가 아주 분명하지 않으면 운동을 발생시키는 데 어려움을 겪는다(보통 움직이지 못하고 얼어붙는 경향이 있다). 그와는 대조적으로 척추소뇌실조증 환자는 뻣뻣하게 다리를 넓게 벌리고 선 자세를 하고, 느릿느릿 큰 걸음을 걷는다. 그리고 파킨슨병 환자와 달리 이런 환자들은 운동을 개시하는 데 문제가 없다.

이런 정보를 이용하면 좀비의 뇌를 어떻게 진단할 수 있을까? 영화에 등장하는 좀비를 보면 다리를 넓게 벌린 뻣뻣한 자세를 하고 느릿느릿 크게 걷는다는 것을 알 수 있다. 이들은 대부분의 경우 느리게 움직이고 잘 협응된 매끈한 동작이 결여되어 있다. 하지만 운동을 개시하는 데는 문제가 없어 보인다. 사실 좀비들은 거의 항상 움직이고 있다. 이들은 운동을 시작하는 데(즉 새로운 먹잇감을 향해 가는 데) 문제를 겪은 경우가 절대 없다. 그리고 운동을 하다가 멈춰 버리는 일도 없다. 그리고 이들은 다리를 질질 끌거나 구부정한 자세를 하지도 않는다.

이런 이유를 근거로 우리는 좀비에서 보이는 여러 증상들, 즉 다리를 넓게 벌리고 선 자세, 느린 걸음걸이, 움직이다 동작이 굳어버리는 증상이 보이지 않는 것, 행동을 수월하게 계획하고 수행하는 것 등은 소뇌 퇴행의 패턴을 반영하고 있는 것이라 주장한다. 즉 소뇌장애가 생기면 좀비 감염에서 보이는 여러 운동 증상으로 이어질 수 있다는 것이다. 하지만 피질 운동영역과 바닥핵 신경로는 상대적으로 온전해야 한다.

이 시점에서 아주 날렵한 좀비가 등장하는 영화의 팬이라면 이런 질문을 던질 만하다. "그럼 빠른 좀비는 뭔데요?" 〈월드 워 Z〉, 〈28일 후〉 혹은 〈시체들의 새벽〉 2004년 리메이크 버전을 아직 보지 못한 사람들을 위해 설명하자면 빠른 좀비에서는 그 어떤 운동기능장애도 보이지 않는다. 이들은 아주 빠르게 움직일 수 있고, 협응의 문제도 전혀 없어 보인다. '빠른 좀비'가 놀라울 정도로 협응이 잘 되는 운동을 보이는 것으로 보아 우리는 이들의 소뇌는 온전할 가능성이 높다고 믿고 있다. 빠른 좀비가 움직일 때 느끼는 어려움은 신경 손상보다는 팔, 다리가 썩어 들어가면서 생기는 것일 가능성이 높다.

사실 이런 증상 발현 방식의 차이 때문에 좀비 유행병의 역학에 대해 중요한 단서를 제공할 수 있는 장애의 아형을 신경학적으로 분류할 수 있다.

- 1번 아형(느리게 움직이는 아형): 처음 관찰된 질병 유형
- 2번 아형(빠르게 움직이는 아형): 운동협응 능력이 온전하고 주의력 장애가 나타나지 않는 것으로 1번 아형과 구분할 수 있다(7장 참고).

질병도 돌연변이를 일으킨다. 좀비병이라고 그렇지 말란 법이 있겠는가?

주석: 사실대로 말하자면 우리는 조지 로메로 감독을 만나 좀비 영화에서 좀비들을 왜 그런 식으로 걷게 만들었느냐고 물어볼 기회가 있었나. 이 질문에 그는 이렇게 답했다. "죽은 사람들이니까요. 그래서 몸이 뻣뻣하게 굳어있을 거 아닙니까. 죽은 사람이 걸으면 그렇게 걷겠죠." 신경과학자의 본능을 자극하는 그런 대답은 아니었지만 다음 번 좀비 대재앙이 일어났을 때 검증해 볼 만한 훌륭한 대안의 가설이다.

4장

배고픔, 분노, 어리석음

> 아이가 어둠 속으로 들어가는 것을 두려워하듯
> 어른은 죽음을 두려워한다. 그리고 아이가 느끼는 그 자연스러운
> 두려움이 이야기를 통해 더 자라나듯 어른들도 그러하다.
>
> — 프랜시스 베이컨, 『수상록』

당신 귀에는 제일 가까운 문 바깥에서 들려오는 저음의 으르렁거림 밖에 들리지 않는다. 당신 머릿속에는 반쯤 썩다 만 턱이 당신의 목을 물어뜯는 장면밖에 떠오르지 않는다. 온몸의 근육이 어찌나 긴장했던지 욱신거릴 지경이다. 심장은 미친 듯이 뛰고, 땀은 비 오듯 쏟아진다. 당신의 모든 본능이 어서 달아나라고 말하고 있다. 그 존재는 지금까지 쉬지도 않고 당신을 쫓아왔다. 당신은 이 집으로 뛰어 들어와 위층 침실의 벽장 안에 숨을 때만 해도 그 놈이 더는 쫓아오지 못할 거라 생각했었다. 하지만 상처를 입은 몸으로 낯선 사람의 옷가지와 짐 한가운데 앉아있으니 내가 저 좀비보다 더 오래 살아남을 거라는 생각이 도무지 들지 않는다.

그 존재는 불과 몇 미터 떨어져 있을 뿐이다. 몇 킬로미터 떨어져 있는 것이었으면 얼마나 좋았을까? 이제 당신은 구석에 몰렸고, 이

벽장 안에서 찾을 수 있는 무기라고는 뾰족구두 하나밖에 없다. 당신은 공황 상태에 빠져 있다. 당신은 생각을 마치기도 전에 문을 활짝 열어젖히고 비명을 지르며 뛰쳐나간다. 그리고 단단히 움켜쥔 뾰족구두로 좀비의 머리를 겨냥한다.

우리는 좀비를 왜 두려워할까? 궁극적으로는 그들은 아주 원초적인 위협을 가한다. 그들은 공격적이고, 폭력적이고, 인간의 살에 끊임없이 굶주려 있다. 밤에 안개 낀 어두운 무덤을 걸어간다고 생각하면 겁이 나는가? 왜 그럴까? 다음 묘비 바로 뒤에 보이지 않는 알 수 없는 위험이 도사리고 있어서일까? 땅에서 뼈다귀만 남은 손이 튀어나와 당신의 발목을 잡을 확률이 지극히 낮다는 것을 (사실상 0%) 당신은 이성적으로 알고 있지만 당신의 감정 앞에 확률 따위는 의미가 없다.

기술, 이성, 계몽주의가 꽃을 피운 세기를 거쳐 왔음에도 우리는 여전히 비이성적인 두려움을 느낀다. 우리의 느낌은 이성적 지식과 항상 충돌을 일으킨다. 두려움이 비이성적인 것임을 당신도 알고 있지만 진화적 관점에서 보면 이런 비이성적인 반응이 이상하긴 해도 말이 된다. 두려움은 우리가 잠재적으로 위험한, 따라서 번식을 제한할 수 있는 상황에 빠질 가능성을 최소화하기 때문이다. 이것을 간단히 표현해 보자면, 우리는 번식을 위한 생존에 위험을 가할 수 있는 것을 제대로 피하고 있다는 의미다. 인류는 먹이사슬에서 거의 정점을 차지하고 있지만 이기지도 못할 싸움에 마구잡이로 뛰어들어 지금의 이 위치에 오른 것은 아니다.

위험에 대한 건강한 두려움이 당신을 살아남게 한다. 당신이 경계를 늦추면 그 태만함이 후환이 되어 돌아와 당신을 물어뜯을 것이다. 이런 장면이 좀비 영화에서 거듭 거듭 등장했었다. 〈시체들의 새벽〉(1978)에서는 단독으로 돌아다니는 좀비 하나하나는 해로울 것이 없어 보여서 모두들 너무 태평해졌다. 〈28일 후〉(2002)에서는 좀비를 포로로 잡아두었지만 결국 이 좀비는 미친 듯이 날뛰게 된다. 〈월드 워 Z〉(2013)에서는 예루살렘이 안전한 피난처로 나왔지만 결국에는 그렇지 못했다. 모든 사람이 좀비에 대해 두려움을 갖지 않았다면 더 많은 사람이 살아남았을 것이다.

하나의 종으로 보면 우리는 육체적으로 제일 강인하지도, 제일 빠르지도, 가장 사납지도 않다. 우리가 번성할 수 있었던 이유는 앞서 계획할 수 있는 능력 덕분이었다. 계획 수립 능력, 창의력, 독창성은 우리 인류의 전형적인 특성이다. 하지만 우리가 반드시 똑똑하게 생각하고 계획을 수립하는 것만은 아니다. 두려움이 우리를 일관성 없고, 불확실하고, 의지도 박약한 존재로 움츠리게 만들 수 있다. 좀비가 그런 두려움에 해당한다. 좀비는 공격적이고, 우리를 잡아먹고, 그 사실이 우리의 감정에 어떤 영향을 미칠지 고려하지도 않는다. 사실 좀비에겐 아예 두려움이라는 감정이 없다. 당신이 전기톱이나 사무라이 칼을 휘두르고, 작은 마을 하나를 통째로 날려버릴 만한 폭탄을 들이밀어도, 그러건 말건 좀비는 신경 쓰지 않는다. 우리가 죽든, 좀비가 죽든, 어느 하나가 끝장날 때까지 그들은 계속해서 달려들 것이다.

여기서 재미있는 부분이 등장한다. 우리가 좀비를 향해 느끼는 감정과 좀비가 우리를 향해 느끼는 감정에는 큰 차이가 있음에도 불구하고 좀비나 인간에서나 모두 공포, 분노, 배고픔 같은 원초적인 행동들은 변연계limbic system라는 공통의 뇌 영역에 의해 조절된다는 점이다[주의: Kotter and Meyer(1992)에 따르면 변연계는 유용한 개념적 도구이기는 하지만 뇌를 개념화하는 최고의 방법은 아닐지도 모른다]. 변연계는 진화적으로 아주 오래된 뇌 구조물 집합이고 우리의 동물 사촌 대부분에서 다양한 형태로 발견된다. 변연계를 구성하는 뇌 영역이 무엇무엇인지는 사람마다 얘기가 다를 수 있지만 일반적으로 해마, 편도체, 유두체mammillary body, 시상하부, 시상, 대상엽cingulate cortex• 등을 포함시킨다.

변연계에 대해 가까이서 자세히 들여다보자.

세 가지 F: 투쟁, 도피, 그리고 …

그 죽느냐, 사느냐의 순간에 우리의 뇌와 몸에는 무슨 일이 일어날까? 신경과학과 심리학에서는 이런 행동을 '투쟁-도피 반응fight-or-flight response'이라고 하며, 이것은 아주 오래된 본능이다. 분명 거의 모든 포유류가 이런 본능을 갖고 있다. 이런 본능은 가젤 영양이 사자를 피해 달아나거나 사람이 좀비 무리를 보고 꽁지 빠지게 도망갈 때 관찰할 수 있다. 하지만 '도피flight'라는 개념을 조금 확장하면

• 변연계라는 개념에 대해서는 논란이 많으며, 해부학적으로 연결된 뇌 영역 신경망이라기보다는 일련의 공통적 행동을 쉽게 설명할 수 있는 뇌 영역들에 대한 표현이라 할 수 있다. 우리가 할 수 있는 말은 과학에서는 모든 것이 논란의 대상이 될 수 있다는 것이다!

도마뱀붙이가 위협을 느끼고 꼬리를 자르는 것이나 오징어가 주변 색깔과 섞여 들어가게 피부의 색깔을 변화시키는 것도 일종의 '도피'라 생각할 수 있다. 반면 탈출구 없이 구석에 내몰렸을 때는 스트레스를 받거나 부상을 당한 동물이 생존을 위한 최후의 보루로 자기를 공격하는 대상에게 거칠게 달려들게 된다. 이것이 '투쟁'이다.

우리 좀비 과학자들을 특히 언짢게 만드는 것이 이 마지막 행동이다. 잠시 시간을 내서 영구적으로 '투쟁' 상태에 붙잡혀 있는 존재를 생각해 보자. 이 존재는 가만히 서 있는 막대기를 보고도 마치 다가오는 포식자를 공격할 때와 마찬가지로 맹렬하게 공격할지도 모른다. 일부 광견병 사례에서 이런 일이 일어난다. 광견병에 감염된 동물은 극단적으로 공격성이 강해져서 진정시키려 해도 좀처럼 반응하지 않는다.

개념적으로 보면 공격성은 양면 동전의 한 면이라 생각할 수 있다. 이 동전의 한쪽 면에는 공포와 분노가 있고, 이것은 위협의 순간에 증폭될 수 있다. 하지만 동전의 반대쪽 면에는 신뢰, 공감, 사회성이 있다. 공포와 분노의 동전 면이 위로 나왔을 때는 이런 것들이 붕괴하거나 완전히 쓸려 나갈 수 있다. 이 장에서는 전자에 초점을 맞추고, 다음 장에서는 후자에 초점을 맞춰 진행하겠다.

이야기의 전개를 위해 이 장을 시작하면서 소개했던 장면으로 돌아가 보자. 당신은 다시 벽장 속에 갇혀 있다. 뾰족구두의 발굽을 들고 좀비를 공격해야겠다고 마음먹은 순간에 당신의 뇌에서는 무슨 일이 벌어진 것일까? 자기가 벽장에 갇혔다고 인식하는 순간에는 무슨 일이 있었을까?

눈 깜짝할 순간에 편도체(1장 참고)가 당신의 뇌에 대한 통제력을 장악해 버린다. 편도체가 한 가지 근본적인 질문을 던진다. 이 질문을 지금은 고인이 된 영국의 전설적인 펑크 밴드 클래쉬Clash의 보컬 조 스트러머Joe Strummer가 노래 속에 멋지게 담아냈다. '그냥 있을

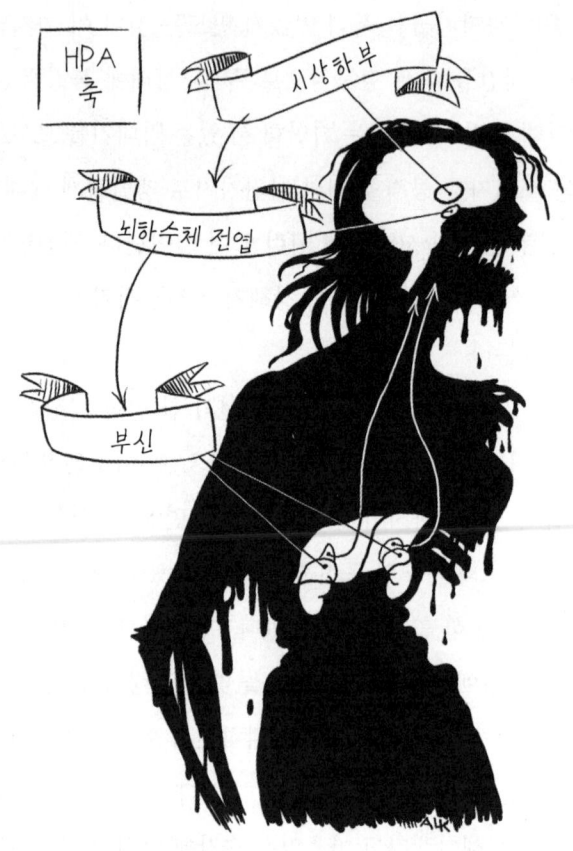

그림 4.1 시상하부-뇌하수체-부신 축(HPA 축)은 스트레스, 소화, 감정, 각성 등의 몇몇 신체 과정을 관찰하고 조절하는 내분비 네트워크의 일부다. 투쟁-도피 반응의 핵심 주자로 작용한다.

까? 아니면 지금 나갈까?(Should I stay or should I go now?)'

그냥 있는 것(투쟁)과 나가는 것(도피) 모두 에너지와 자원을 끌어 모아야 하는 일이기 때문에 나머지 뇌 부위가 그런 결정을 내리기 전에 편도체가 부신adrenal gland을 자극해서 각성상태를 끌어올릴 수 있다. 이 일은 시상하부-뇌하수체-부신 축hypothalamic-pituitary-adrenal axis, HPA이라는 복잡한 신경망을 통해 일어난다. 이름이 암시하듯 HPA 축은 시상하부, 뇌하수체, 부신으로 구성되어 있다. 이 뇌 영역들이 모두 함께 작용해서 스트레스 상황에 대한 몸의 반응을 통제한다.

이 스트레스 반응 과정은 연속적으로 이어지는 일련의 사건으로 작동한다. 편도체가 시상하부에게 부신피질자극호르몬방출호르몬corticotropin-releasing hormone, CRH을 생성하기 시작하라고 말하면, 이 CRH가 혈류로 방출되고, 뇌하수체 전엽anterior pituitary gland(성장호르몬, 부신피질자극호르몬 등을 생산하는 뇌하수체 앞부분)이 이 호르몬을 포착한다. 흥미롭게도 뇌하수체 전엽은 나머지 뇌와 통신할 때 신경섬유를 이용하지 않는다. 대신 혈류 속에 들어 있는 호르몬을 통해 나머지 뇌 영역과 대화를 주고받는다. 그래서 시상하부가 뇌하수체 전엽에게 말을 할 수 있는 방법은 CRH를 분비하는 것밖에 없다.

뇌하수체 전엽은 일단 혈류 속에 들어 있는 CRH를 포착하고 나면 다시 혈류로 부신피질자극호르몬adrenocorticotropic hormone, ACTH이라는 또 다른 호르몬을 분비한다. 뇌하수체는 ACTH를 분비하여 다른 뇌 영역과 대화를 하는 것이 아니라 몸에게 스트레스 반응을 끌어올리라고 말한다. 구체적으로 말하면 콩팥 위에 자리잡고 있는 부신adrenal gland이라는 두 개의 분비샘에게 말하는 것이다. (여기까지 잘 따라오고 있는지?)

그럼 부신은 무엇을 만들어낼까? 당연히 아드레날린adrenaline을 만들어낸다. 요즘에는 더 전문적인 용어로 에피네프린epinephrine이라고도 한다. 에피네프린은 스트레스가 특히 심하거나 크게 격앙된 상황에서 경험하는 격렬한 흥분을 느끼게 한다. 에피네프린은 기본적으로 에너지가 필요한 상황에서 그런 에너지를 끌어 모을 수 있게 해준다. 하지만 부신이 만드는 것이 에피네프린만 있는 것은 아니다. 스테로이드의 한 종류인 코르티코스테론corticosterone(사람에서는 코르티솔cortisol)이나 테스토스테론testosterone 등 스트레스, 공격성과 관련이 있는 다른 주요 호르몬도 분비한다. 즉 HPA 축의 종착점에 가면 에피네프린과 스테로이드 같은 화학물질이 혈류로 쏟아져 들어오면서 각성 상태를 높이고, 소화계와 면역계를 통제해서 전투에 대비하게 만든다.

좀비와의 싸움을 준비하는 과정이 아주 빙빙 돌고 도는 기나긴 여정처럼 들린다. 뇌의 일부에서 뇌의 다른 부위에 말을 하면, 그 부위가 혈류 속의 화학물질을 이용해 저 밑 콩팥에 붙어 있는 분비샘에 말을 걸어야 하니까 말이다. 하지만 이 활성을 끌어올리는 데는 불과 몇 초밖에 걸리지 않고, 일단 시작되면 몇 십 분에서 몇 시간까지 지속된다. 따라서 편도체는 HPA축을 통해 스트레스 반응계를 자극함으로써 몸이 죽느냐, 사느냐의 생존모드로 들어가게 준비시키는 것이다.

쥐 연구에서 시상하부를 전기로 자극했더니 코르티코스테론의 수치가 증가하고, 이 자극으로 쥐의 공격적 행동도 늘어났다. 쥐의 부신을 제거한 다음(즉 쥐가 더 이상 코르티코스테론을 분비할 수 없게 만든 다음) 코르티코스테론을 주사해도 비슷한 공격적 행동을 유도할 수 있다(Kruk et al. 2004). 따라서 시상하부를 일부 자극하면 코르티코스테론 같은 스테로이드가 더 많이 혈류로 쏟아져 나오고, 혈류 내 코르티코스테론의 증가는 더 강한 공격성으로 이어진다.

그렇다면 코르티코스테론이 '공격성 호르몬'이란 의미일까? 꼭 그렇지는 않다. 크루크Kruk와 그 동료들은 자신의 연구에서 이런 호르몬은 뉴런을 자극에 더 예민하게 만들 뿐, 그 자체로 공격성을 야기하는 것은 아니라고 조심스럽게 밝혔다.

이제 편도체로 돌아가 보자. 편도체는 기본적인 움직임과 각성을 통제하는 다른 심부 뇌 시스템을 장악하기 시작한다. 찰나의 매순간이 중요해진 상황에서 너무 오래 생각에 잠겼다가는 큰 대가를 치를 수 있다. 그래서 편도체는 머릿속에서 짜증나게 맴도는 잔소리를 쳐내고 당신이 당면한 문제에 온전히 집중할 수 있도록 진화했다. 진짜 응급 상황이 찾아오면 편도체는 나머지 뇌 영역들을 사실상 모두 장악한다. 그리고 싸울 것이냐, 달아날 것이냐는 단순한 양자택일의 결정으로 처리과정을 제한한다.

편도체는 투쟁-도피 반응의 관문이기 때문에 물리적 손상, 화학적 불균형, 질병 등 어떤 일이 벌어져서 편도체의 작동 방식에 문제가 생기면 이상한 행동을 보일 수 있다. 이런 식으로 생각해 보자. 투쟁-도피 반응의 느낌은 몸에서 본능적으로 느끼는 두려움의 느낌이다. 공포의 느낌 또한 행동을 통제하는 강력한 요소다. 심지어 생명이 즉각적으로 위협에 처한 상황이 아닌 경우에도 편도체에 의해 촉발되는 스트레스 반응은 부적절한 행동에 대한 일종의 통제장치로 작용한다. 예를 들어 우리는 성인이 된 후에는 보이는 것마다 족족 입으로 가져가지는 않는다. 어떤 것은 우리를 다치게 하거나 심지어 죽게 만들 수도 있음을 학습해서 알기 때문이다. 앞으로 일어날 수 있는 일에 대한 공포가 그런 행동이 일어나지 못하게 막는다. 이런 본능적인 공포의 느낌 중 일부는 편도체에서 시작되는 약간의 활성에 의해 조절된다. 만약 공포의 느낌을 모두 잃어버리면 우리는 더 이상 그런 공포의 통제를 받지 않게 된다.

양쪽 편도체가 모두 손상을 받으면 이런 일이 생긴다. 양쪽 편도체가 모두 손상을 입어서 생기는 클로버-부시 증후군Klüver-Klüver syndrome이라는 아주 희귀한 질병이 있다. 이것은 1939년에 클로버Klüver가 메스칼린mescaline이라는 향정신성 약물이 효과를 나타내는 신경학적 기반을 이해하기 위해 신경외과의사 부시Klüver에게 붉은털원숭이rhesus monkey의 측두엽을 제거해 달라고 부탁했을 때 처음 관찰됐다. 이 증후군에 걸린 사람(그리고 원숭이)은 다음과 같은 행동을 포함하는 특이한 증상들을 보인다. 극단적인 온순함(다양한 것에 대해 신경 쓰지 않거나 반응하지 않는다는 의미), 과식증hyperphagia(강박적으로 먹거나 강박적으로 배고픔을 느낀다는 의미), 과탐식hyperorality(온갖 이상한 것들을 입에 집어넣는다는 의미), 과성욕hypersexuality(당신이 생각하는 바로 그 의미!), 시각실인증visual agnosia(흔히 보이는 사물을 구분하기 어려워진다는 의미) 등. 클로버-부시 증후군의 증상 중 시각실인증은 처음에는 받아들이기가 조금 어려울 수 있지만, 나머지 증상들은 공포로 동기유발되는 행동이 줄어든 것이라 생각하면 어렵지 않게 이해할 수 있다. 클로버-부시 증후군 환자는 스트레스가 심한 상황에 대해서도 반응하지 않는다. 즉 어떤 행동으로 인해 생길 결과(사회적 비난이나 형사적 처벌 등)에 대한 공포를 이용해서 바람직하지 않거나 문제가 있는 행동을 통제하는 사회적 단서에 대해 반응하지 않는다는 의미. 이런 것 때문에 클로버-부시 증후군 환자는 함께 살거나, 함께 일하기가 무척 어렵다.

이렇게 보면 사람들이 이따금씩 공포와 두려움을 조금씩 경험하는 세상에서 살고 있음에 감사해야 한다. 아니면 아주, 아주… 변태 같은 세상에 살게 됐을 것이다.

정상적인 상태에서는 부적절한 행동을 하고 싶은 충동은 전두엽의 아랫부분인 안와전두피질orbitofrontal cortex(의사결정 및 기타 인지과정에 관여하는 대뇌피질 부위)에서 기원한 신호로 억제된다. 이것은 뇌에서 아주 앞쪽, 눈 바로 위에 있는 영역이다. 안와전두피질은 편도체에 억제성 신호를 보내 견제하면서 편도체가 뇌의 나머지 부분을 장악하지 못하게 막는다. 여기서 지그문트 프로이트Sigmund Freud 이야기를 끌어들일 생각은 없지만 간단하게 비유하자면 안와전두피질과 편도체를 뇌의 작은 초자아superego(자아로 하여금 도덕이나 양심에 따라 행동하도록 하는 정신 요소)와 이드id(인간의 원시적·본능적 요소가 존재하는 무의식 부분)로 생각할 수 있다. 편도체는 가능한 환경 자극을 모두 최악의 신호(즉 위협)로 생각해서 반응하고 싶어 한다. 반면 안와전두피질은 꼼꼼히 따져보기를 좋아해서 뇌의 나머지 부분을 장악해서 투쟁-도피 모드로 들어가고 싶어 하는 편도체의 욕망을 억누를 수 있다. 대부분의 사람은 안와전두피질이 온전하기 때문에 드문 경우를 제외하고는 편도체의 욕망이 거부된다.

흥미롭게도 병적으로 폭력적인 범죄자들의 뇌를 영상 촬영으로 연구해 보니 전전두피질prefrontal cortex과 편도체의 일부에 생긴 기능 이상이 반사회적, 폭력적 행동의 밑바탕일지 모른다는 결과가 나왔다. 더군다나 연구자들이 원숭이의 안와전두피질을 제거해 보았더니 사회적 상호작용을 조절하는 데 문제가 많았다(Babineau et al. 2011). 아마 유명한 피니어스 게이지Phineas Gage의 이야기를 들어본 사람이 있을 것이다. 그는 1848년에 사고를 당해서 1미터짜리 금속 막대에 뇌를 관통당했다. 사고를 당하기 전에는 온화한 성격의 중간관리직이었던 그는 사고 이후에는 더 모험적이고, 위험추구적인 사람으로 변했고, 때로는 인간관계에서 조금 저속하거나 부적절한 행동을 보이기도 했다(Code et al. 1996).

이 뇌 병소 사례는 뇌 영상 촬영 연구와도 일맥상통한다. 이 연구에서는 어려운 수학 문제를 푸는 등의 스트레스에 시달린 사람은 안와전두피질의 활성이 줄어든다는 것을 보여주었다. 그리고 이 활성감소와 함께 스트레스 호르몬인 코르티솔cortisol의 분비가 증가했다. 코르티솔은 앞에서 얘기했던 동물 호르몬 코르티코스테론의 사람 버전으로 스트레스 및 공격성과 관련 있는 HPA 축의 최종 산물이다. 요약하자면, 안와전두피질의 반응이 줄어든다는 것은 스트레스 상황에서 혈류에 돌아다니는 스트레스 스테로이드의 양이 더 많아진다는 의미다.

그럼 안와전두피질의 크기가 작거나 활성이 줄어들면 범죄자가 될 거란 의미인가? 절대로 그렇지 않다. 그런 생각이 든다면 지금 내려 놓아라. 키가 얼마나 큰가를 가지고 좀비에게 얼마나 빨리 잡아먹힐지 예측할 수 없는 것처럼, 특정 뇌 부위의 크기나 활성을 이용해서 누군가가 범죄자가 될지 여부를 신뢰성 있고 정확하게 예측할 수는 없다. 물론 키가 큰 사람은 보폭이 더 클 것이고, 따라서 달아나는 속도가 평균보다 빨라 생존에 살짝 더 유리할 수 있다. 하지만 그런 장점은 나이나 체력 등 잡아먹히기 쉽게 만드는 다른 요소에 비하면 보잘것없어진다.

다양한 뇌 영역의 크기나 기능, 그리고 범죄자가 되는지 여부 사이의 관계는 그저 연관성의 추세를 보여줄 뿐이다. 사실 범죄를 대상으로 이루어진 이 모든 뇌 촬영 연구가 암시하는 바는 딱 두 가지다. 첫째, 전두엽피질과 편도체는 충동적 행동을 통제하는 일을 함께 담당하고 있다는 것. 둘째, 신경회로에 손상을 입으면 때로는 원치 않는 충동적 행동이 나올 수 있다는 것. 여기서 배울 수 있는 교훈은 딱 이 두 가지다.

그렇다면 전두엽피질은 편도체의 활성을 조절하는 것으로 보이고, 편도체는 시상을 통해서, 그리고 다른 심부 뇌 영역과 뇌보다 훨씬 아래쪽에 있는 몸이 다른 부분을 통해 투쟁-도피 반응과 스트레스 반응을 통제하는 것으로 보인다. 스트레스와 공포 행동은 바람직하지 않은 행동이나 건강에 해로운 행동을 조절하는 용도가 있다는 점에서 완전히 건강한 행동이다. 종합하면 이 모든 연구결과는 사회적 인지social cognition와 사회 규범을 이해하고 준수하는 것, 그리고 도덕적 의사결정에서 HPA 축, 편도체, 안와전두피질이 얼마나 중요한 것인지 보여주고 있을 뿐이다.

분노의 분자

감정과 공격성의 신경 시스템에 대해 우리가 아는 것이 무엇일까? 솔직히 별로 많지 않다. '감정' 같은 것을 과학적으로 정의하기가 쉽지 않기 때문이다. 다음 장 전체를 이 주제에 할애하는 이유도 그 때문이다.

분노는 어떨까? 우리는 동물에서 뇌의 특정 부위를 자극하면 공격적 행동의 증가로 이어진다는 것을 알고 있다. 앞에서도 얘기했지만 폭력적이고 공격적인 범죄자들은 비폭력적인 사람과 비교했을 때 스트레스에 대한 신경 반응 패턴이 다르다.* 우리는 또한 어떤 뇌 영역에 손상을 받으면 감정적 반응과 행동이 달라질 수 있다는 것도 알고 있다. 물론 어떤 약물이나 호르몬도 기분이나 행동을 변화시키고, 공격성을 증가시키고, 인지기능을 저하시킬 수 있다. 마지막으로 공격성이 테스토스테론 같은 호르몬과 관련이 있다는 것도 알고 있다. 하지만 이 모든 것이 어떻게 함께 작동하는 것일까?

이 질문에 대답하기 위해 신경학의 초기 시절로 가보자. 정확히는 1889년이다. 이때까지만 해도 호르몬에 대해서는 아무것도 몰

---

* 하지만 분명히 할 것이 있다. 우리는 체포돼서 유죄판결을 받은 폭력적인 사람에 대해서만 얘기하고 있는 것이다. 유죄 선고를 받은 비폭력적인 범죄자는 다르며, 폭력적인 범죄를 저지른 사람이 항상 꼭 유죄 판결을 받는 것도 아님을 기억하자. 어쩌면 유죄 판결을 피한 폭력적 범죄자는 감옥에 간 사람과는 다른 뇌를 가지고 있을지도 모르겠다.

랐었다. 그 해에 저명한 신경학자인 샤를-에두아르 브라운-세카르Charles-Édouard Brown-Séquard는 하나의 이정표가 될 논문을 한 편 발표했다. 이것이 현대 내분비학endocrinology(내분비계와 호르몬을 연구하는 학문)의 탄생이라 생각하는 이들도 있다. 이 논문을 발표할 무렵 브라운-세카르는 이미 척수의 기능을 지도로 작성한 수십 년의 연구로 이미 유명한 상태였다. 브라운-세카르는 척수에서 절반(왼쪽이나 오른쪽)만 손상을 입은 환자들만 연구했다. 현재는 브라운-세카르 증후군Brown-Séquard syndrome으로 알려진 이 이상한 형태의 부상은 보통 결투를 벌이는 동안에 총에 맞거나 칼에 찔려서 생긴다. 이런 특별한 사례들을 통해 과학자들은 운동 신호가 뇌에서 척수로 어떻게 이동하는지, 그리고 감각 정보가 척수를 통해 몸 전체에서 뇌로 어떻게 입력되는지에 대해 많은 것을 배웠다.

노년에 들어 브라운-세카드는 연구의 초점을 살짝 옮겼다. 그래서 젊은 남성의 활력에 특별히 초점을 맞추었다.

> 반듯한 남성, 특히 20 - 35세의 남성 중 성행위로부터 절대적으로 자유롭고, 다른 어떤 이유로도 정액을 소비하지 않는 남성은 흥분 상태에 있기 때문에 이것이 비정상적이기는 해도 훌륭한 육체적, 정서적 활성을 부여해 준다는 사실이 잘 알려져 있다.

이 인용문은 그가 일류 의학학술지 〈란셋The Lancet〉에 발표한, 앞에 언급했던 논문에서 따온 것이다. 논문의 제목은 "동물의 고환에서 채취한 액체를 남성에 피하주사했을 때 나타나는 효과에 대한 연구(Note on the effects produced on man by subcutaneous injections of a liquid obtained from the testicles of animals)(Brown-Séquard 1889)"였다. 이 논문에서 자신의 실험에 대해 이렇게 설명했다.

실험은 소량의 물과 다음의 세 부분을 섞은 액체를 피하주사해서 진행했다. 첫째는 고환 정맥에 들어 있는 혈액, 둘째는 정액, 셋째는 개나 기니피그에서 채취한 고환을 바로 짜서 추출한 육즙이다. 내 몸에 직접 주사한 이 성분들이 최대의 효과를 발휘하기를 바라는 마음에 물은 최소로 사용했다.

모두 잠시 물러서서 인생의 선택에 대해 다시 한 번 생각해 보자. 내게는 다행히 초강력 혈액-고환 칵테일을 내 몸에 주사하게 만들 인생의 우여곡절이 없었다는 사실에 위안을 느껴보는 것도 좋겠다.

브라운-세카르가 자신의 몸에 정액을 주사한 논리적 근거는 다음과 같다.

고환에서 분비하는 정액 속에는 하나 혹은 몇 가지 물질이 존재한다. 이 물질의 가장 중요한 용도는 재흡수에 의해 혈액 속으로 들어가서 신경계와 다른 부분에 힘을 실어주는 것이다. 하지만 정자 빈혈spermatic anaemia이라 부를 수 있는 것이 그런 결론으로 이어진다면, 그와 반대되는 상태인 정자 과다spermatic plethora는 그런 결론을 뒷받침하는 강력한 증거가 되어준다.

어떤 아이디어가 있으면 분명 어딘가에 그 아이디어의 기원이 되는 뿌리가 있어야 한다. 그렇지 않은가?

그럼 이 이상한 실험을 우리는 어떻게 이해해야 할까?

이제는 우리의 활력, 강인함 등을 끌어올려 줄 수 있는 특정 호르몬이나 펩티드peptide(두 개 이상의 아미노산 분자로 이루어지는 화학 물질)가 존재한다는 것을 알고 있다. 예를 들어 끓어오르는 아드레날린(더욱 전문적인 용어를 사용하자면 에피네프린) 폭주를 경험해 보지 않은 사람이 어디 있을까? 다가오는 좀비를 보고 깜짝 놀라본 사람이라면 분명 이것이 어떤 느낌인지 알 것이다. 아드레날린의 폭주, 그리고 거기에 뒤따르는 들뜨고 고조된 상태는 혈액을 타고 도는 화학물질이 우리의 행동을 바꾸어놓을 수 있음을 보여주는 사례다.

HPA축과 호르몬을 통해 앞에서 보여주었듯이 신경펩티드neuropeptide도 스트레스, 섭식, 공포, 흥분 같은 것에 대한 우리의 반응을 수정함으로써 뇌와 몸에서 중요한 역할을 한다. 신경펩티드가 있기에 겁이 나면 심장이 미친 듯이 뛰고, 배가 부르면 졸리는 것이다. 호르몬의 변화, 혹은 신경과학에서 말하는 호르몬 조절장애hormonal dysregulation는 원인이 다양하고, 이런 원인들이 좀비에서 전형적으로 보이는 회복력resilience, 통증에 둔감한 특성, 증가된 공격성으로 이어질 수 있다. 호르몬이 또 어떤 다른 일들을 할 수 있는지 살펴보자.

내장으로 생각하기(문자 그대로)

당신이 가장 사랑하는 사람을 잡아먹고 포만감으로 배를 두드리

4장 배고픔, 분노, 어리석음 **115**

고 있는 좀비를 만나본 적이 있는가? 없다고? 우리도 마찬가지다. 물론 그 이유는 좀비가 실제로 존재하지 않기 때문이기도 하지만, 좀비는 좀처럼 포만감을 느끼지 않기 때문이기도 하다.

한 가지 사례를 생각해 보자. 영화 〈살아있는 시체들의 밤〉(1968)에서는 십대다운 무분별한 행동(주디Judy가 자기 남자 친구와 함께 있으려고 정신없이 트럭으로 달려 나간 것)과 안타까운 사고(벤Ben이 휘발유가 흘러나오는 호스 근처에 횃불을 떨어트려 그 십대 연인들이 타고 있는 트럭을 폭발하게 만든 것) 덕분에 새까맣게 탄 톰Tom과 주디의 시신이 농가 바깥에 있던 좀비들에게 갈가리 찢겨 나갔다. 이 끔찍한 장면을 지켜보는 관객인 우리는 좀비들이 무슨 추수감사절 저녁식사를 하듯 사람의 살을 먹는 모습을 목격한다. 하지만 당신이나 나와 달리 좀비들은 배부르게 식사를 마친 후에도 물러서서 대학 미식축구 경기를 보면서 꾸벅꾸벅 졸지 않는다. 대신 바로 더 맛있는 사람의 살덩어리를 찾을 수 있는 농가 쪽을 향한다. 방금 다 자란 성인 두 명을 먹어치웠는데도 말이다!

좀비가 아닌 우리 인간은 자기가 언제 배고프고, 언제 배가 부른지 어떻게 알까? 이것 역시 변연계와 관련이 있다.

특히 그 중 한 뇌 영역인 시상하부는 언제 배고픔을 느끼고, 언제 포만감을 느낄지 통제한다. 하지만 배고픔은 당신의 위와 내장에 의해 조절되는 감각이다. 위와 내장은 뇌와 수 킬로미터 떨어져 있다(뉴런의 입장에서 보면). 그럼 이 내장은 시상 하부와 어떻게 대화하는 것일까?

여기서 미주신경vagus nerve이 등장한다. 미주신경은 12개의 뇌신경cranial nerve 중 하나다. 뇌신경은 뇌가 몸과 상호작용하게 해주는 신경다발 꾸러미이지만 척수를 지나가지는 않는다. 미주신경은 이 중 10번째 뇌신경이고 심박수 조절과 내장과 뇌 사이의 통신선 유지 등 여러 가지 일을 담당하고 있다. 미주신경은 신체 기능 조절이라는 측면에서 아주 만물박사라는 것이 밝혀졌다.

미주신경은 내장, 특히 창자의 안쪽 벽을 두르고 있는 신경으로부터 많은 입력을 받는다. 당신이 무언가 먹고 있거나, 혹은 한동안 아무것도 먹지 못했을 때 이 작은 세포들은 뇌간의 숨뇌medulla oblongata[숨뇌(연수) 아래쪽 척수, 위쪽 다리뇌, 뒤쪽 소뇌 사이에 있는 원뿔 모양의 뇌부분]에 있는 뉴런으로 메시지를 보내 당신의 소화 상태를 알린다. 이 정보 중 상당 부분은 음식의 이동(즉 소화된 음식이 내장 어디에 있고, 어느 단계에 있는지)과 관련이 있다. 미주신경은 필연적으로 마주하게 될 배출구까지 음식을 밀어내는 수많은 시스템을 통제한다고 생각할 수 있다.

흥미롭게도 미주신경은 뇌가 내장에 말을 전할 수 있게 하는 데서 그치지 않고 온갖 흥미로운 몸의 경험들을 다시 뇌로 중계하는 역할도 담당하는 듯 보인다. 채혈을 할 때 어지러움을 느끼거나 기절해 본 적이 있는가? 영화〈좀비〉(1979. 이상한 저작권 문제 때문에〈좀비 2〉로도 알려져 있다)에서 좀비가 희생자를 문간을 통해 자기를 향해서 천천히 잡아당기다가 그 과정에서 나무 조각에 희생자의 안구에 구멍이 나는 장면을 보고 토할 것 같은 기분을 느꼈는가? 이렇게 토할 것 같은 반응을 혈관미주신경반응vasovagal response이라고 한다. 이것은 정맥에 가해진 정서적 스트레스와 외상이 합쳐져 미주신경을 과도하게 자극해서 당신을 '휴식과 소화rest and digest' 상태로 내몰 때 일어난다. 휴식과 소화는 내부 장기를 보호하기 위해 혈액을 뇌에서 다른 곳으로 우회시키는 상태다. 이 중요한 신경은 뇌와 척수를 포함하는 중추신경계central nervous system 와 뇌, 척수에서 나와 몸의 나머지 부위로 뻗어나간 말초신경계peripheral nervous system 사이의 주요 통신 경로로 작용한다.

한동안 소화관이 처리한 음식의 양이 많지 않으면 미주신경이 이 사실을 뇌에게 알린다. 하지만 이번에는 뉴런의 활동전위(2장 참고)를 이용해서 뇌에게 말하지 않는다. 대신 내장에서는 대량의 호르몬을 이용해서 뇌에게 배가 고프다는 사실을 알린다. 뇌와의 이 통신선에서 사용되는 핵심적인 호르몬 중 하나가 그렐린ghrelin이다. 그렐린은 소화관이 할 일이 없어서 지겨워졌을 때 위와 췌장에서 혈류로 분비된다. 뇌가 이 화학물질을 포착하면 그 결과로 궁상핵arcuate nucleus이라는 시상하부의 작은 뉴런 집단이 자극을 받게 된다.* 구체적으로 말하면 두 종류의 신경펩티드(신경펩티드 Yneuropeptide Y, NPY와 아구티관련단백질agouti-related protein, ArRP. 뇌 시상하부에 있으며 식욕 조절에 관여하는 뉴런)를 만드는 유전자를 발현하는 뉴런들이 혈류에 그렐린 농도가 올라간 것을 감지하면 시상하부에서 시작해서 뇌하수체와 피질에서 끝나는 일련의 활성을 촉발한다. 이 일련의 신경 작용이 결국 배가 고프다는 신체 감각을 만들어낸다. 따라서 그렐린은 내장이 뇌를 배고프게 만들 때 켜는 스위치라 생각

• 6장에서 얘기할 궁상다발(arcuate fasciculus)과 혼동하지 말 것.

할 수 있다.

하지만 그럼 배고픔을 끄는 스위치는? 배가 불렀다는 것은 어떻게 알까? 이것은 위에서 분비하는 또 다른 호르몬인 렙틴leptin을 통해 일어난다. 렙틴은 그렐린의 효과를 중화하는 정반대의 사건들을 개시해서 포만감을 만들어낸다. 이것은 궁상핵에 들어 있는 다른 뉴런 집단을 활성화시켜 이루어진다. 이 뉴런 집단은 프로오피오멜라노코르틴proopiomelanocortin, POMC과 코카인 및 암페타민 조절 전사체cocaine-and-amphetamine-regulated transcript, CART라는 두 가지 화학물질을 발현한다. CART가 이런 이름으로 불리는 이유는 이것이 신경전달물질로 작용해서 코카인이나 메타암페타민에 노출되었을 때와 동일한 자극효과를 만들어내기 때문이다. 하지만 역설적이게도 CART는 코카인 자체의 효과를 차단할 수 있다(내가 뇌는 복잡하기 그지없는 존재라고 말했지 않은가!). POMC와 CART를 발현하는 뉴런을 활성화하면 궁상핵에서 반대 역할을 하는 뉴런에서 시작된 배고픔의 감각이 억제된다.

잠과 비슷하게(2장 참고) 배고픔은 간단하게 켜짐/꺼짐 방식으로 작동한다. 간단하다고 말하는 이유는 이것이 개념적으로 켜짐/꺼짐 스위치처럼 작동하기 때문이다. 하지만 당연하게도 그 메커니즘은 상당히 복잡하다. 배고픔의 스위치를 켜는 과정은 위의 그렐린 분비에서 시작해서 시상하부의 NPY/ArRP 뉴런이 배고픈 느낌을 받기 시작하면서 끝난다. 배고픔의 스위치를 끄는 과정은 렙틴에서 시작해서 시상하부의 POMC/CART 뉴런들이 당신으로 하여금 배가 부르다고 느끼게 해서, 더 전문적인 용어를 사용하자면, 포만감을 느끼게 해서 식욕을 억제하는 것으로 끝난다. 추수감사절 저녁 만찬은 당신의 가엾은 시상하부에게 야근을 시키는 것이라 말할 수 있다. 게다가 가족 때문에 받는 크나큰 스트레스까지!

피질 아래 있는 뇌

지금쯤이면 당신도 아마 이해하고 있겠지만 변연계는 사실상 스스로 생각하는 아주 복잡한 네트워크다. 변연계는 먹기, 자기, 싸우기, 도망가기 등 여러 가지 아주 복잡한 행동들을 인지 능력이 더 강한 신피질의 뇌 영역들과 거의 무관하게 독립적으로 통제한다. 사실 여러 행동들이 충동적인 심부 뇌 영역과 신피질 사이의 끝없는 싸움에서 나오는 것이라 생각할 수 있다. 심부 뇌 영역은 눈곱만한 자극에도 당장 싸우거나, 도망가고 싶어 하는 반면, 신피질은 맥락을 더 평가한 후에 절대적으로 필요한 경우가 아니면 이런 충동을 억제하고 싶어 한다.

하지만 무언가 잘못돼서 피질이 더 이상 이런 기초적 욕망을 억제하지 못한다면?

좀비에서는 항상 이런 일이 일어난다. 솔직히 계획을 수립하고 자제력을 발휘하는 것이 좀비의 행동에서 나타나는 전형적인 특성은 아니다. 좀비가 인지능력이 있고 정서적인 부분을 고려하면서 행동했다면 살인 기계로서의 효율이 떨어졌을 것이다. 좀비는 자신의 미친 듯한 인간 사냥에 담긴 윤리적 함축을 생각하며 망설이는 법도 없고, 전략을 수립해서 조화로운 공격을 펼치는 일도 없다. 전략을 수립하면 싸움이 더 유리해지겠지만 좀비는 자신의 피해를 최소화하는 일 따위에는 관심이 없다. 그저 사람을 죽이는 일에만 관심이 있을 뿐이다. 이것이 여러 좀비 영화에서 나타나는 좀비의 가장 중요하고, 핵심적이고, 무시무시한 요소다. 모든 좀비는 별개의 포식자로 활동하며 가장 기본적인 반사작용만 보이는 둔감한 존재다. 하지만 이들이 무리를 지으면 가공할 위협이 된다.

이렇게 지적 예지력이 결여되어 있는 상태는 과학에서 자극주도 행동stimulus-driven behavior이라고 부르는 것과 닮았다. 좀비가 사전에 계획을 세워 행동하기보다는 주변 환경에 대해 반사적으로 행동한다는 의미다. 그래서 좀비는 사람을 잡기 위해 덫을 설치하는 대신 사람이 보이거나 그 냄새가 날 때까지 마냥 주변을 돌아다닌다. 일단 사람의 모습이나 냄새가 좀비의 뇌를 자극하면 자동적으로 일련의 과정이 진행되면서 더욱 본능적인 사냥 행동이 촉발된다.

이는 좀비들이 뇌의 심부에 있는(즉 신피질 아래 묻혀 있는) 변연계 영역에 크게 의존하고 신피질의 충동 조절 기능은 거의 무시한다는 것을 의미한다. 좀비들은 이런 심부 뇌 영역에 크게 의존하는 것으로 보이기 때문에 좀비 문제에 대한 해결책도 꽤 쉬워 보인다. 좀비의 뇌에서 심부 변연계 영역들을 제거해 버리면 당신을 먹고 싶어하는 그들의 욕구도 멈출 것이다. 사실 종류에 상관없이 좀비를 죽일 수 있는, 보편적으로 인정받는 방법이 있다. 좀비의 머리를 날리는 것이다.

하지만 머리를 날리는 것이 얼마나 효과적일까? 좀비의 뇌를 없애 버리면 정말로 사람을 사냥하러 돌아다니는 능력도 사라질까?

마이크Mike에게 한번 물어보자.

마이크는 닭이다(진지하게 하는 얘기다. 이것은 〈라이프Life〉 잡지에도 실리고 Lambert and Kinsley 2005에서도 자세히 다루었던 실제 이야기다). 마이크는 1930년대에 농부 로이드 올슨Lloyd Olsen이 농장에서 키우던 닭이다. 어느 날 로이드는 배가 고파서 치킨누들 수프를 만들어볼까 해

그림 4.2 **머리 없는 닭 마이크.** 마이크에게는 아주 운수 나쁜 날이었지만 도끼의 조준이 살짝 어긋나는 바람에 두 번째 기회를 얻게 됐다. 가엾은 닭이여, 이제 편히 잠드소서.

서 마이크의 머리를 자르러 나갔다. 하지만 농부와 그가 키우던 닭의 삶에서 흔히 등장할 만한 이런 시나리오가 결국은 굉장히 특별한 이야기로 전개됐다.

올슨이 마이크의 목에 도끼를 내려쳤을 때 조준이 살짝 빗나가서 원래 자르려던 부위보다 살짝 높은 위치에서 목이 잘렸다. 일반적으로 머리가 잘린 닭은 잠시 동안 정신없이 뛰어다닌다. 이렇게 머리가 없는 상태에서 돌아다닐 수 있는 이유는 뇌와의 통신이 단절된 상태에서도 척수의 반사작용이 일부는 계속 살아있기 때문이다.

마이크도 이렇게 돌아다니기는 했는데 다만 멈춰서 죽지 않았다. 사실 마이크는 아예 죽지 않았다(물론 결국에 가서는 죽었다. 마이크가 영생을 누리는 닭은 아니니까 말이다. 하지만 목이 잘린 닭치고는 예상보다 아주 오래 살다 죽었다). 마이크는 '머리 없는 닭 마이크Mike the Headless Chicken'라는 이름으로 불리게 됐고, 꼬끼오 울어도 보고, 몸단장도 하려고 했다. 하지만 물론 소용없는 일이었다. 닭이 울거나 몸단장을 하려면 일반적으로 머리가 필요하니까 말이다.

로이드는 우유를 물에 섞어 점안기로 먹여주며 마이크를 살려두었다. 그는 마이크를 기이한 동물로 사람들에게 소개하며 돌아다니기도 했다. 마이크가 머리가 잘린 후에도 뇌간과 중간뇌가 온전하게 남아있었다는 것은 누가 봐도 분명했다. 뇌간에는 호흡과 심장 박동을 조절하는 중요한 뉴런들이 들어 있다. 기본적으로 뇌간에는 생명 유지에 필수적인 기능들을 통제한다. 반면 중간뇌는 몸으로부터 많은 감각 정보를 받아들여 운동과 관련된 신속한 판단을 내린다. 로이드가 계속 먹여 살리는 동안에는 마이크도 살아서 돌아다닐 수 있었다.

위키피디아에 따르면(마이크에 대한 자료가 그리 많지 않다),

일단 유명세를 타자 마이크는 머리 둘 달린 송아지 같은 다른 생명체들과 함께 서커스 사이드쇼 투어를 다니기 시작했다. 마이크는 관람료 25센트를 받고 전시되었다. 인기가 절정에 달했을 때는 이 닭이 한 달에 벌어들이는 돈이 미화로 4,500달러에 이르렀고(2010년의 화폐가치로 따지면 48,000달러), 이 동물의 가치는 10,000달러로 평가됐다. 올슨이 큰 성공을 거두자 그를 흉내 내서 너도 나도 닭의 머리를 자르는 것이 유행처럼 번졌지만 다른 닭들은 모두 기껏해야 하루, 이틀밖에 살지 못했다.

맞다. 닭 머리자르기가 유행처럼 번졌었다. 아무래도 사람이라고 해서 모두 좀비보다 인지 능력이 뛰어난 것은 아닌 듯하다. 하지만 마이크의 행운을 흉내 내기는 어려웠고, 마이크는 유일한 머리 없는 닭으로 남았다. 영화 〈하이랜더Highlander〉(러셀 멀케이Russell Mulcahy 감독, 1986)에서처럼 영생을 얻는 자는 한 명밖에 없나 보다.*

머리 없는 닭 마이크로부터 한 가지 소중한 교훈을 배울 수 있다. 농부 올슨이 도끼를 부정확하게 휘두른 덕분에 뇌간에서 몸으로 이어지는 중계회로가 우리의 친구 미주신경처럼 상당 부분 여전히 온전했었다는 것을 알 수 있다. 그 덕에 마이크는 계속 돌아다니면서

• 만약 〈하이랜더〉에서 코너 맥레오드(Connor MacLeod)가 목을 조금 높게 자르는 바람에 크루간(Kurgan)이 머리도 없이 계속 뛰어다녔다면 얼마나 멋졌을까?

꼬끼오 울려고 하거나 몸단장을 시도하는 등의 단순한 행동을 할 수 있었다. 그렇다면 피질 속에 자리잡고 있는 뇌의 고등 부위가 없어도 살아서 돌아다니는 데는 문제가 없는 것인지도 모른다. 중간뇌와 뇌간의 뇌 영역들을 온전히 유지하는 것만으로도 기본적인 생존에 필수적인 수많은 기능이 보존된다.

하지만 아직은 쓸데없는 것이라며 피질을 제거하지 말자. 마이크는 여러 가지 일을 할 수 있었지만 화를 낼 수는 없었다. 특히 좀비처럼 화를 내지는 못했다.

분노로 가득한 공격성이든, 굶어 죽을 것 같은 배고픔이든 심부 뇌 영역에 의해 중계되는 이런 느낌들은 뉴런, 분비샘, 호르몬의 복잡한 네트워크에 의해 만들어진다. 좀비는 분명 비정상적인 분노와 배고픔을 느낀다. 하지만 얼마나 비정상적일까?

좀비에서 보이는 공격성에 대해 생각해 보자. 좀비가 항상 화가 나 있고, 우리를 잡아먹고 싶어 한다는 것은 거의 기정사실이다. 먹잇감에 다가가면서 내는 으르렁거리는 소리, 무시무시하게 드러낸 이빨, 목구멍에서 올라오는 울부짖음 소리만 봐도 알 수 있다. 분노에 찬 수천 마리의 짐승이 에피네프린의 기운을 받아 쏟아내는 분노는 누가 봐도 확실하다. 이 걷잡을 수 없이 솟구치는 분노를 보며 좀비의 뇌에 대해 무엇을 알 수 있을까?

이런 유형의 분노는 악의에 의해 선행적으로 생기는 것이라기보다 자극에 의해 주도되는stimulus-driven 원초적인 분노이다. 그래서 이 것은 술 취한 두 사람이 싸울 때나 운전자 폭행에서 보이는 충동적-반사적 공격성impulsive-reactive aggression과 닮아 있다. 우리는 이런 유형의 공격성이 좀비의 행동 프로필과 제일 잘 맞아떨어진다고 상정하고 있다. 트레이너Trainor와 그 동료들의 2009년 연구(169쪽)에 따르면 "충동적-반사적 공격성은 갑작스럽거나, 고조되거나, 오래 가거나, 부적절한 공격성 반응을 낳는다."고 한다.

좀비는 누군가가 그저 인간이기만 하면 무차별적으로 분노를 드러낸다. 이런 유형의 분노는 뇌의 좀 더 '원시적인(즉 계통발생학적으로 오래 된)' 부위에서 기원하며, 모든 포유류가 갖고 있는 '투쟁-도피' 회로가 개입되고 있음을 보여준다. 이것은 총기 난사 사고 같은 것에서 보이는 냉정하고 계산된 분노와는 다르다.

간헐적 폭발성장애intermittent explosive disorder로 알려진 또 다른 유형의 임상적 공격성도 있다. 이것은 "처한 상황에 비추어 어울리지 않을 정도로 크게 발현되는 충동적 공격성"으로 정의된다(Trainor et al., 2009, 168쪽). 간헐적 폭발성장애가 있는 사람은 몇 달러를 잃거나 작은 말실수를 하는 등 아주 사소한 일에도 폭발적으로 화를 내며, 이런 공격성 상태에 들어가면 타인을 위협하며 해치려 든다. 간헐적 폭발성장애의 정확한 신경생물학적 원인은 알려지지 않았지만, 간헐적 폭발성장애를 일으키는 비정상적인 신경상태가 알려져 있다. 예를 들면 측두엽 뉴런에서 나타나는 병적인 과활성 같은 것이다. 공격성 발현의 잠재적인 생물학적 근거가 될 수 있는 한 가지 단서가 브루너Brunner와 그 동료들의 1993년 보고서에 등장했다. 이것은 모노아민산화효소 A$^{monoamine\ oxidase\ A,\ MAOA}$를 부호화하는 구조 유전자$^{structural\ gene}$에 돌연변이가 생긴 네덜란드 가족에 관한 보고서였다. 이들이 발견한 바에 따르면 연구 대상이었던 모든 남성에서 "보통 화낼 이유가 거의, 혹은 전혀 없는 상태에서도 일종의 공격성 폭발"이 관찰됐다.

좀비에서 나타나는 충동적이고, 폭발적이고, 공격적인 행동을 고려할 때 좀비에서는 안와전두피질이 제대로 기능하지 않고 있고, 아마도 그 때문에 변연계가 지나치게 지배적인 상태가 되었을 것이라 말할 수 있다. 그 결과 좀비의 편도체, 시상하부, 시상이 계속 과활성화된 상태에 있다 보니 HPA 축이 제멋대로 변하고, 호르몬계도 큰 조절장애가 발생했다. 그리고 이런 변화로 인해 사람에서는 좀처럼 찾아보기 힘든 예민한 반응이 나타나고, 사회 규범이나 도덕성의 변화도 함께 찾아온다.

변연계 영역에서 발생하는 이런 기능장애는 시상하부의 식욕 통제로도 확장될 가능성이 높다. 특히 좀비는 내장에서 오는 렙틴 신호를 처리하는 뉴런의 활성이 억제되어 포만감을 느끼지 못하는 것으로 보인다.

과도한 배고픔과 분노. 당신을 먹잇감으로 바라보는 생명체가 이런 느낌을 받고 있다면 당신에게 분명 바람직한 일은 아니다.

5장
좀비 대재앙 앞에서 울어봐야 소용없다!

> 감정의 장점은 우리가 길을 잃게 해준다는 것이고,
> 과학의 장점은 감정적이지 않다는 것이다.
>
> – 오스카 와일드, 『도리언 그레이의 초상』

정의에 따르면, 좀비 무리란 잡아먹을 사람을 찾아 단체로 움직이는 수많은 좀비를 말한다. 일군의 좀비 무리가 서로를 죽이지 않으면서 하루 종일 쇼핑몰 안을 어슬렁거리다가 숨을 쉬는 살아있는 사람이 우연히 그곳으로 들어오는 순간 갑자기 미친 듯이 떼 지어 몰려드는 것을 대체 어떻게 설명할 수 있을까?

좀비는 대체 어떻게 살아있는 사람과 좀비를 구분할까? 왜 서로를 죽여서 잡아먹지는 않을까? 〈워킹 데드〉를 통해 만화책과 텔레비전의 역사에서 이미 하나의 고전으로 자리잡은 한 장면 속에 그 힌트가 들어 있다. 릭^{Rick}과 글렌^{Glenn}은 발을 질질 끌며 걷는 좀비 무리를 가로질러 애틀랜타의 거리를 따라 움직여야 할 상황이다. 한 소름끼치는 장면에서 이들은 죽은 사람의 피와 내장을 몸에 뒤집어쓴다. 그렇게 하면 좀비 무리와 자연스럽게 어우러져 들키지 않을

그림 5.1 좀비는 무리 안에서는 높은 수준의 사회성을 보여주지만 인간을 상대로는 아주 낮은 수준의 사회성을 보여준다. 그것이 그들의 본성이다. 이는 좀비가 인간과 좀비를 서로 다르게 인식하기 때문일 수도 있다.

지도 모른다고 생각한 것이다.

 그 밑에 깔린 논리적 근거는 이 끔찍한 악취가 살아있는 사람의 냄새를 가려주면 좀비들이 릭과 글렌을 자기네 구성원으로 여기게 되리라는 것이다. 하지만 사람의(따라서 아마 좀비도) 후각 능력이 형편없다면 이것이 어떻게 효과를 볼 수 있을까? 그리고 좀비가 이런 식으로 소통하는 데 사용할 후각적 단서는 무엇인가?

믿거나 말거나 사회성에 대해 이해하기 위해서는 먼저 후각에 대해 얘기할 필요가 있다.

어디서 좀비 냄새 안 나요?

당신의 후각은 어떻게 작동하며, 후각이 특정 감정과 그리도 강력하게 연결되어 있는 이유는 무엇일까? 할머니가 쿠키를 구우실 때 집안을 가득 채우던 그 냄새, 당신이 사랑하는 사람의 몸에서 나던 향수 냄새, 좀비가 당신을 사냥할 때 나던 그 고약한 썩은 내. 왜 이런 냄새들은 사람의 마음을 흔들어 놓을까?

우선 후각의 작동 방식을 이해해야 한다. 우리는 시각, 촉각, 청각, 균형감각, 미각, 후각 등의 감각을 갖고 있다. 이런 감각들은 어떤 식으로든 통일된 지각으로 결합되어 우리에게 자기 자신과 주변 세상에 대한 정보를 제공해 준다. 하지만 이 감각 중에 우리가 세상을 화학적으로 직접 접촉해 보아야 하는 감각은 미각과 후각밖에 없다. 세상에 독성이 있거나 유해한 화학물질이 대단히 많다는 점을 고려하면 이것은 아주 위험한 거래가 될 수 있다.

결국 우리는 명시적 의식explicit consciousness으로 들어온 감각만 인식하게 된다. 이것을 신경과학적 관점에서 풀어보면 한 자극이 코에 있는 일군의 뉴런을 활성화하고, 이 뉴런들이 후각망울이라는 감각영역으로 신호를 보내고, 이 후각망울이 다시 인지능력이 더 높은 신피질 영역으로 신호를 보내면 우리가 냄새를 인식하게 된다. 하지만 이런 감각신호를 신피질에 도달하기도 전에 처리할 수 있게 해주는 여러 단계가 존재한다. 이 사실이 의미하는 바는 일부 희귀한 뇌 손상 사례에서는 사람이 자극을 인식하기도 전에 먼저 그 자극에 반응할 수 있다는 것이다. 그 고전적인 사례가 맹시 blindsight다. 맹시란 엄밀하게 따지면 시각장애인인 사람이 미처 인식하지도 못하는 상태에서 시각적 입력에 반응할 수 있는 것을 말한다. 맹시가 있는 사람은 방안에 있는 사물들이 전혀 보이지 않는다고 철석같이 주장하지만 방안을 걸어보라고 하면 어쩐 일인지 피하지 않으면 걸려 넘어질 수 있는 방바닥의 장애물들을 용케 피해간다.

꼭 의식하지 못하는 상태에서도 감각정보를 이용할 수 있는 능력이 생기는 이유는 한 가지를 제외하고 모든 감각이 신피질에 들어가기 직전에 신경의 문지기를 먼저 통과하기 때문이다. 이 신경 문지기는 1장에서 얘기했던 바로 그 시상이다. 찰흙의 비유가 생각나는가? 초록색 덩어리인 시상은 뇌간 위에 자리잡고 있으면서 감각입력이 의식으로 들어가기 전에 그것을 조절하는 데 도움을 준다. 시상을 통과하지 않는 그 예외적인 감각은 바로 후각이다. 후각은 신피질, 특히 감정과 기억을 처리하는 피질 영역으로 곧장 들어간다. 후각과 기억이 강력하게 서로 연결되어 있는 이유가 바로 이 때문이라 여겨지고 있다. 후각은 오랜 세월이 지난 후에도 기억을 잘 떠올려 준다. 예를 들어 갓 구워낸 쿠키 냄새가 할머니를 떠올려주기도 하고, 썩어가는 살덩어리의 부패한 냄새가 좀비와의 첫 만남을 떠올려 주기도 한다.

후각과 인지능력이 강한 뇌 영역이 직접적으로 연결되어 있는 것은 사실이지만 그렇다고 우리가 세상과 상호작용할 때 후각을 주요 감각으로 사용한다는 의미는 아니다. 그런 특혜는 시각과 청각이 누리는 것으로 보인다. 사실 인간은 후각 능력이 상대적으로 형편없다고 여겨질 때가 많다. 특히 개와 비교하면 더욱 그렇다. 우리가 수천 년 동안 개를 가축화하고 훈련시켜 사냥의 도우미로 사용하는 이유도 그 때문이다. 우리 인간에게 냄새만으로 들소를 찾아내라고 하면 아주 고생할 것이다.

하지만 우리가 진짜 코로 무언가를 찾아내는 실력이 형편없을까? 2007년에 〈네이처 뉴로사이언스Nature Neuroscience〉라는 학술지에 발표된 한 유명한 실험에서 캘리포니아대학교 버클리 캠퍼스의 연구자들은 아주 놀라운 사실을 발견했다. 실험참가자들을 눈을 가리고, 귀마개를 하고, 손에는 벙어리장갑을 씌운 후에 후각만을 이용해서 잔디밭에 스프레이로 뿌린 미약한 냄새의 흔적을 추적하라고 했더니 후각이 발달한 블러드하운드 견종만큼이나 잘 찾았던 것이다. 이 연구의 수석 저자 제스 포터Jess Porter는 한 인터뷰에서 이 연구(Sanders 2006)에 대해 이렇게 말했다. "우리의 후각이 예민하지 못한 이유는 후각에 대한 요구가 덜하기 때문입니다. … 하지만 사람도 연습을 하면 냄새를 정말 잘 맡을 수 있습니다." 그렇다고 우리가 정말 개처럼 냄새를 잘 맡는다는 의미는 아니다(개의 후각은 여전히 우리보다 훨씬 뛰어나다). 하지만 어쩌면 우리가 후각을 이용해 위치를 찾아내는 능력이 흔히들 믿고 있는 것처럼 형편없는 수준은 아닐지도 모른다.

어쨌든 당신이나 내가 냄새만으로 군중 속에서 어느 한 사람을 손쉽게 찾아낼 수는 없겠지만 그것은 다른 감각에 먼저 집중적으로 의존하기 때문인지도 모른다. 그냥 눈으로 알아볼 수 있는데 굳이 그 사람의 냄새를 맡아볼 이유는 없다. 하지만 좀비들은 분명 이런 식으로 작동하지 않는다. 텔레비전 드라마 〈워킹 데드〉에 나오는 좀비들은 겉모습뿐만 아니라 냄새를 통해서도 산 자와 죽은 자를 가려내는 듯 보인다.

터무니없는 얘기 같지만 사실 이것이 그렇게 특이한 일은 아니다. 심지어 사람의 경우라도 말이다.

물론 개와 다른 동물들은 항상 서로의 냄새를 맡아보지만, 사람들의 경우 대부분 낯선 사람과 친구를 구분하겠다고 서로 엉덩이 냄새를 맡아보지는 않는다. 하지만 안 가본 장소에 가거나 친구의 집에 찾아갔을 때 '우리 집하고는 냄새가 다르네'라는 생각이 얼마나 자주 들었었는지 생각해 보라. 우리는 깨닫지 못할지도 모르지만 후각은 편안함과 익숙함을 구분하는 데 아주 큰 역할을 담당하고 있고, 〈워킹 데드〉의 그 장면에서 썩어가는 살덩어리를 뒤집어쓴 릭과 글렌은 가장 잔혹한 방식으로 그것을 시연해 보였다.

사람에서 사회성과 후각 사이의 관련성은 아직 논란이 많은 미해결 문제지만, 다른 동물에서는 더욱 명확하게 관련되어 있다. 대부분의 포유류는 콧구멍 안쪽에 작은 공간이 있고, 그곳에는 보습코기관vomeronasal organ(서골비기관)의 수용체들이 들어 있다. 이 아주 작은 분자 감지 수용체들은 페로몬에 아주 민감하게 반응한다. 페로몬은 식물이나 동물이 서로 소통하거나 행동을 바꾸기 위해 사용하는 화학적 메신저다. 페로몬은 쥐가 짝짓기를 하는 동안에 내분비계를 조절하는 것에서부터 개미가 냄새 흔적을 표시하는 것에 이르기까지 동물계와 식물계 전반에서 다양하게 사용된다.

성선택과 짝짓기에 영향을 미치고, 공격성을 높이고, 심지어 동물의 사회적 상호작용을 바꾸어 놓을 수도 있는 많은 종류의 페로몬이 존재한다. 사람이 페로몬에 어느 정도까지 영향을 받는지는 아직 불확실하다. 하지만 어떤 신경펩티드(신경의 활성을 바꾸는 단백질 같은 작은 분자)를 사용해서 우리의 신뢰와 사회성을 조작할 수 있음을 보여주는 몇몇 연구가 나와 있다. 예를 들어 신경펩티드 바소프레신vasopressin이 쥐의 사회성에 영향을 미친다는 연구가 있다. 바소프레신이 쥐의 후각수용기에 닿지 못하게 차단하면 쥐들은 서로를 알아보는 능력이 방해를 받는다. 자신의 무리에서 누가 누구인지 알아보는 사회적 능력이 차단된다는 의미다. 한 가지 화학물질만 차단했는데 당신이 낯선 이와 엄마를 구분할 수 없다고 생각해보라(6장에서 이런 개념을 확장해서 사람에 적용해 보겠다).

우리 인간들 역시 사회적 행동에 미치는 신경펩티드의 영향에 민감할지 모른다. 요즘에는 수많은 언론에서 옥시토신oxytocin이라는 화학물질에 초점을 맞추고 있다. 옥시토신은 출산하는 동안 뇌에서 분비되는 호르몬이다. (옥시토신은 '빠른 출산'이라는 의미의 라틴어에서 기원한 단어로 출산 시에 산모에게 이것을 투여하면 출산 과정을 가속할 수 있다) 사회적 행동에서 옥시토신의 역할에 대해서는 아직도 논란이 있지만 옥시토신 스프레이를 비강투여하면 친사회적 행동으로 여겨지는 신뢰를 증진할 수 있다는 감질 나는 증거가 많이 나와 있다. 하지만 잠깐만! 여기서 끝이 아니다! 옥시토신은 자신이 속한 사회 집단

안에서 유대감과 사회적 행동을 증진시켜 주지만 사회 집단에 속하지 않는 사람에 대한 공격성도 증가시킨다. 따라서 다음에 누군가가 옥시토신을 '사랑의 호르몬'이라고 부르거든(짜증나게도 언론에서 이렇게 부르고 있다), 그 사람 뒤통수를 후려치며 이것도 옥시토신이 시킨 짓이라고 말해주자.

거울아, 거울아, 내 뇌 속의 거울아

페로몬 같은 것이 사람의 친사회적 행동에서 어떤 역할을 하고 있을지도 모르지만(말 그대로 모르지만) 뇌에서 사회적 상호작용을 중재하는 것이 이런 신경펩티드만 있는 것은 분명 아니다. 현재 인기를 끌고 있는 또 다른 경쟁자로는 거울뉴런mirror neuron 시스템이 있다. 대략적인 정의만 내려져 있는 이 시스템은 보통 전두엽피질에 들어 있는 일군의 뉴런을 말하는 것으로 다음의 두 가지 기준을 충족시킨다. (1) 당신이 어떤 행동을 수행할 때 활성화된다. (2) 다른 누군가가 그와 동일한 행동을 하는 것을 당신이 보았을 때도 활성화된다. 따라서 이 뉴런들은 당신이나 다른 누군가에 의해 수행될 수 있는 행동(예를 들면 손 뻗기)에 대한 일반개념general concept(그 의미를 변화시키지 않고 무수한 사물이나 표상에 적용할 수 있는 개념. 언어에서는 산, 생물, 인간 등의 일반 명사로 나타난다 - 옮긴이)을 반영하는 듯 보인다.

헷갈린다고? 그럼 사례를 하나 살펴보자. 어느 미친 과학의 미친 행동으로 우리가 뇌의 운동계획영역 중 하나인 복측부전운동영역ventral premotor cortex에 전극을 삽입하고서 당신을 좀비 대재앙의 현장으로 보냈다고 해보자. 당신이 안전한 숲속 보호구역으로 보이는 장소에서 배회하다가 땅바닥에서 도끼를 발견하고 그것을 집어 들기로 결심했다. 당신이 손을 뻗어 도끼를 잡기 직전에 우리는 컴퓨터 모니터에서 당신의 전운동피질에서 활성이 폭발적으로 증가하는 것을 보게 된다. 이것을 통해 당신 뇌의 활성을 볼 수 있다.* 3장에서 운동 조절에 대해 배운 내용이 있으니 이것이 그리 놀랍지는 않을 것이다.

당신이 도끼를 주워들고 돌아서는 순간 육중한 벌목꾼 좀비가 당신 바로 뒤에 서 있는 것을 보았다. 이곳에서 이 좀비를 보리라고는 예상하지 못했기 때문에 방심하고 있다가 딱 걸려 버렸다. 격자무늬 플란넬, 청작업복, 듬성듬성 자란 턱수염, 썩어 문드러지는 얼굴살이라는 독특한 조합을 보고 이렇게 겁을 먹은 적은 한 번도 없었다. 사실 너무 겁이 난 나머지 당신은 손에 쥐고 있던 도끼를 옆으로 떨어트리고 말았다.

전생에 벌목꾼이었던 습관 때문인지 그 좀비가 이제 자기 발밑에 떨어져 있는 도끼를 주우려고 몸을 숙여 손을 뻗는다. 좀비가 손을 뻗자 당신의 뇌에서 바로 전에 당신이 손을 도끼로 뻗을 때 활성화됐던 것과 동일한 뇌 세포들이 다시 활성화되는 것이 보인다. 이렇게 두 번째로 발생한 폭발적인 발화를 보고 우리는 우리가 지금 보고 있는 것이 거울뉴런임을 알 수 있다. 어쨌거나 지금 당신은 공포로 몸이 얼어붙어 움직이지 않고 있는 상태니까 말이다.

---

* 물론 우리는 튼튼한 요새 안에 편하게 앉아 지켜보고 있다.

우리의 시나리오는 여기서 정지시켜 놓겠다. 이 정도면 거울뉴런이 어떤 식으로 작동하는지 대충 알아들었을 것이다. 현재 일부 과학자들은 이 뉴런들이 사회적 유대감과 대인간 상호작용에서 은밀한 역할을 하고 있다고 주장한다. 거울뉴런이 자신에 대한 내적 표상과 우리가 타인을 바라보는 방식을 연결하고 있을지도 모르기 때문이다. 본질적으로 이 뉴런들이 우리를 타인과 연결하고 유대하게 만드는 뇌 시스템의 일부라는 주장, 즉 공감을 위한 뇌 시스템이라는 주장이다(Gallese 2001 참고).

이 주장의 논리는 간단하다. 당신이 움직일 때나, 다른 누군가가 움직이는 것을 바라볼 때, 동일한 행동(도끼로 손을 뻗는 것)에 대해 흥분하여 발화함으로써 거울뉴런들은 그 행동에 대한 개념을 반영하고 있는 것이 틀림없다는 얘기다. 좀비를 제거하는 행동이 어떤 느낌인지 내가 알지 못하는데, 당신이 좀비를 처음 제거했을 때 느낄 공포를 내가 어떻게 이해할 수 있겠는가? 따라서 거울뉴런은 도끼를 휘두르고, 차를 운전하고, 좀비를 피해 달아나는 것이 어떤 느낌인지 말해주는 뇌 속의 작은 속삭임이다.

물론 거울뉴런과 감정 사이의 상관성은 상당히 약하다. 이것은 상관관계를 발견했을 때 생길 수 있는 문제가 무엇인지 보여주는 분명한 사례다. 상관관계만으로는 인과관계를 파악할 수 없다. 행동을 관찰할 때 거울뉴런이 흥분하는 이유에 대해서는 행위의 개념 내재화와 상관없는 다른 설명도 많이 나와 있다. 바깥 날씨가 따듯해지면 우리는 옷을 얇게 입는다. 따라서 온도와 착용하는 옷 사이에는 음의 상관관계가 존재한다고 말한다. 하지만 이것이 거울에 옷을 홀랑 벗어젖힌다고 해서 겨울 날씨가 더 따듯해진다는 의미는 아니다.

이와 동일한 추론상의 문제가 거울 뉴런을 이해하는 데도 적용된다(사실 이것은 여러 편의 fMRI 연구와 전기생리학 기록 연구에도 적용된다). 이두 가지 현상이 동시에 일어난다고 해서 그 둘이 서로 관련되어 있다는 의미는 아니다. 이것이 공감의 밑바탕 개념에 대한 증명이 될 수 없음은 물론이다. 사실 우리가 알고 있는 바에 따르면 복측부전 운동피질(일반적으로 원숭이에서 거울뉴런과 관련되어 있는 영역)에 손상을 받은 사람이 특별히 공감 능력이 결여된 행동을 보인다는 것은 아직 입증된 바 없다.

그래서 거울뉴런과 공감 능력에 관한 이야기들이 모두 과장된 것이라 생각하는 과학자들도 많다.*

감정의 신경이론이 안고 있는 문제점

여기서 우리가 좀비의 마음에 관한 연구에서 살짝 교착상태에 빠지지 않았나 싶다. 신경과학은 느낌이나 감정 같은 복잡한 대상을 온전히 설명할 준비가 아직 되어있지 않다. 설명할 수 없다는 말은 아니다. 그 설명에 점점 가까워지고 있지만 아직 완전히 도달하지 못했다는 의미다.

---

* 거울뉴런의 실제 역할에 관한 이 논란에 대해 더 알고 싶은 사람은 이 주제를 다룬 환상적인 리뷰 논문인 다음의 자료를 읽어보기 바란다. Ilan Dinstein titled "Human cortex: Reflections of mirror neurons" (2008).

인류가 탄생한 이래로 감정은 작가, 시인, 화가, 음악가들에게 큰 영향을 주었고, 또 그들이 주제로 삼은 대상이었다. 사랑은 소네트 sonnet에 영감을 불어넣기도 하고, 전쟁을 일으킬 수도 있다. 두려움은 영웅과 악당을 만들어낸다. 좀비 학자 중에는 죽음에 대한 공포, 불확실성, 사회적 격동이 좀비라는 장르에 영감을 불어넣은 뮤즈라 주장하는 사람이 많다.

하지만 과학자가 감정처럼 말로 표현이 안 되는 대상을 측정할 수 있을까? 감정이란 것이 애초에 주관적인 대상일 수밖에 없고, '감정'의 정의를 두고 과학적 공감대를 찾기도 어렵기 때문에 감정에 대한 신경과학적 연구는 100년이 넘었음에도 불구하고 아직도 유아기에 머물고 있다.

1884년에 현대 심리학의 아버지인 윌리엄 제임스William James가 쓴 기초적 소론 한 편이 과학자들이 감정에 대해 생각하는 방식을 뒤바꿔 놓았다. 그는 직관과 어긋나는 가설을 제안했다. 이 가설을 지금은 "윌리엄 제임스의 곰William James's Bear"이라고 부른다.

> 상식에 따르면… 우리는 곰을 만나면 겁을 먹고 달아난다. … 하지만 여기서 주장하려는 가설에서는 이 순서가 잘못되었다고 말한다. … 더욱 합리적으로 진술하자면 우리는 두렵기 때문에 떠는 것이 아니라, 떨기 때문에 두려움을 느끼는 것이다. 곰을 지각한 후에 뒤따라오는 몸의 상태가 없다면 지각은 순수하게 인지적인 형태로만 발생할 것이다. 감정의 온기가 느껴지지 않는 무색무취한 형태로 말이다. 이 경우에도 곰을 보고서 달아나는 것이 최선이라 판단하거나 모욕을 느끼고 곰을 공격

하는 것이 옳다고 생각할 수도 있겠지만, 두려움이나 분노를 실제로 느낄 수는 없을 것이다.(James 1884, 190쪽)

우리 몸은 왜 이런 식으로 반응할까? 우리는 왜 무서움을 느낄까? 사랑은 무엇인가? 한 유명한 소론의 제목에서 질문을 던졌듯이 다른 말로 표현해 보자면, "감정이란 무엇인가?"

감정을 분석하려면 먼저 감정이 외부로 어떻게 표현되는지부터 살펴볼 수 있다. 웃고, 울고, 얼굴이 빨개지고, 떨리는 등의 표현 말이다. 뇌와 감정의 신체적 발현 사이의 관련성에 대해 처음으로 진지하게 글을 쓴 사람은 흥미롭게도 찰스 다윈Charles Darwin이었다. 1872년에 그는 이렇게 썼다.

> 나는 최근에 티에라 델 푸에고Tierra del Fuego(남미대륙 최남단에 있는 군도 - 옮긴이)에서 형제를 잃은 한 원주민을 보았다. 그는 히스테리하게 격렬하게 울음을 터트리다가도 뭐 하나라도 즐거운 일이 생기면 호탕하게 웃음을 터트렸다. 유럽의 문명국가의 경우 눈물을 흘리는 빈도에서 큰 차이가 난다. 영국인은 누군가의 갑작스러운 죽음으로 비탄에 빠진 경우가 아니면 잘 울지 않는다. 반면 유럽 대륙 다른 지역의 남성들은 거리낌 없이 훨씬 자유롭게 눈물을 흘린다.(Darwin 1872, 155쪽)

그리고 "어떤 뇌 질환은 눈물을 흘리게 유도하는 특별한 경향을 갖고 있다"라고 썼다.

하지만 제임스의 통찰을 이렇게 고쳐서 얘기해 보면 어떨까? 우리는 슬퍼서 우는 것일까? 우니까 슬픈 것일까?

일부 희귀한 사례에서 특정 종류의 정신질환이나 뇌 병변 때문에 '병적인 웃음과 울음(감정실금pseudobulbar affect이라고도 한다)'이 생길 수 있다는 것이 알려져 있다. 이 증상의 전형적 특징은 상대적으로 유순한 자극으로도 통제 불가능한 감정의 폭발이 촉발될 수 있고, 그 감정적 반응이 상황에 어울리지 않는 것일 수도 있다는 점이다(예를 들면 슬픈 일에 웃거나, 재미있는 일에 우는 등). 이 증상이 흥미로운 이유는 환자들도 자신의 반응이 정상적이지 않다는 것을 아는 경우가 많기 때문이다.

이 경우 감정의 표현과 감정의 느낌이 어쩐 일인지 분리되어 있는 것처럼 보인다. 감정실금이 명확하고 한결같은 원인을 갖고 있지 않다는 점 때문에 상황이 더 복잡해진다.

감정의 감정적 표현은 감정이라고 볼 수 있을까?

이것은 분명 좀비 영화를 사랑하는 두 명의 얼빠진 신경과학자가 대답할 수 있는 범위를 벗어난 복잡한 미해결 과제다. 이 문제에 대한 해답을 구하기보다는 이 질문을 미해결 상태로 홀로 외로이 이 문단 위에 그대로 남겨놓고 우리는 다시 좀비에 대한 이야기로 돌아가겠다.*

---

* 신경과학을 이용해서 감정을 이해하려 할 때의 복잡성을 설명하는 것은 우리가 이 장에서 다룰 수 있는 영역을 한참 넘어선 것이다. 다행히도 이 문제에 대해 우리보다 훨씬 잘 알고 있는 사람들이 이 주제에 대해 여러 책과 리뷰를 발표했다. 더 알고 싶은 사람들에게는 다음의 자료를 강력 추천한다. LeDoux (2000), Davidson, Jackson, and Kalin (2007), and Barrett et al. (2007)

우리의 제안은 다음과 같다. 좀비는 타인에 대한 지각이 달라져서 다른 좀비는 자신의 집단으로 여기고 인간은 자기 집단에 속하지 않은 존재로 알아본다. 이 부분에 대해서는 7장과 8장에서 안면인식에 대해 이야기할 때 더 자세히 다루겠다. 동료 좀비들을 알아볼 수 있는 이런 능력은 지나치게 강조된 후각과 페로몬 시스템이 지배하고 있을 가능성이 높다. 그래서 살아있는 사람의 냄새가 이런 내집단/외집단 효과in-group/out-group effect를 증폭시켜 산 자에 대한 공격성이 과장되는 것이다. 앞 장에서 얘기했던 HPA 축과 편도체 기능장애까지 고려하면 상황은 훨씬 심각해진다.

마지막으로, 좀비가 거울신경 시스템이 붕괴됐을 가능성이 크다는 점을 고려하면 좀비가 더 이상 친구나 가족으로 인식하지 않는 사람들을 향한 공격성이 설상가상으로 더욱 심각해진다. 좀비의 뇌에서 이 시스템이 완전히 파괴됐다고 가정하면 좀비가 서로를 알아볼 수도 없을 것으로 예상할 수 있다. 그보다는 거울뉴런의 반응 속성이 달라졌다는 것이 더 적절한 가설이 될 것 같다.

따라서 좀비의 아래전두엽피질inferior frontal cortex 안에 들어 있는 거울뉴런에 전극을 꽂아볼 수 있다면 거울뉴런이 좀비가 어떤 행동을 수행할 때나, 다른 좀비가 같은 행동을 수행하는 것을 볼 때만 반응하고, 살아있는 사람이 그 행동을 하는 것을 볼 때는 반응하지 않는 것을 관찰할 가능성이 높다고 생각한다. 어쩐 일인지 거울뉴런들이 좀비가 관찰한 인간의 행동을 더 이상 거울처럼 반사하지 않게 되는 것이다.

　그래서 우리 두 저자가 〈새벽의 황당한 저주〉(8장을 시작하면서 다시 만나볼 것이다)와 〈워킹 데드〉에서 배운 바와 같이 살고 싶다면 좀비의 행동을 흉내 내고, 살아있는 사람의 냄새가 나지 않게 해야 한다. 좀비는 당신이 자기와 같은 좀비라 생각할 것이고, 심지어는 당신이 잘 설치해 놓은 덫으로 따라오게 유인할 수도 있을 것이다. 그럼 좀비병의 신경학적 기반을 이해함으로써 우리의 생존가능성을 극대화할 계획을 구축해 볼 수 있을 것이다.

"대사는 내가 발음했던 것처럼 유창하고 자연스럽게 하란 말일세.
배우가 많이들 그러는 것처럼 과장해서 대사를 칠 바에야 차라리
거리에서 포고하는 고을 관리한테 시키고 말지."

— 윌리엄 셰익스피어, 『햄릿』

두 명의 문명인이 서로 의견이 엇갈리면 보통은 대화를 통해 그 차이를 극복하려 한다. 이데올로기의 차이 때문에 상대방을 갈가리 찢어 그 췌장을 먹어치우려 드는 경우는 아주 드물다.

그리고 좀비가 문명인이라는 얘기는 좀처럼 들어보기 힘들다.

그러니까 좀비가 현란한 말재주로 유명해진 것은 아니지 않느냐는 말을 하고 싶은 것이다. 좀비 대재앙에서 말발로 살아남아 보겠다는 생각을 해서는 곤란하다. 당신의 문을 때려 부수려 드는 썩어 문드러지고 있는 시체를 잘 설득해서 평화협정을 맺고 항복의 조건을 합의 볼 수는 없다. 보통 좀비한테서 날아오는 소통은 대부분 당신을 쓰러뜨리려고 쫓아오면서 내는 으르렁거리는 소리밖에 없다. 어떤 의도가 담긴 말을 듣는 경우는 드물다. 있다고 하면 영화 〈바탈리언〉(1985)에 나오는 유명한 좀비 타만이 다음에 희생시킬 제물을

얼핏 보며 울부짖었던 "브… 레… 인…!" 정도나 있을까.

연결은 안 되더라도 단어들을 묶음으로 듣는 경우는 더 드물다. 역시나 〈바탈리언〉에 등장하는 좀비 경찰이 그런 말을 했었다. 그는 새로운 제물이 될 희생자들을 원하고 워키토키로 이렇게 말했다. "보내. 더 많이. 경찰"• 셰익스피어 같은 유창함이라 말하기는 힘들다. 대화라 부르기도 민망하다.

하지만 말을 하는 것과 언어를 이해하는 것은 완전히 별개의 문제다. 좀비도 언어를 이해할까? 이렇게 물어보고 싶다. 좀비가 책이나, 잡지, 혹은 표지판을 읽는 모습을 한 번이라도 본 적이 있는가? 그렇다. 우리도 본 적이 없다. 글로 쓰인 형태의 언어에 대해서만 이야기하는 것도 아니다. 〈살아있는 시체들의 밤〉(1968)에서 쿠퍼Cooper 부인은 좀비가 된 딸 카렌Karen에게 애원해 보았지만 그 작은 좀비는 엄마의 가슴에 원예용 삽을 찔러 넣고 만다. 카렌은 엄마의 입에서 흘러나오는 소리를 언어로도 인식하지 않는 듯하다. 그 소리를 애원의 목소리라 생각해서 반응하기를 기대하는 것은 언감생심이다.

따라서 말하는 경우든, 듣는 경우든 좀비와 대화해 보겠다고 시간을 낭비하지는 않는 것이 좋다.

• 우리는 이것이 소통이라기보다는 잘 훈련된 나이 많은 경찰 좀비가 응급 상황에서 지원 병력을 요청하던 절차 기억(prodecural memory)이 온전하게 남아있는 상태를 반영하는 것이라 주장하고 싶다. 이 부분은 10장에서 얘기하겠다.

지금 제 말(비명)이 들려요?

언어와 소통은 믿기 어려울 정도로 복잡하다. 상대적으로 단순한 소통에서 어떤 일이 일어나야 하는지 다음의 시나리오를 통해 고려해 보자.

근처에 있는 누군가가 "좀비다!"라고 외치고, 당신은 이 말을 듣고 꽁지 빠지게 도망간다.

이 작은 소통은 아주 단순해 보이지만 실상은 꽤나 복잡하다. 이것을 한 번 분해해 보자. 첫째, 말하는 사람(혹은 비명 지르는 사람)이 근처에 위험한 좀비가 서 있는 것을 보고 그 사실을 인식해야 한다.** 말하는 사람의 뇌는 좀비에 대한 시각적 인식을 그것이 표상하는 위험에 대한 이해로 어떻게든 바꿔 놓아야 한다. 그리고 이어서 그 위험을 당신에게 표현하려는 욕구를 느껴야 한다. 그 표현의 욕구가 말하는 사람의 입, 입술, 혀의 운동으로 전환되어 성대가 진동하는 동안에는 이 신체부위들이 신속하게 이상한 형태를 만들어내야 한다. 그리고 이 소리 진동이 당신의 고막을 두드리면, 서로 다른 부분으로 분해된 후에 당신의 뇌에서 당신이 긴급한 위험에 처했다는 의미로 알아차릴 수 있는 일련의 소리로 재구성되어야 한다.

이 모든 일이 재채기를 하는 것보다 짧은 시간 안에 일어난다.

** 물론 그 사람이 얼간이라서 장난을 치는 것이 아니라는 전제가 필요하다. 여기서는 실제로 좀비가 존재한다고 가정하자.

언어 소통을 이해하는 핵심 요소인 듣기는 화자의 입에서 나온 진동하는 공기가 당신의 고막을 두드릴 때 시작한다. 구조화된 언어는 사람만의 것이라 할 수 있지만, 듣기는 여러 동물에서 흔히 보이는 능력이다. 하지만 이것은 어떻게 작동하는 것일까?

먼저, 우리 귀에 무언가가 들리면 공기의 음압 파동sound pressure wave이 고막을 두드린다. 잠깐! 미안하다. 음향학 분야에서 일하는 사람이 아니고는 익숙하지 않을 용어를 사용하고 말았다. 음압 파동이란 시간의 흐름에 따른 공기압의 형태 변화를 지칭하는 용어다. 이런 변화가 우리 귀에 소리로 들린다. 고막 안쪽에는 기저막basilar membrane이라는 구조물이 있다. 이 막은 여러 가지 다른 주파수로 진동한다. 한쪽 끝은 더 얇고 빳빳하고, 반대쪽은 더 넓고, 덜 빳빳하기 때문에 귀 속으로 소리가 들어오면 기저막은 그 소리를 저주파수와 고주파수, 그리고 그 사이의 모든 주파수로 분리한다. 스테레오 시스템에서 고주파수의 트레블 음역은 그대로 두고 저주파수의 베이스만 소리를 키울 수 있는 것과 비슷한 방식이다. 그 후에 소리는 뇌간의 서로 다른 여러 부위를 통해 중계되어 측두엽 윗부분에 있는 1차 청각피질primary auditory cortex에 도달한다. 1차 청각피질은 헤쉴 이랑Heschl's gyrus이라는 회백질 위에 자리잡고 있다.* (1차 청각피질에 대해서는 잠시 후에 더 자세히 다루겠다.)

지금까지는 공기 속의 진동이 소리를 서로 다른 주파수로 분해한

• 헤쉴 이랑이라는 이름은 그것을 최초로 기술한 리하르트 헤쉴(Richard Ladislaus Heschl)의 이름을 따서 지어졌다. 〈워킹 데드〉에 나오는 외발 농부 허쉘(Hershel)과 혼동하지 말자.

작은 신경 신호로 전환되는 방식에 대해 이야기했다. 이 소리의 신경 표상은 신피질로 이동하는 길에 일련의 작은 중계소들을 거쳐간다. 이 중계소들은 소리의 처리에서 중요한 일들을 많이 수행한다. 예를 들면 한 중계소 집단은 소리가 양쪽 귀에 각각 도달한 시간의 차이를 계산한다. 이것을 아는 것이 왜 중요할까? 공간 속에서 소리가 발생한 위치를 알아낼 수 있기 때문이다. 소리가 오른쪽 귀보다 왼쪽 귀에 천분의 1초 빨리 도달했다면 이는 음원이 오른쪽보다 왼쪽에 더 치우쳐 있다는 의미가 된다. 우리의 귀와 뇌는 청각 정보의 시간적 속성을 처리하는 데 믿기 어려울 정도로 정확하고 일관적이다. 어찌나 정확한지 의사가 이런 민감도에 생긴 약간의 변화를 이용해 청력 건강을 검사할 수 있을 정도다.

하지만 우리가 공간 속에서 소리의 위치를 파악하는 데 뛰어나다고는 해도 우리의 먼 포유류 친척 중 한 종에는 비할 바가 못 된다. 포유류 중에서 독특하게 하늘을 나는 능력으로 유명해진 종, 바로 박쥐다!

박쥐가 동굴에 살면서 밤에 사냥을 나간다는 것은 다들 알고 있다. 그렇다면 이들이 자신의 주변 환경을 보는 데는 두 가지 옵션이 존재한다. (1)공상과학 영화 〈프레데터Predator〉 시리즈에 나오는 외계인처럼 적외선 감지 시력heat-vision을 발전시키는 것, 혹은 (2) 시력을 사용하는 것을 아예 포기하고, 어둠 속에서도 잘 작동하는 또 다른 감각양식sensory modality을 키우는 것. 진화는 전자보다 후자를 더 선호했던 것 같다. (적어도 박쥐에서는 그렇다. 반면 뱀은 프레데터의 적외선 감지 시력을 발전시킨 것으로 보인다) 사실 박쥐들은 청각을 오랜 세월에 걸쳐 갈고닦아서 미로같이 복잡한 지하 동굴에서도 빠르게 날아다니며 길을 찾고, 소리만 가지고 몇 밀리미터에 불과한 작은 곤충도 사냥할 수 있는 능력을 갖추게 됐다. 이런 과정을 반향정위echolocation라고 한다.

요즘에는 대부분의 학생들도 박쥐가 소리를 이용해서 길을 찾는다는 사실을 알고 있지만 우리가 그 사실을 처음부터 알고 있던 것은 아니다. 박쥐가 어떻게 그러는 것인지 과학을 통해 밝혀진 이후에야 알게 됐다.

1930년대 말과 1940년대 초반에 신경과학자 로버트 갤럼보스Robert Galambos는 도널드 그리핀Donald Griffin과의 공동연구를 통해 박쥐가 반향정위를 이용해서 길을 찾는다는 것을 입증하는 일련의 유명한 실험을 진행했다. 특히 갤럼보스와 그리핀은 박쥐가 소리를 이용해서 사냥을 한다는 이야기를 검증해 보고 싶어서 아주 단순한 실험에서 시작해 보았다(Griffin and Galambos 1941). 두 사람은 와이어를 천장에서 바닥까지 매달아 방을 장애물 코스처럼 꾸며 보았다. 그리고 레진을 이용해서 박쥐의 눈을 임시로 가린 후에 그 방 안에 풀어놓고, 와이어 장애물을 피해 길을 찾을 수 있는 능력이 있는지 살펴보았다. 역시나 예상대로 박쥐는 방안에 있는 장애물들을 잘 피해 다녔다. 이로써 박쥐가 시력이 없어도 주변 환경을 돌아다닐 수 있다는 사실이 입증됐다. 여기서 나올 수 있는 결론은 하나밖에 없었다. 박쥐가 시력이 아닌 또 다른 감각을 이용해서 장애물을 피해 다니는 것이 분명하다는 것이었다.

눈 가리기 실험 이후에 갤럼보스와 그리핀은 다른 감각양식으로 넘어가 보기로 했다. 촉각 검사는 올바른 옵션이 아닌 것 같았다. 박쥐는 너무 빨리 이동하기 때문에 순수하게 촉각만으로 사물이 어디 있는지 알아본다는 것은 말이 안된다. 박쥐가 와이어 중 하나를 건드리는 순간 미처 피하지 못하고 와이어에 감기고 말 것이다. 후각이 환경 속에서 무언가를 찾는 데 유용할 수 있다는 얘기는 이미 했다(5장). 하지만 후각 역시 시간이 많이 걸리고, 대상의 위치를 찾는 것보다는 대상의 흔적을 추적하는 데 어울릴 것으로 보인다. 박쥐에게 귀마개를 끼워 주면 장애물을 피해서 날아다니는 데 문제가 생긴다는 기존의 연구가 있었기 때문에 갤럼보스와 그리핀은 박쥐의 청각을 시험해 보기도 한다. 이번에는 박쥐의 성적이 별로 좋지 않았다. 귀가 멀게 만든 박쥐는 마치 앞을 못 보는 것처럼 와이어 몇 개에 가서 부딪혔다.

이 연구 결과는 귀 먹은 박쥐가 공간 탐색에 장애를 겪는다는 기존의 연구를 재현한 것이었다. 하지만 갤럼보스와 그리핀은 박쥐의 청력이 어떻게 길 찾기를 돕는 것인지 알고 싶었다. 갤럼보스와 그리핀이 이런 실험을 수행하던 1930년대에 사람들은 이미 소리를 이용해 주변 환경을 탐색하는 방법을 수십 년 동안 사용하는 중이었다. 20세기 전반부에 조선기사naval architect 루이스 닉슨Lewis Nixon은 북대서양의 추운 바다를 가로지를 때 선장들이 빙산을 찾아내게 도와줄 장치를 설계했다. 닉슨의 장치는 단일 펄스의 소리를 방출해서 배 주변의 공기로 전송했다. 그럼 그 장치의 수신부는 전송한 소리와 주파수가 같은 메아리가 배로 되돌아오는지 귀를 기울였다. 이 메아리가 돌아온 장소와 돌아온 시간을 삼각측량하면 물속에 들어 있는 거대한 물체의 대략적인 위치와 거리를 파악할 수 있었다. 이것이 음파탐지기술의 탄생이었고, 이로 인해 해수면 위와 아래서 세상을 탐험할 수 있는 능력이 비약적으로 발전했다.

하지만 박쥐도 배나 잠수함에서 사용하는 것과 같은 방식으로 음파탐지를 이용하는 것일까? 잠수함에서 사용하는 음파탐지기와 마찬가지로 세상에서 반향되어 오는 메아리를 들으려면 투과음을 쏘아줄 음원이 있어야 했다. 이것을 검증하기 위해 갤럼보스와 그리핀은 다시 처음으로 돌아가 박쥐에서 음파 방출 부위일 가능성이 제일 높은 후보를 추측해 보았다. 바로 성대였다. 후속 실험에서는 눈이나 귀를 가리는 대신 박쥐의 입에 작은 재갈을 물렸다. 이 새로운 실험도 귀를 막았던 실험의 결과와 거의 비슷한 결과가 나왔다. 이번에도 박쥐들은 마치 앞이 보이지 않는 것처럼 서투르게 와이어를 향해 날아들었다.

이런 실험들을 통해 박쥐가 길을 찾아다니기 위해서는 발성과 청각이 모두 필요하다는 것이 입증됐다. 하지만 박쥐가 소리를 이용해 길을 찾는다는 것이 입증된 것은 아니었다. 몇 년 앞서서 그리핀은 하버드대학교의 물리학 교수 피어스G. W. Pierce와 함께 박쥐가 사람은 들을 수 없는 고주파수의 소리를 방출한다는 것을 입증한 논문을 발표했었다. 박쥐가 음파탐지기 비슷한 방식으로 길을 찾는다는 것을 입증하는 데는 피어스가 발명한 새로운 기계가 필요했다. 이 기계는 고주파수 음파를 생성하고 기록할 수 있었다. 그는 이에 앞서서도 초음파를 만들어낼 수 있었지만 초음파를 기록하고 사람이 들을 수 있도록 수정하는 일은 대단한 업적이었다.

이 초음파 방출 장치를 이용해서 갤럼보스와 그리핀은 박쥐가 반향정위를 이용해 돌아다닌다는 것을 명확히 입증하는 일에 착수한다. 두 사람은 박쥐가 날아다니는 동안 방안에서 고주파의 음향을 틀어보았다. 그러자 초음파 음향을 재생하는 동안에는 박쥐가 길찾는 능력을 모두 잃어버렸다. 눈가리개, 재갈, 귀마개 등으로 방해하지 않았는데도 와이어를 볼 수 없는 것처럼 행동한 것이다.•

하지만 박쥐는 박쥐일 뿐이다. 물론 우리가 지금 좀비가 아니라 뱀파이어에 대해 얘기하고 있었다면 이 정보가 관련이 있을 것이다. 그런데 인간과 좀비에 대한 책에서 박쥐 얘기를 왜 꺼냈을까?

보통 우리는 반향정위를 초인간적인 특성이라 생각하지만(슈퍼영웅이 등장하는 만화 '데어데블Daredevil'을 생각해 보라) 드물기는 해도 사람 역시 반향정위를 효과적으로 이용할 수 있는 것으로 나타났다. 예를 들어 벤 언더우드Ben Underwood라는 이름의 시각장애인 소년은 스스로 낸 딸깍 소리를 이용한 반향정위로 길을 너무 잘 찾아다녀서

• 여담으로 연구자로서의 갤럼보스의 삶에 대해 더 읽어볼 것을 권하고 싶다. 그는 정말 너무, 너무 흥미로운 인물이었기 때문이다(예를 들면 『자서전으로 본 신경과학의 역사(The History of Neuroscience in Autobiography)』에 나오는 그의 자서전 챕터) 그는 자서전에서 자신이 진주만 폭격에 대응해서 1942년에 수행했던 연구 프로젝트 이야기를 전하고 있다. 갤럼보스와 청각 연구자 할로웰 '할' 데이비스(Hallowell "Hal" Davis)는 사람에게 부상을 입히거나 무력화하려면 어떤 종류의 소리가 얼마나 필요한지 알아내라는 요청을 받았다(191쪽).

— 1942년 여름에 할은 우리 두 사람을 우즈홀 해양학 연구소(Woods Hole Oceanographic Institute)로 파견해서 수중폭발이 귀에 해로운지 여부를 밝혀내라고 했다. 거기 항구에서 몇몇 물리학자들이 폭탄을 폭발시키고 있었고, 우리는 물속으로 뛰어들어 폭탄이 폭발할 때 머리를 물속에 담그고 있어야 했다. 우리는 해양학 연구소의 부두에서 번갈아 차례로 뛰어내리며 아름다운 여름날을 며칠 보냈다.

스케이트보드도 탈 수 있었다는 보고가 있다. CBS 뉴스의 2006년 기사에 따르면 언더우드는 세 번째 생일을 맞이하기 직전에 암으로 시력을 잃었다고 한다. 만 6세가 됐을 때 그는 혀로 딸깍 소리를 내면 그것을 이용해 자기가 들어가 있는 방에 대해 일종의 지도를 얻을 수 있음을 발견했다. 만 14세에 인터뷰를 할 즈음 그는 CBS 뉴스의 특파원 존 블랙스톤John Blackstone과 테이블축구 시합을 해서 5 : 2로 이길 수 있었다!

또 다른 젊은 시각장애인은 소리만으로도 비디오게임을 할 수 있었다고 한다. 열 살 때 시력을 상실한 테리 가렛Terry Garrett은 자기가 하고 있는 비디오게임 속 소리를 이용해서 자신의 위치를 파악했다. 〈와이어드Wired〉와의 인터뷰에 따르면 가렛은 "소음을 한데 이어붙이면 게임의 레벨이 머릿속에 펼쳐지는 것이 보였다."고 한다.

어떻게 이런 일이 가능할까? 어떻게 사람이 보지도 않고 머릿속에 한 장소에 대한 심적 지도mental map를 만들 수 있을까? 한 가지 가설에 따르면 시각장애가 있는 사람은 사용되지 않는 시각 영역을 재구성해서 다른 감각에서 오는 정보를 처리하는 데 사용한다. 뒤에 나오는 장에서 지적할 테지만 뇌에서 시각 입력을 처리하는 데 할당된 부분이 상당히 크다. 다른 어떤 감각보다도 시각에 더 많은 회백질이 할당되어 있다. 따라서 이 시스템으로 유입되는 입력(즉 시력)이 상실된 경우 뇌는 이 막강한 계산 능력을 그냥 낭비하고 싶지 않을 것이다.

1990년대에 발표된 일련의 연구를 통해 시각장애인 실험참가자가 점자를 통해 글을 읽을 때 실제로 뇌의 시각 영역을 사용한다는 것이 입증됐다. 예를 들어 1996년에 사다토 노리히로Sadato Norihiro가 이끄는 미국 국립보건원NIH의 연구진은 시각장애인 실험참가자에게 점자 책을 주어 손끝으로 읽게 한 후에 양전자 방사 단층촬영positron emission tomography, PET이라는 기술을 이용해서 뇌의 서로 다른 부분에서 혈류의 변화를 측정해 보았다. PET는 혈류의 변화를 측정해서 뇌의 활성을 간접적으로 확인하는 방법이다. 뉴런이 발화를 많이 해서 더 많은 산소와 당분이 필요해지면 혈류가 변화하기 때문이다. 사다토와 그 동료들은 점자를 읽고 있는 동안에 시각장애인의 1차 시각피질에서 혈류가 증가한다는 것을 입증해 보였다. 시각장애인 실험참가자에게 점자가 아닌 무작위 패턴이 새겨진 것을 제시했을 때는 시각피질에서 이런 활성이 나타나지 않았다.

물론 앞에서도 얘기했듯이 기능성 뇌 영상functional brain imaging 연구는 주로 상관관계에 초점을 맞추어 설계되어 있다. 사다토와 그 동료들은 시각장애인 실험참가자가 점자를 읽을 때 우연히도 뇌의 시각 영역이 동시에 활성화되었다는 것을 입증해 보였을 뿐이다. 이것이 꼭 시각장애인이 시각피질이 있어야 점자를 읽을 수 있다는 의미는 아니다. 1년 후에 레오나르도 코헨Leonardo Cohen(그도 국립보건원에 있었다)과 그의 연구진은 1차 시각피질 자체를 일시적으로 방해함으로써 시각장애인에서 1차 시각피질과 점자 읽기 사이의 인과관계를 검증해 보았다. 이런 효과를 얻기 위해 코헨과 그의 연구진은 경두개자기자극법transcranial magnetic stimulation, TMS이라는 일종의 뇌자극 방법을 적용했다(이것은 안전한 방법이다). TMS는 신속하게 변화하는 자기장을 이용해 뇌 속의 활성을 방해하는 방식으로 작동한다. 못 위에서 자석을 앞뒤로 빠르게 움직이면 못 속에 전류가 만들어진다(물론 이것을 확인하려면 전압계를 이용해서 그 전류를 측정해 보아야 한다). 기본적으로 TMS도 이런 식으로 작동한다. TMS는 자기장으로 뇌의 작은 영역을 반복적으로 자극해서 그 밑에 있는 뉴런들을 일시적으로 마비시킬 수 있다. 그럼 연구자들은 그 작은 피질 부위가 활동을 멈췄을 때 행동에 어떤 일이 생기는지 관찰할 수 있다. 사실상 뇌의 일부를 술에 취하게 만드는 방법이라 생각할 수 있다. 코헨과 그 동료들은 이 TMS 접근방식을 이용해서 1차 시각피질을 자극한 후에는 촉각 인지의 민감도가 낮아지지만 그 효과가 시각장애인에서만 나타난다는 것을 알아냈다. 비시각장애인에서는 그런 효과가 나타나지 않았다. 따라서 코헨과 그의 연구진은 TMS를 이용해서 시각장애인에서는 뇌의 시각영역과 촉각영역이 인과적으로 연결되어 있음을 입증할 수 있었다.

종합해 보면 시각장애인의 점자 읽기에 관한 이 연구들은 인간의 뇌가 얼마나 놀라운 적응성, 혹은 가소성plasticity을 가지고 있는지 보여주는 사례다. 일반적으로 한 과정(시각 등)에 관여하는 뇌 영역이 그 원래의 기능에 더 이상 사용되지 않으면 더 중요한 또 다른 과정(촉각 등)으로 전용된다.

지금까지 설명한 사례들은 모두 시각장애인의 시각피질에 촉각이 재구성된다는 사실을 암시하고 있다. 그렇다면 시각피질에 소리가 재구성될 수 있다는 증거도 있을까? 만약 그렇다면 이런 재구성이 박쥐처럼 사람의 반향정위에 사용될 수 있다는 증거도 있을까? 간단히 말하면 그 대답은 놀랍게도 '그렇다'이다!

낮은 비율이지만 시각장애인 중에는 실제로 반향정위를 할 수 있는 사람이 있는 것으로 밝혀졌다. 앞에서 얘기했던 언더우드 씨처럼 반향정위가 가능한 사람은 자기 입으로 딸깍 소리를 방출한 다음에 돌아오는 메아리에 귀를 기울인다. 메아리가 어떻게 들리는지 주의를 기울이면 이들은 가까운 주변 환경에서 사물들이 어디에 위치하고 있는지 확인할 수 있다. 사실 이들은 이런 능력을 이용해서 실내에서, 심지어는 거리에서도 길을 찾을 수 있을 정도로 반향정위에 능통해지기도 한다. 좀비 대재앙에서 눈이 보이지 않는 경우에는 이것이 아주 유용한 능력이 되어 줄 수 있다.

몇 년 전에 신경과학자 멜빈 구데일Melvyn Goodale이 이끄는 연구진이 반향정위가 가능한 두 명의 시각장애인이 환경 속에서 사물의 위치를 얼마나 정확히 파악하는지 확인하기 위해 몇 번의 실험을 진행했다(Thaler et al. 2011 참조). 이 실험은 단순하지만 아주 교묘했다. 구데일과 그 동료들은 정육면체나 공사장 인부의 헬멧 같은 물체를 방음이 된 빈 방 안에 갖다 놓았다. 그리고 각각의 사람을 방 안에 서 있게 한 후 물체가 자신의 오른쪽에 있는지 왼쪽에 있는지 말해 보라고 했다. 어떤 경우는 물체가 왼쪽이나 오른쪽으로 살짝만 치우쳐 있었지만, 어떤 경우는 아예 오른쪽이나 왼쪽 끝에 갖다 놓은 경우도 있었다.

연구자들은 물체가 왼쪽이나 오른쪽으로 치우친 정도를 바꾸어 줌으로써 이 두 시각장애인이 갖고 있는 위치 파악 능력의 정확도와 민감도를 평가할 수 있었다. 이들이 그저 무작위로 추측을 하고 있는 것이었다면 성공률이 50%를 넘기기 힘들었을 것이다. 하지만 이들이 정말로 소리를 이용해 사물의 위치를 파악할 수 있다면 물체가 왼쪽이나 오른쪽 극단에 자리잡고 있을 때는 거의 100%에 가까운 정확성을 보여줄 것이고, 거의 정면에 놓여 있는 경우에는 정확성이 50% 정도밖에 나오지 않았을 것이다.

이 두 명의 실험참가자는 딸깍 소리를 이용해서 물체의 위치를 파악하는 데 혀를 내두를 정도로 뛰어난 것으로 밝혀졌다. 사실 이들은 정지해 있는 물체의 위치를 파악하는 데만 뛰어난 것이 아니라 물체가 움직이는 경우에는 그 방향도 감지할 수 있었다. 이들이 딸깍 소리를 내는 동안에 실험자가 표적 물체를 움직이면 그것이 왼쪽으로 움직이고 있었는지, 오른쪽으로 움직이고 있었는지도 파악할 수 있었다. 그렇다면 이 사람들은 박쥐(혹은 데어데블)처럼 소리를 이용해서 환경 속의 물체를 확인하는 법을 습득한 것이다. 하지만 이런 행동학적 발견을 했다고 해서 꼭 그들이 반향정위를 수행하기 위해 자신의 뇌를 재구성했다는 의미는 아니었다.

이 반향정위 능력자들이 실제로 자신의 뇌를 재구성한 것인지 확인하기 위해 구데일과 그 동료 로어 탈러Lore Thaler, 스티븐 아노트 Stephen Arnott는 실험의 수준을 한 단계 더 끌어올렸다. 반향정위 능력자들이 이 과제를 수행하는 동안 이들은 그들의 귀 각각에 작은 마이크를 설치해서 이 시각장애인 참가자들이 듣는 소리를 녹음했다. 실험참가자가 반향정위를 하는 동안 뇌에서 무슨 일이 일어나는지 확인하기 위해 연구자들은 이 소리를 참가자에게 다시 들려주면서 fMIR를 이용해서 신경 활성 증가로 인한 혈액내 산소화 수준의 변화를 측정해 보았다. 이 참가자들이 이 딸깍 소리와 물체에 반사되어 돌아오는 메아리에 귀를 기울이고 있는 동안에는 뇌 속 시각피질이 소리에 반응하는 것이 보였다.

이들의 시각피질이 소리에 반응했을 뿐 아니라, 시각피질이 반응하는 방식도 참가자가 공간 속의 물체를 시각화, 혹은 상상 속에서 보는 것과 일관성이 있었다. 즉 오른쪽 시각피질은 공간 오른쪽에 있는 물체의 메아리를 녹음한 것보다 왼쪽에 있는 물체의 메아리 녹음 소리에 귀를 기울일 때 더 크게 반응했고, 그 반대도 성립했다. 이는 시력이 있는 사람에서 보이는 시각피질의 반응 패턴과 동일하다.

하지만 중요한 부분은 따로 있다. 뇌의 시각피질에서 보이는 이 소리 반응이 이런 반향정위 능력이 없는 사람에서는 보이지 않는다는 것이다.

구데일과 동료들의 이런 연구 결과를 보면 반향정위 능력자들이 소리를 이용해 환경을 탐색하는 특별한 능력을 훈련을 통해 취득했음을 알 수 있다. 당신이나 내가 MRI 스캐너 안에 들어가 반향정위의 딸깍 소리와 메아리 소리를 들었다면 우리의 시각피질은 소리에 별 반응을 보이지 않았을 것이다. 하지만 두 사람 모두 선천적 시각장애인은 아니었다는 점을 지적해야겠다. 한 사람은 생후 13개월에 시력을 잃고, 또 한 사람은 십대 시절에 잃었다. 이것의 암시하는 바는 청력의 민감도가 상대적으로 빈약한 경우라도 사람이 반향정위 사용 능력을 습득하는 것이 가능하다는 것이다. 다만 선천적으로 반향정위가 가능한 박쥐와 달리 사람이 눈곱만큼이라도 그 능력을 훈련하려면 아주 오랜 시간이 필요할 것이다.

사람이 희미한 메아리를 이용해서 주변의 사물을 볼 수 있다면, 인간의 청력은 애초에 얼마나 민감한 것일까? 이 질문에 답하기 위해 다시 갤럼보스 박사의 연구로 돌아가 보자. 갤럼보스는 박쥐가 어떻게 반향정위를 수행하는지 특성을 밝혀냈을 뿐 아니라 생리학에 기반한 간단한 청력 검사법도 개발했다. 이것은 거짓으로 속일 수 없는 방법이다. 그는 병사들의 청력을 정확하게 검사할 방법을 찾기 위해 미군과 계약을 맺고 이 연구를 수행했다. 이 검사법은 뇌파검사electroencephalography를 이용해서 1차 청각피질로 정보를 중계하는 뇌간의 모든 부분에서 뉴런의 전기적 활성을 감지한다. 뇌파검사는 두피에 부착한 일련의 전극을 통해 뉴런이 발화할 때 생기는 미세한 전기활성을 포착하는 간단한 뇌 영상 촬영 도구다.

갤럼보스가 개발한 방법(뇌간청각유발전위검사brainstem auditory evoked potential)은 머리 꼭대기에 장착한 뇌파기록 전극을 이용해서 신속하고 쉽게 진행할 수 있다. 사실 이 검사법이 너무 신속하고 쉬워서 1980년대 이후로는 미국 대부분의 병원에서 신생아의 청각계 건강검사에 사용되고 있다. 이 검사법은 하루에도 수천 번 진행되고 있으며 당신이 태어난 지 30년이 넘지 않았다면 당신이 아기였을 때 의사가 이 방법으로 당신의 청력을 확인하기 위해 뇌파검사를 해보았을 가능성이 높다.

그럼 이 검사를 통해 인간의 청력에 대해 무엇을 알 수 있나? 우리가 생각보다 소리 처리에 훨씬 뛰어나다는 것이 증명됐다. 사실 우리는 보통 인간의 감각이 특별히 뛰어나지는 않다고 생각한다. 우리는 독수리처럼 잘 보지도, 박쥐처럼 잘 듣지도, 개처럼 냄새를 잘 맡지도 못한다. 적어도 지금까지의 생각으로는 그랬다.

하지만 인간은 감각 인지에 꽤 뛰어난 것으로 밝혀졌다. 예를 들면 우리는 광자 두 개만 눈에 들어와도 감지할 수 있다. 겨우 1 더하기 1, 2개 말이다! 광자는 정의에 따라 빛의 속도로 움직이며 사실상 질량이 없다는 점을 염두에 두자. 그렇다면 이상적인 조건 하에서는 건강한 사람이 48킬로미터 떨어진 거리에 켜놓은 촛불을 볼 수 있을 정도로 눈이 민감하다는 의미다. 이것은 영국해협을 사이에 둔 영국과 프랑스의 거리 절반에 해당한다. 그리고 해수면에서 성층권 꼭대기까지의 거리, 아니면 에베레스트 산을 차곡차곡 다섯 개 쌓아놓은 높이에 해당한다.

우리의 청각도 그와 마찬가지로 훌륭하다. 연구에 따르면 우리 청각 역치의 한계는 공기분자의 브라운 운동Brownian motion에 아주 가깝다고 한다.

"아니, 저기요! 브라운 운동이라고요? 물리학 용어를 신경과학 책에서 이제 와서 들먹이다니 진짜 미친 거 아녜요? 대체 그 의미는 뭔데요?" 세세하게 들어갔다가는 늪으로 빠져드는 꼴이 될 테니 그냥 원자가 무작위로 움직이는 소리도 거의 들을 수 있다는 의미로 이해하자. 광자 2개를 보는 식으로 원자 하나가 내는 소리를 들을 수는 없지만 원자가 집단적으로 고막을 두드리는 소리는 거의 들을 수 있다.

이것이 무슨 뜻인지 잠시 생각해 보자. 전등 하나는 1초에 1,000,000,000,000,000,000개 단위의 광자를 뿜어내고, 고막 주변에는 약 1,000,000,000,000,000,000,000개(혹은 이보다 천 배 많은)의 원자가 시속 1,600킬로미터 정도의 속도로 돌아다니고 있다. 매일, 매초 이 모든 정보들이 우리의 감각으로 쏟아져 들어오고 있다.

그렇다면 어째서 우리는 주변 세상에서 들어오는 막대한 양의 감각정보에 지속적으로 압도당하지 않는 것일까? 우선, 우리의 감각은 아주 신속하게 적응한다. 눈, 고막, 그리고 다른 감각기관들이 정보가 뇌에 도달하기 전에 상당부분 걸러낸다는 의미다. 다른 요인으로는 주의attention가 있다. 여기에 관해서는 7장과 10장에서 더 자세히 다루겠다. 주의에는 인지기능이 어느 정도 필요하다. 인지 기능은 고등한 처리 능력인데 우리는 좀비의 뇌에서는 이것이 손상되어 있다고 생각한다. 감각기관 자체의 조정 능력과 주의의 걸러내기 능력 사이에서 우리는 결국 쓰나미처럼 우리 감각으로 몰려 들어오는 정보 중 아주 일부만을 인지하게 된다.

이 걸러내기 기능 중 상당부분은 뇌의 고등 처리 과정에서 이루어진다. 이 책 전반에서 우리는 좀비의 뇌에서는 이 고등 뇌 영역 중 많은 부분이 손상을 받았다고 주장하고 있다. 좀비도 여전히 듣기는 완벽하게 잘 듣고 있지만 소음이 많은 환경에서는 쉽게 주의를 집중하지 못할 것이라는 의미다. 다행스러운 일이다. 우리는 사람이 딴 데 정신 팔리는 경우가 너무 많다고 생각하지만 사실 필요한 경우에는 놀라울 정도로 주의 집중을 잘 하기 때문이다. 좀비 대재앙에서 살아남아야 할 때는 이런 능력이 아주 유용할 것이다.

그냥 듣는 것과 귀 기울여 듣는 것의 차이

좋다. 지금까지 듣는 것에 대해 많이 이야기했다. 하지만 이 장은 언어에 관한 장이다. 일단 단어를 듣고 나면 다음에는 무슨 일이 벌어질까?

여기에 답하기 위해 영화 〈바탈리언〉에 등장한 우리의 친구 타만에게 돌아가 보자. 그가 숨어 있던, 그리고 당신이 지금 갇혀 있는 그 어두운 지하실에서 타만이 썩어 들어가는 성대로 낸 걸걸한 목소리로 한마디를 뱉어낸다. "브… 레… 인…."

그의 폐에서 밀어내는 공기와 성대의 진동이 공기 중에 들어 있는 수조 개의 원자들을 교란해서 압력의 파동을 만들어내고, 이 파동이 결국 당신의 귀에 포착된다. 이제 당신은 귀가 매초마다 이 수조 개의 원자가 만들어내는 음파를 어떻게 처리하는지 알고 있다. 귀가 이 음파를 신경충동nerve impulse으로 바꾸면, 신경충동은 뇌간을 통과한 후에 1차 청각피질에서 여정을 마친다. 하지만 걸어 다니는 이 썩어가는 시체가 당신의 맛난 회백질을 먹고 싶어한다는 것을 당신은 어떻게 아는 것일까?

귀로부터 전달된 신경충동이 타만의 소리를 전달한 이후에 신피질에서 무슨 일이 일어나는지 살펴보자. 1차 청각피질은 당신의 고막이 '듣고' 서로 다른 주파수대frequency band로 포착한 원자 집단의 변화를 표상함으로써 주변의 청각적 세상을 표상한다.

주파수대가 무슨 말일까? 짜증나는 화재경보나 깜짝 놀란 돼지의 멱따는 소리처럼 거슬리는 고음을 생각해 보자. 이런 소리는 고

주파수에서 발생한다. 주파수가 높다는 것은 초당 발생하는 음파의 정점이 많다는 의미다. 화재경보 소리나 돼지 멱따는 소리는 로우라이더 자동차에서 울리는 육중한 베이스 음악이나 먼 곳에서 들려오는 폭발음과는 아주 다르다. 이런 육중하고 깊은 소리는 저주파수에서 발생한다. 초당 발생하는 음파의 정점이 적다는 의미다.

청각피질 안에는 귀에서 들리는 서로 다른 주파수의 소리에 반응하는 서로 다른 뉴런들이 존재한다. 어떤 뉴런은 고주파수의 찢어지는 소리를 좋아한다(반응한다). 어떤 뉴런은 베이스음이나 폭발 같은 저주파수의 소리를 좋아한다. 중요한 점은 비슷한 주파수의 소리에 맞추어 반응하는 뉴런들이 1차 청각피질에서 끼리끼리 모이는 경향이 있다는 것이다. 앞에서 얘기했듯이 이 영역은 측두엽 윗부분을 따라 놓여 있고, 대부분 앞뒤 방향으로 주행하고 있다. 저주파수의 소리에 반응하는 뉴런들은 청각피질의 앞쪽에서 발견되고, 고주파수에 반응하는 뉴런들은 뒤쪽에서 발견된다.

1차 청각피질의 상류에 있는 뇌 영역, 즉 청각피질 뉴런들의 발화를 엿듣는 위치의 뇌 영역들은 이 영역들의 집단적 활성을 종합해서 귀로 들은 세상을 재조립하기 시작한다. 청각피질의 소리에 열심히 귀 기울이는 영역 중 하나가 그와 아주 가까운 곳에 자리 잡고 있으며, 측두엽과 두정엽의 일부를 덮거나 둘러싸고 있다. 이 영역은 측두엽과 두정엽이 만나는 곳, 좌반구의 위관자이랑superior temporal gyrus에 위치하고 있으며(대부분의 사람에서) 아마도 사람들에게는 베르니케 영역Wernicke's area이라는 전통적인 이름으로 제일 잘 알려져 있을 것이다. 이 영역이 언어 이해 과정의 첫 단계다.

베르니케 영역은 신경학자 칼 베르니케Carl Wernicke의 이름을 따서 지었다. 그는 측두-두정 이음부temporal-parietal junction에 손상을 입은 사람에서 생기는 특이한 언어장애를 처음으로 기술한 사람이다. 베르니케는 실어증학자였다. 그의 전문분야가 언어를 이해하거나 생산하는 능력에 생긴 장애를 설명하는 것이었다는 의미다. 실어증aphasia('말을 못한다'는 의미의 그리스어 'aphatos'에서 유래)은 언어에 장애가 생긴 것을 의미한다. 그는 많은 부분에서 찬사를 받았지만 뇌에서 일어나는 언어 처리 과정에 관한 우아하고 단순한 모형을 제안한 최초의 이론 신경과학자 중 한 사람이었다. 물론 신경과학의 모든 이론 모형이 그렇듯이 그의 모형 역시 결국에는 틀린 것으로 입증됐다. 그리고 이 경우는 그것을 입증한 사람이 자신이었다.

베르니케는 왼쪽 귀 바로 뒤, 위쪽에 있는 측두엽과 두정엽의 이음부 근처 영역에 손상을 입어서 생기는 아주 특별한 형태의 감각성 실어증sensory aphasia을 기술했다. 베르니케는 이 영역에 손상을 입은 환자가 언어를 이해하는 데는 어려움이 있지만, 조리가 없기는 해도 말은 쉽게 한다는 것을 발견했다. 여전히 말은 할 수 있지만 말에 조리가 서지 않는다. 요즘에는 이것을 달변 실어증fluent aphasia이라고 한다. 하지만 아직도 그 고전적 명칭인 베르니케 실어증Wernicke's aphasia으로 불리기도 한다.

베르니케 영역이 1차 청각피질 영역 옆에 자리잡고 있음을 기억하자. 이 위치에 있는 것이 우연은 아니다. 사실 뇌에서 순수하게 우연에 의해 구성된 부분은 하나도 없는 것 같다. 1장에서 뇌의 뒤쪽은 시각정보 처리에 특화되어 있다고 한 것을 기억해 보자. 후두엽 전체와 측두엽, 두정엽의 뒤쪽 절반은 시각정보 처리에 할당된다. 베르니카 영역의 위치를 다시 생각해 보면 왜 이 뉴런들이 언어의 이해에 할당되었는지 그 이유를 어렵지 않게 이해할 수 있다. 구어와 문어를 이해하는 데 필요한 청각 정보와 시각 정보를 모두 받아들이기에 안성맞춤인 위치에 자리잡고 있기 때문이다.

사실 달변 실어증(수용성 실어증receptive aphasia이라고도 한다)이 있는 환자들은 구어와 문어 모두를 이해하는 데 어려움을 겪는다. 전형적인 달변 실어증 환자인 요한 보이트Johann Voit를 생각해 보자. 보이트는 독일의 양조업자였는데 1883년 11월 14일에 계단에서 떨어지는 바람에 왼쪽 머리에 심각한 머리 부상을 당했다. 동네 병원으로 찾아간 그는 담당 의사의 질문에 하나도 대답할 수 없었다. 의사가 하는 말을 전혀 이해할 수 없었기 때문이다. 그가 잡음이나 소리에 반응하는 것을 보고 의사는 보이트의 청력이 온전하다는 것을 알 수 있었다. 따라서 그가 구두 지시에 반응하지 못하는 것은 계단에서 떨어지는 과정에서 언어를 인식하는 능력만 손상을 받았다는 의미였다.

보이트는 회복하는 과정에서 언어 능력이 일부 회복됐지만 모두 회복되지는 못했다. 특히 단어의 의미를 이해하는 능력은 상실한 것으로 보였다. 그는 사물을 보여주면 그 이름을 말할 수는 있었지만 그것을 어떻게 사용하는지는 떠올리지 못했다. 예를 들어 빗을 건네주면 그것이 무엇인지는 말할 수 있었지만 그것으로 무엇을 해야 할지는 몰랐다. 뒤죽박죽 모아놓은 단어를 제시하면[예를 들면 "cat a black chair jumped the onto(고양이 검정 의자 뛰어올랐다 위로)"] 그것을 이용해 완전한 문장을 만들지 못했다.["A black cat jumped onto the chair.(검정 고양이가 의자 위로 뛰어올랐다)"] 나뭇잎의 색깔을 말해 보라고 하면 보이트는 유리창 쪽으로 걸어가서 실제로 나무에 매달린 나뭇잎을 보아야만 "green(초록색)"이라는 단어를 대답할 수 있었다.* 따라서 보이트는 말은 완벽하게 만들어낼 수 있었지만 언어에 대한 이해력은 심각하게 손상되어 있었다.

베르니케의 초기 환자들처럼 보이트의 증상도 한 가지 핵심적인 것을 보여주었다. 언어의 의미를 이해하는 것은 언어를 만들어내는 것 자체와는 별개의 문제라는 것이다. 언어 이해 과정은 청각피질의 뒤, 그리고 시각피질의 앞에 있는 이 뉴런 집합에 의해 조절된다. 따라서 타만이 당신의 뇌를 갈망하는 그르렁 소리를 내는 것을 들었다면 베르니케 영역의 이 뉴런들에게 감사해야 한다. 그 덕에 청각피질의 활성을 해석해서 그가 하는 말의 의미를 알 수 있었고, 그 덕에 너무 늦지 않게 달아날 수 있을 테니까 말이다.

환자 "푸트르!"

솔직히 좀비는 남의 말을 귀담아 듣는 존재는 아니다. 당신이 '멈춰!' 혹은 "존, 나 기억 못해? 나 네 누나야!"라고 몇 번을 말해 봐도 좀비는 아무 신경도 쓰지 않는다. 하지만 이들은 귀담아 듣지 않을 뿐 아니라 말도 별로 못하는 것 같다. 영화 〈바탈리언〉에서 "보내.

• 물론 실제로는 "grün"이라고 대답했다. 그는 독일인이었으니까.

더 많이. 경찰"이라고 말한 것이 좀비 세계에서는 좀처럼 찾아보기 힘든 셰익스피어 급의 명문장이다. 좀비의 입에서 이런 종류의 말이 나오는 경우가 드물기도 하지만 이 특정 좀비가 그런 요청을 한 방식(혹은 타민이 당신의 '브… 레… 인…'을 요구한 방식)에서도 뭔가 주목할 만한 점이 있다.

  문장의 파편만을 말하는 이런 화법을 보면 '텔레그라피아 telegraphia'라는 행동 유형이 떠오른다. 이 증후군의 이름은 전신 telegraph이라는 개념에서 기원했다. 전화기가 등장하기 전이었던 19세기와 20세기 초에는 장거리 통신에 전신기라는 장치를 이용했다. 전보는 수 킬로미터에 걸쳐진 전선을 통해 일련의 짧고 긴 신호blip로 전송됐다. 부호를 한 글자, 한 글자 타이핑을 해야 했고, 발송자가 그 글자들을 일일이 확인해야 했기에 이것은 시간도 많이 걸리고 비용도 비싼 통신 방식이었다. 그래서 쓸데없는 미사여구는 사용하지 않았다. 그래 봐야 돈만 더 들 테니까 말이다. 그래서 하고 싶은 말만 간단명료하게 사용했다.

  텔레그라피아도 같은 방식으로 일어난다. 말을 구성하는 데 어려움이 있는 사람은 문장에서 핵심적인 부분만 말하고 관사, 형용사, 부사 같은 요소들은 빼버린다. 신경학적으로 보면 텔레그라피아는 표현 실어증expressive aphasia 혹은 전통적으로는 브로카 실어증Broca's aphasia이라고 알려진 신경장애의 증상이다.

  브로카 실어증은 베르니케 실어증과 현저한 차이가 있지만, 또 긴밀하게 관련되어 있다. 신경학적으로 건강한(그리고 좀비가 아닌) 사람에서는 언어 능력이 언어를 이해하는 능력과 언어를 생산하는 능력 모두를 요구하는 양방향 기능이다. 우리는 이미 듣기가 믿기 어려울 정도로 복잡한 과정이라는 것을 알아보았고, 3장에서는 운동을 뒷받침하기 위해 신경이 얼마나 어려운 계산을 해야 하는지 배웠다. 말하기는 특히나 어려운 형태의 운동이라 생각할 수 있다. 말을 하기 위해서는 뇌가 입술, 얼굴, 목구멍, 혀에 있는 수많은 작은 근육들을 정교하게 협응할 수 있어야 하고, 그 근육들을 아주 신속하고 정확하게 움직일 수 있어야 한다.

이 운동은 관자놀이 바로 뒤쪽에 자리잡고 있는 전두엽피질의 한 영역에 의해 협응이 이루어진다. 이 영역은 프랑스의 신경학자 폴 피에르 브로카Paul Pierre Broca의 이름을 따서 명명됐다. 브로카가 이 신경 영역에 자신의 이름을 남기는 명예를 누리게 된 것은 이 영역이 무슨 일을 하는지 설명하는 중요한 연구를 했기 때문이다. 1861년에 브로카는 레보르뉴Leborgne라는 이름의 환자를 만났다. 그 환자는 "탄tan"*이라는 아무 의미 없는 말 말고는 어떤 단어도 명확하게 표현하지 못했다. 그래서 그의 질병을 설명하는 첫 의학 보고서에서 그는 그냥 환자 '탄'으로 불렸다. 탄이 사망한 후에 브로카는 탄이 현재는 브로카의 이름이 붙여진 뇌 영역에 병소가 있는 것을 발견했다.

신피질에서 브로카 영역Broca's area이 차지하고 있는 위치는 대단히 중요하다. 브로카의 영역은 얼굴, 입, 혀의 근육을 통제하는 운

• 역사 관련 주석: '탄'은 사실 아주 많은 것을 의미할 수 있지만 그것들 모두 아주 저속하고 불경스러운 말이었다. 프랑스 신경학계는 그를 환자 '푸트르(Foutre, 성교, 정액, 애액 등의 의미)'라고 부르자는 아이디어에 눈살을 찌푸렸다고 한다.

동피질 부위와 아주 가까운 곳에 위치하고 있다(3장 참고). 보다시피 말할 때 필요한 근육들이다. 이 영역은 대단히 특화된 운동 계획 영역으로, 말하기에 필요한 입의 운동을 돕는 것으로 여겨지고 있다.

언어를 생산하려면 언어를 이해하는 것이 중요하기 때문인지 브로카 영역과 베르니케 영역은 궁상다발 arcuate fasciculus이라는 빽빽한 신경섬유로 함께 연결되어 있다. 이 시스템을 비유를 통해 이해할 수 있다. 여기 두 도시가 있고 각각의 도시는 모두 전문화된 자동차 부품을 생산한다. 온전한 차 한 대를 만들기 위해서는 두 도시가 둘 사이에(그리고 다른 도시들과도) 서로 다른 부품들을 출하해야 하지만, 결국 자동차는 모두 한 도시 근처에서만 출하된다. 이 경우 브로카 영역과 베르니케 영역은 차를 만드는 대신 함께 작동해서 언어를 만들고, 이 모든 언어는 결국 브로카 영역에서 입과 성대를 통해 세상으로 출하된다. 궁상다발은 이 두 도시를 연결하는 고속도로인 셈이다.

언어의 수출은 세 가지 방식으로 손상을 입을 수 있다. 제조에 지장이 생기거나(달변 실어증 혹은 베르니케 실어증), 유통에 지장이 생기거나(표현 실어증 혹은 브로카 실어증), 제조와 유통 사이의 운송에 지장이 생기는 경우다. 이 마지막 형태의 지장을 전도 실어증 conduction aphasia이라고 하며 고속도로 그 자체(궁상다발)가 손상을 입거나, 브로카 영역이나 베르니케 영역의 진입차선이 닫혔을 때 일어난다. 전도 실어증의 경우 환자는 실제로 언어도 잘 이해하고, 말도 꽤 유창하게 할 수 있지만 말을 듣고 따라해 보라고 하면 문제가 생긴다. 이들은 단어 속의 소리를 빠뜨리거나, 무의미한 단어를 말하거나,

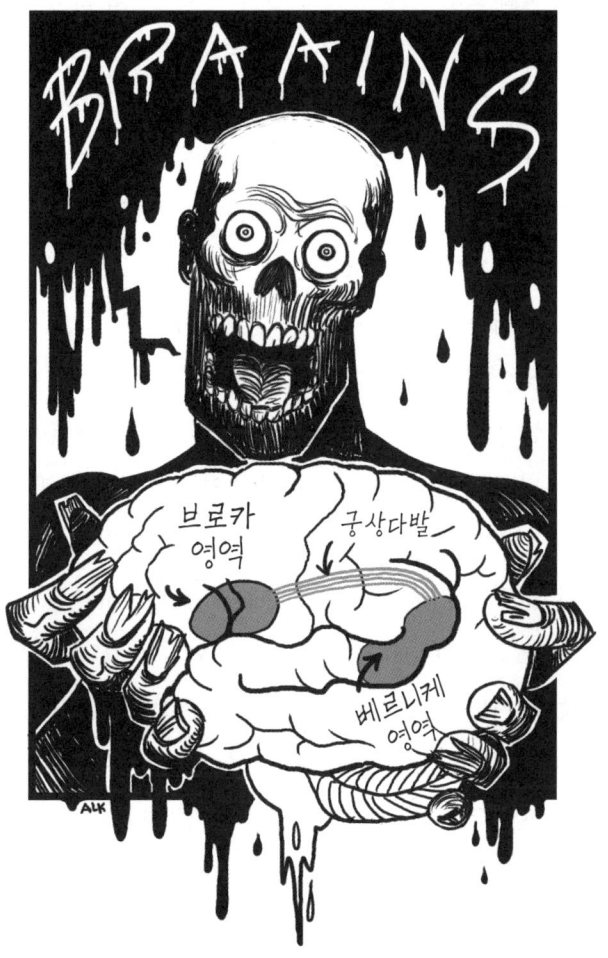

그림 6.1 다른 많은 행동과 마찬가지로 언어도 제대로 기능하기 위해서는 뇌 영역 네트워크의 협응이 필요하다. 언어에서 주요 참가자를 들자면 전두엽의 브로카 영역과 측두엽의 베르니케 영역이 있다. 이 두 영역은 궁상다발이라는 커다란 축삭돌기 다발로 이어져 있다. 대다수의 사람에서 브로카 영역과 베르니케 영역의 언어 기능은 우반구보다는 좌반구 쪽에 더 많이 할당되어 있다.

단어의 일부를 문법에 맞지 않는 방식으로 재배열한다. 예를 들어 "좀비가 오고 있다"라는 말을 따라 하라고 하면, 전도 실어증 환자는 "좀비가 마고 있다", "몸비가 오고 있다" 등으로 말할 수 있다. 이렇게 이상하게 말을 하는 이유는 말을 따라 하는 동안에 브로카 영역과 베르니케 영역 사이의 지속적으로 전후 소통이 필요하기 때문이라 여겨지고 있다. 이런 소통을 상실한 경우 정보가 제때에 처리되지 않아 단어를 구성하는 요소를 혼동하게 된다.

이제 이 언어 회로에서 흥미로운 마지막 특성을 살펴보자. 오른손잡이 여성의 95%, 오른손잡이 남성의 99% 정도에서 언어 기능이 뇌의 좌반구에 편재화lateralization되어 있다는 것이다. 왼손잡이인 사람들도 언어 기능이 주로 좌반구에 치우쳐져 있는 사람이 많다. 왼손잡이 중 언어 기능이 주로 우반구에 편재한 사람은 33% 정도에 불과하다. 그래서 언어는 좌반구 편재화되어 있다고 말한다. 기능 대부분을 뇌의 좌반구 영역이 주도하고 있다는 의미다. 사실 언어는 뇌에서 제일 분명하게 편재화되어 있는 기능 중 하나다. 하지만 연구에 따르면 브로카 영역에 손상을 입었다가 나중에 말하기 기능을 일부 회복한 사람들은 손상 없이 온전하게 남아 있는 우반구를 이용했기 때문에 그것이 가능했던 것으로 밝혀졌다. 시각장애인이 시각피질을 재구성해서 점자 읽기에 도움을 받았던 것과 비슷한 방식이다.

보통 언어 능력이 어느 반구에 자리잡고 있는지는 중요하지 않다. 하지만 당신이 뇌종양을 제거하는 수술이 필요한 경우에는 이 사실이 갑자기 대단히 중요해진다. 외과의사들은 뇌종양을 제거할 때 건강한 브로카 영역의 절단 가능성을 최소화하기를 원한다. 그러기 위해서는 당신의 언어가 좌반구와 우반구 중 어느 쪽에 편재하고 있는지 알아야 한다. 이것을 확실히 판단하고 싶을 때는 와다 검사(Wada test)를 해 본다. 이것은 신경학자 와다 준 아츠시Juhn Atsushi Wada의 이름을 따서 지었다. 이 검사에서 나온 결과는 보통 뇌의 어느 쪽이 언어 과정을 통제하는지 꽤 확실하게 밝혀준다

와다 검사를 할 때는(Wada 1949) 의사가 바르비투르barbiturate(진정제, 최면제로 쓰이는 약물)를 경동맥carotid artery에 주사해서 뇌의 절반을 사실상 잠재운다. 바르비투르는 뇌에 알코올과 동일한 효과를 낳는다. 경동맥은 심장에서 올라온 산소가 풍부한 혈액을 한쪽 뇌에게 공급한다. 왼쪽 경동맥은 좌반구, 오른쪽 경동맥은 우반구에 혈액을 공급한다. 의사가 바르비투르를 좌반구에 혈액을 공급하는 경동맥에 주사했고, 당신의 언어 기능이 좌반구에 편재되어 있다면 당신은 한동안 기분이 이상해지고 언어에 문제가 생길 것이다. 하지만 우반구에 주사했다면 이상한 기분은 들 테지만 언어 기능은 아무런 문제가 생기지 않을 것이다. 마치 왼쪽 머리는 취했는데, 오른쪽 머리는 말짱하게 깨어 있는 식이다. 이 정도면 꽤 확실하게 결론을 내릴 수 있다.

좀비한테도 과연 와다 검사가 필요한지에 대해서는 그냥 넘어가기로 하고 이번에는 좀비의 뇌에 어떤 차이가 있을지 확인해 보자.

이 장을 시작하면서 언급했듯이 좀비가 언어에 그리 신통하지 않다는 점은 분명하다. 타만 같이 유창한(?) 좀비와 〈바탈리언〉에 등장하는 경찰 좀비도 시를 읊거나 자기와 전쟁을 벌이고 있는 인간과 평화조약을 협상하는 수준은 못 된다.* 그럼 언어 회로를 다시 되돌아보며 좀비의 행동을 이해할 수 있을지 살펴보자.

첫째, 좀비가 들을 수 있다는 점은 분명하다. 사실 언어 능력이 완전히 손상을 입었다 해도 좀비는 소리를 이용해 서로 소통한다. 맥스 브룩스의 소설 『월드 워 Z』를 보면 좀비의 그르렁 소리는 좀비 무리에서 무리 짓기 행동을 개시하는 호출로 사용됐다. 좀비가 한 번만 그르렁거려도 몇 킬로미터 떨어진 좀비들까지 끌어모을 수 있다. 일례로 그 소설에 등장하는 가상인물 크리스티나 엘리오폴리스Christina Eliopolis의 이야기를 들어보자.

> 좀비들은 밖으로 나올 수 없기 때문에, 좀비들이 열린 차창 밖으로 손을 뻗어 나를 잡을 수 있는 거리만 내어주지 않는다면 내가 길을 따라 버려진 자동차를 몇 대를 지나치든 무슨 상관이 있겠어요. 하지만 메츠는 갇혀 있는 좀비라도 그르렁 소리는 낼 수 있기 때문에 다른 좀비들을 불러 모을 수 있는 능력이 여전하다는 것을 상기시켜 주었죠.

아니면 토드 와이니오Todd Wainios가 뉴멕시코 호프 전투에서 경험했던 좀비의 연쇄적 무리에 대해 들어보자.

---

* 하지만 현실을 직시하자. 과연 살아갈 이유가 전혀 없는 존재와 평화조약에 서명을 하고 싶은가?

좀비 하나가 나를 보면 쫓아오면서 그르렁 소리를 냅니다. 그럼 그 근처에 있던 또 다른 좀비가 그 소리를 듣고 따라오면서 자기도 그르렁 소리를 냅니다. 그럼 근처에 있던 또 다른 좀비가 달라붙고, 그놈 뒤로 또 달라붙습니다. 그 지역에 좀비가 밀집되어 있는 상태에서 이 연쇄의 사슬을 끊지 못한다면 얼마나 멀리 있는 좀비까지 이 대열에 끌어들일지 아무도 알 수 없습니다.

그렇다면 사람의 언어는 아닐지라도 그르렁거리는 소리 자체가 단순한 형태의 소통 수단으로 작용하는 셈이다. 이렇듯 좀비의 무시무시한 그르렁 소리는 시선의 방향이나 가리키기 같은 다른 비언어적 단서와 함께 좀비 무리에서 나타나는 떼 지능swarm intelligence의 중요한 특성이다.

그르렁거리는 소리를 사용하는 것을 보면 좀비가 귀에서 소리를 처리하는 감도가 정상인보다 낫지는 못할망정 적어도 뒤처지지는 않는다는 것을 알 수 있다. 하지만 앞에서 얘기했던, 귀에 들리는 전체적인 잡음의 양을 통제하는 걸러내기 메커니즘이 좀비의 뇌에서 온전히 기능하지 못하고 있다는 증거는 넘친다. 예를 들어 영화 〈월드 워 Z〉를 보면 특히나 큰 소리나 고음의 소리는 좀비를 미치게 만든다. 마치 소리 자체가 귀에 너무 고통스러워서 무슨 수를 써서라도 당장에 멈춰야 할 것처럼 말이다. 이는 좀비의 청력은 완벽하게 작동하고 있지만 소음이 많은 환경에서는 자신의 주의를 쉽게 집중할 수 없음을 의미한다. 앞에서도 말했듯이 이것은 다행스러운 점이다. 우리 인간은 필요한 곳으로 주의력을 집중하는 능력이 탁월

해서 이 점에 있어서는 좀비보다 유리하기 때문이다.

어쨌거나 소리는 분명 좀비의 뇌까지 전달되는 것으로 보인다. 하지만 그 소리에 인간의 언어가 포함되었을 때 좀비가 그 소리를 이해한다는 증거가 있을까?

별로 그렇지는 않다.

좀비에게는 지시에 반응할 수 있는 능력이 거의 없다. 가장 뛰어난 사례를 찾아봐도, 2006년 영화 〈내 친구 파이도〉에서 좀비 파이도가 배웠던 "앉아", "가만있어", "사람 먹지 마!" 정도의 기본적인 명령을 따르는 수준이 고작이었다. 이런 반응은 언어를 이해한다기보다 동물 훈련에서 보이는 것 같은 간단한 고전적 조건화classic conditioning에 더 가까운 행동이다. 좀비는 표지판을 따르지 않는 것으로 보아 글자를 읽는 능력도 없어 보인다. 더군다나 좀비에서 보이는 가장 발전된 형태의 말하기도 전보처럼 핵심적인 아이디어만 아주 짧게 내뱉는 수준이다. 예를 들면 〈웜 바디스〉에 나오는 "죽은 척Be dead", 〈바탈리언〉에 나오는 "보내. 더 많이. 경찰"과 '브…레…인…" 등이다.

이러한 모든 내용을 살펴보고 우리는 좀비의 뇌에 대해 무엇을 추론할 수 있을까? 음… 전두엽의 언어 생성 영역과 측두엽, 두정엽의 언어 이해 영역이 모두 손상이 간 것으로 보인다. 이 영역들은 궁상다발을 통해 서로 소통하기 때문에, 좀비의 뇌에서는 이 '아치형 도로'가 잘 작동하지 않는다고 짐작할 수 있다.

전두엽 부위(브로카 영역)의 비정상은 표현 실어증(브로카 실어증)으로 이어지는 반면, 두정엽 부위(베르니케 영역)에 문제가 생기면 달변 실어증(베르니케 실어증)으로 이어진다. 따라서 좀비의 뇌에서는 모든 언어 능력과 소통 능력에 심각한 장애가 생기는 반면, 청력은 대체로 온전하게 남아 있다. 안타깝게도 이것은 좀비가 우리게 말을 걸 수도 없고, 우리 말을 이해할 수도 없지만, 우리가 내는 소리를 듣고 쫓아올 수는 있음을 의미한다. 아무래도 평화 협정 협상으로 좀비 대재앙을 끝내기는 요원해 보인다.

7장
좀비의 주의철수 결핍증

> 주의력이 무엇인지는 누구나 알고 있다. 이것은 정신이 동시에 가능한 여러 가지 대상이나 연이어지는 생각 중 하나를 명확하고 생생한 형태로 차지하는 것이다. 의식의 초점 맞추기, 집중하기가 그 본질이다. 이것은 어떤 것에 효과적으로 대처하기 위해 다른 것들로부터는 물러나는 것을 의미하며, 프랑스어로는 'distraction', 독일어로는 'Zerstreutheit'라고 하는 혼란스럽고, 멍하고, 산만한 상태와 반대되는 상태를 말한다.
>
> — 윌리엄 제임스, 『심리학의 원리』

좀비 무리들이 먹잇감이 될 희생자를 향해 느릿느릿 걸어오다가 자동차 경적, 불꽃놀이, 혹은 산탄총 소리 같은 것에 정신을 뺏겨 새로운 표적을 향해 움직이는 모습을 몇 번이나 봤는지 모르겠다. 마치 좀비들은 주의를 사로잡는 한 자극에서 또 다른 자극으로 평생 옮겨 다니며 사는 것, 아니 죽는 것 같다. 이들은 쉽게 정신이 산만해지고 끈질기게 한 가지에 주의를 집중하지 못하는 존재다. 그것이 그들의 존재 방식이다.

하지만 사람의 입장에서는 그것이 항상 나쁘기만 한 것은 아니다. 영화 〈랜드 오브 데드〉(2005)의 인간 생존자들은 정신이 쉽게 산만해지는 좀비의 특성을 이용했다. 피츠버그 외곽, 좀비들이 장악하고 있는 영역에서 먹을 것과 보급품을 찾으러 나가기 전에 인간 기습조는 불꽃놀이를 먼저 시작했다. 그럼 어슬렁거리던 좀비들은 빛과 소리가 터질 때마다 위를 쳐다보고 하늘을 수놓는 불꽃에 넋을 잃었다. 사실 빅대디Big Daddy라는 특별히 지능이 높았던 좀비를 제외하면 좀비들은 자기 바로 곁을 지나가는 사람에게도 주의를 기울이지 않았다. 마치 좀비들의 주의력이 불꽃놀이에 고정되어 있어 인간 먹잇감으로 주의를 돌릴 수 없는 듯 보였다.

과학에서는 집중을 방해하는 자극에 이렇게 집착하는 것을 고도의 강한 돌출자극highly salient stimuli이라고 하는데, 이것이 사람에게 꼭 좋은 것만은 아니다. 영화 버전의 〈월드 워 Z〉를 보면 짜증나는 음높이의 특정 소리는 좀비들을 미친 듯이 무리 짓게 만들 뿐만 아니라 무슨 수를 써서라도 그 소리를 끝까지 쫓아가게 만든다. 이것이 환상적인 무리 짓기 행동으로 이어져 결국 좀비들이 서로 포개지고, 또 포개져 수십 미터 높이의 거대한 벽을 만들어내게 된다. 좀비들은 그 소리 말고는 아무것도 생각할 수 없었다(좀비가 생각할 수 있는 것이 맞다면). 하지만 이런 무리 짓기 본능이 소리만으로 촉발된 것은 아니었다. 거의 모든 좀비 영화, 서적, 만화를 보면 어두운 집안에 불 하나만 켜도 근처에 있던 좀비들의 주의를 끌어 그곳으로 모이게 만든다.

사실 〈살아있는 시체들의 밤〉(1968)에서 최근의 〈월드 워 Z〉(2013)에 이르기까지 거의 모든 영화에서 사람들은 돌출 감각 자극에 정신을 빼앗겨 다른 것으로 주의를 돌리지 못하는 좀비들의 특성을 생존전략으로 사용해 왔다.

좀비들이 주의력을 유지하고 통제하는 능력을 어떻게 잃어버렸는지 이해하려면 먼저 정상적인 뇌 기능의 두 가지 측면을 이해해야 한다. (1) 사물이 세상 속 어디에 있는지를 우리는 어떻게 이해하는가? (2) 우리는 우리가 보는 것들에 어떻게 주의를 기울이는가?

뇌 속의 시각 지도

환경 속 특정 위치에 자신의 의식을 집중하는 과정을 공간 주의 spatial attention라고 한다. 심리학에서는 가끔 스포트라이트의 비유를 사용한다. 공간 속 사물에 주의를 집중하는 능력은 초점의 범위가 제한되어 있다. 어두운 연극 무대의 작은 일부만 비출 수 있는 스포트라이트와 비슷하다. 관객은 스포트라이트가 보여주는 곳만 볼 수 있다. 뇌도 어느 정도 이와 마찬가지다.

당신이 버려진 고등학교 라커룸에 갇혔다고 해보자.* 당신의 뒤로는 쥐가 들끓는 우중충한 벽이 가로 막고 있고 앞쪽으로는 이 방에서 하나밖에 없는 출입문이 보인다. 당신이 여기서 빠져나가는 것이 안전하겠다고 생각한 순간 갑자기 좀비 하나가 그 문을 부수며 나타난다. 그 좀비의 얼굴에서 살점이 절반 정도는 떨어져 나와 있지만 그 놈이 무슨 생각을 하고 있는지는 분명히 알 수 있다. 당신에게 유리한 상황은 아니다. 이 좀비는 배고프고 화가 잔뜩 나 있다.

---

* 그렇다. 무슨 이유인지 좀비 공격이 라커룸, 화장실, 지하에서 일어나는 경우가 많다.

이것이 좀비에서 보이는 유일한 감정 두 가지다.

당신의 오른쪽으로 팔이 간신히 닿을 거리에 어서 사용해 달라고 안달이 난 듯, 탄약이 가득 장전된 산탄총이 놓여 있다.

좋다. 잠시 이 장면을 정지시켜 놓자. 이 찰나의 순간에 당신의 뇌는 어떻게 산탄총의 위치를 파악하고, 그와 동시에 그 손잡이를 잡고, 조준해서 자기에게 다가오는 좀비를 처치할 수 있을 정도로 오랫동안 거기에 주의를 기울일 수 있을까?

산탄총에 주의를 기울이는 과정은 그 무기를 보는 단순한 행위에서 시작한다. 뇌는 주변 환경에 대한 작은 지도를 머릿속에 만들어 세상을 보는 것으로 밝혀졌다. 사실 뇌는 소리 주파수의 지도(6장 참고), 냄새의 지도, 근육의 지도, 몸의 지도 등등 바깥 세상에 대한 지도로 채워져 있다. 그리고 당신의 예상대로 당신이 눈으로 보는 세상에 대한 지도도 존재한다. 사실 당신이 눈으로 본 것을 뇌 속에 표상하는 여러 가지 서로 다른 지도가 존재한다.

세상에 대한 1차적이고 가장 기본적인 시각 지도 중 하나가 머리 뒤쪽에 자리잡고 있다. 신경과학이 이 시각 지도에 대해 안 지는 거의 백 년이 지났다. 여기에는 제1차 세계대전에서 영국 병사들이 사용했던 인체공학적으로 아주 빈약하게 설계된 전투모도 한몫했다. 병사들에게 보급된 표준 전투모는 머리 뒤쪽을 완전히 가려주지 않았다. 그래서 쇠사발을 머리에 얹어 놓은 것 같은 수준으로밖에 보호가 이루어지지 않았다. 보아하니 20세기 초반에는 이런 유형의 방호구가 꽤 유행이었던 것 같다.

신경학적 관점에서 보면 문제가 많은 전투모 디자인이었다. 머리 뒤쪽에 있는 주요 영역을 파편이나 총알 같이 빠른 속도로 날아다니는 물체에 의한 손상에 그대로 노출시켜 놓았기 때문이다. 안타깝게도 시각 입력을 처리하는 중요한 뇌 영역인 1차 시각피질도 노출되어 있는 이 머리 뒤쪽에 자리잡고 있었다. 이 전투모를 착용한 병사들에겐 참으로 안타까운 일이었다.

제1차 세계대전에 짓밟힌 이 참호 속에 고든 모건 홈즈Gordon Morgan Holmes라는 영국의 신경학자가 전장 군의관으로 배치되어 있었다. 관찰력이 뛰어난 사람이었던 홈즈는 머리 뒤쪽에 파편으로 부상을 입고 온 병사들이 일관되게 시력의 문제를 호소하는 것을 알아차렸다. 특히 머리 뒤쪽 부상 부위와 환자가 시각적 문제를 호소하는 위치 사이에 상관관계가 관찰됐다. 이 병사들은 피질시각장애cortical blindness라는 현상을 겪고 있었다. 이것은 눈의 손상이 아니라 눈으로부터 들어오는 시각 입력을 처리하는 뇌 영역의 손상 때문에 앞을 못 보는 증상이다.

홈즈는 피질시각장애가 발현되는 방식을 부상의 위치로 예측할 수 있음을 눈치 챘다. 그래서 자신이 근무하던 적십자 부상자 분류 텐트*에서 홈즈는 작은 과학실험을 해보기로 마음먹는다. 그는 병사들에게 벽에 붙여 놓은 지도를 보며 그 지도에서 더 이상 보이지 않는 부분이 어디인지 물어보았다. 그리고 그 병사가 부상당한 위치를 확인해 보았다. 예를 들어 머리 왼쪽에 파편으로 인한 부상이 있으면 지도의 오른쪽이 보이지 않았다. 병사들이 부상으로 인해

• 야전 텐트가 아니라 온전한 종합병원이었을 수도 있지만 우리로서는 알 수 없다.

나중에 사망하는 경우도 있었다. 이런 경우 홈즈는 부검을 할 때 뇌를 머리뼈에서 꺼내 어느 부위가 손상을 입었는지 자세히 살펴보았다. 그리고 그 후에는 각기 환자의 뇌를 그 환자의 시야에서 보이지 않는다고 보고했던 영역과 비교해 보았다.

안타깝게도 그의 텐트에는 이런 부상을 입고 실려 오는 환자가 많았기 때문에 홈즈는 이런 비교를 통해 시각의 세계가 뇌에 어떻게 표상되는지를 자세한 지도로 그릴 수 있었다. 사실 이 시각피질 지도는 워낙에 정교하고 구체적이었기 때문에 심지어 오늘날의 최첨단 뇌 촬영 방법도 이것보다 특별히 더 뛰어나지는 못하다.

홈즈의 작은 실험을 통해 우리가 머릿속에 시각적 세계의 작은 지도들을 갖고 있음이 처음으로 밝혀졌다. 시간이 흐르면서 과학은 뇌 속에서 이런 지도들을 점점 더 많이 발견했다. 이 지도들은 모두 꽤 비슷한 짜임새를 따르면서도 서로 다른 종류의 정보에 맞게 특화되어 있다. 어떤 지도는 눈으로 보이는 것들의 시각적 윤곽을 다룬다. 어떤 것은 색깔이나 움직임을 다룬다. 하지만 근본적인 수준에서 보면 이 시각적 세상에 대한 지도들 모두 동일한 장소에서 시작된다. 바로 눈이다.

이 과정을 이해하기 위해 라커룸에서의 장면으로 다시 돌아가 보자. 우리가 눈을 통해 세상을 본다는 것은 누구나 알고 있다. 작은 빛의 광자들은 언제 어디서나 날아다니고 있다(심지어 좀비 대재앙이 쓸고 지나간 어둑하고 침침한 라커룸에도). 우리의 시나리오를 보면 이 광자들 중 일부가 당신이 집어들어야 할 산탄총의 반짝이는 총열에서 반사되어 나왔다.

이 작은 아원자 입자* 중 일부가 총열에서 반사되어 나와 눈의 수정체를 통과해서 결국 망막(안구 뒤쪽에 위치)에 있는 광수용체 photoreceptor라는 세포를 두드렸다. 빛이 광수용체를 두드릴 때마다 이 세포는 작은 빛의 조각을 보았다는 신호를 보낸다.** 이것이 일련의 신경 사건을 촉발해서 결국 당신의 뇌는 산탄총이 공간 속 어디에 위치하고 있는지 인지할 수 있게 된다.

망막에서 보내는 시각 정보는 시신경optic nerve을 통해 뇌로 전달되고, 외측무릎핵lateral geniculate nucleus이라는 시상 속의 중계국으로 들어간다. (시상은 뇌의 정중앙에 자리잡고 있고, 1장에서 얘기했던 진화적으로 오래된 뇌 시스템 중 하나다) 시각 신호는 이곳에 도달할 때쯤이면 색에 대한 정보와 형태에 대한 정보로 분리되어 있다.

색과 형태는 사실 공간의 지각과 아무런 관계가 없지만 시상에서 이루어지는 이 초기 단계에서도 공간이 중요한 것으로 밝혀졌다. 피질 반구와 마찬가지로 시상도 각각의 반구에 하나씩 두 개가 있다. 따라서 가쪽무릎핵도 하나는 좌반구, 하나는 오른쪽에 모두 2개가 있다. 하지만 이 각각의 가쪽무릎핵은 모두 양쪽 눈에서 정보를 받아들인다.

눈에서 오는 정보는 안구에서 절반으로 나뉜다. 안구에서 관자놀이에 가까운 부분은 같은 쪽에 있는 시상으로 신호를 보낸다(즉 왼쪽 안구의 바깥쪽에서 오는 신호는 왼쪽 시상으로 간다). 안구에서 코와 가까운

• 사실 물리학자들은 광자가 입자이면서 동시에 에너지파동이라고 말할 것이다.
•• 엄밀하게 말하면 광수용체를 두드리는 빛의 파장이 그 광수용체가 조율되어 있는 파장과 일치할 때 흥분한다.

부위에서 오는 신호는 시각교차optic chiasm에서 반대편으로 넘어가서 반대쪽 반구로 간다. 과학용어로는 신호가 대측성 반구contralateral hemisphere(같은 쪽 반구는 동측성 반구ipsilateral hemisphere라고 한다)로 간다고 말한다.

뇌는 대체 왜 이러는 걸까? 오른쪽 눈에 보이는 것에 대해 생각해보자. 오른쪽 안구의 안쪽 부위, 즉 코와 제일 가까운 부분에는 당신의 오른쪽에 있는 세상이 보인다. 하지만 오른쪽 눈의 바깥 부분에는 사실 당신의 왼쪽에 있는 것들이 꽤 잘 보인다. 왼쪽 눈도 마찬가지지만, 좌우가 뒤집어져 있다.

눈에서 오는 신호를 쪼개서 오른쪽 눈의 안쪽(코 쪽)에서 오는 신호가 왼쪽 눈의 바깥쪽(관자놀이 쪽)에서 오는 신호와 동일한 가쪽무릎핵에 투사되게 함으로써 뇌는 당신이 보는 시각적 세계를 공간 왼쪽과 공간 오른쪽, 이렇게 두 부분으로 나누게 된다. 이 각각을 반시야visual hemifield라고 한다. 여기서부터 왼쪽과 오른쪽의 시상이 뇌 뒤쪽에 있는 1차 시각피질로 신호를 보낸다. 왼쪽 시상은 왼쪽 1차 시각피질로, 오른쪽 시상은 오른쪽 1차 시각피질로 신호를 보낸다. 따라서 뇌가 시각적 세계의 지도를 한데 조합하기 시작할 때는 왼쪽 1차 시각피질이 세상의 오른쪽을 보고, 오른쪽 1차 시각피질이 세상의 왼쪽을 본다.

정말이지 신경과학에서 왼쪽과 오른쪽을 구분하는 것은 놀라울 정도로 어렵다.

좋다. 이제 신피질에서 제일 초기에 나온 시각 지도로 돌아가 보자. 제1차 세계대전에서 홈즈 박사가 연구했던 영역은 1차 시각피질이다. 이것은 세상을 일련의 선 방향line orientation 으로 나눈다. 그룹 아하A-ha의 〈테이크 온 미Take on Me〉 뮤직비디오를 생각해 보자. 그 동영상을 보면 현실 세계의 남자가 거울 속의 여자를 따라가면서 자신을 그린 선 그림으로 분해된다. 그것과 비슷하다고 할 수 있다. 이것은 당신이 눈을 통해 바라보는 사물의 경계선과 가장자리만 알아본다.

1차 시각피질에 있는 각각의 세포는 공간 속 특정 영역에서 무언가 보였을 때만 발화한다. 이 영역을 해당세포의 수용야receptive field라고 부른다. 예를 들어 앞에서 들었던 좀비 라크룸 시나리오를 보면, 당신의 뇌 뒤쪽에는 당신의 시야 제일 오른쪽 구석에 있는 산탄총 총열의 선이 보일 때 발화하는 세포가 존재한다. 같은 공간 영역을 보고 있는 세포가 많이 있을 수는 있지만 이 세포는 지금 산탄총 총열에서 보이는 특정 각도로 놓여 있는 대상만 좋아한다. 어떤 세포는 45도 각도로 향하고 있는 경계선이 보일 때 많이 발화하는 반면, 어떤 세포는 0도(수평) 방향으로 놓인 경계선이 보일 때 많이 발화한다. 산탄총 총열의 방향에 반응하는 많은 세포들이 발화하는 반면, 자기가 볼 수 있는 올바른 각도가 아니라 발화하지 않는 세포도 많다. 이런 식으로 해서 1차 시각피질은 시각적 세계를 신속하고 간단하게 분할할 수 있다.

이 1차 시각피질은 공간 지각이라는 측면에서 대단히 흥미로운 장소다. 그 수용야들이 공간적으로 일관성 있는 지도로 짜여 있기 때문이다. 1차 시각피질의 아래쪽 부위는 시야의 위쪽 영역을 본다. 시각피질의 위쪽 부위는 시야의 아래쪽 부위를 본다. 당신이 바로

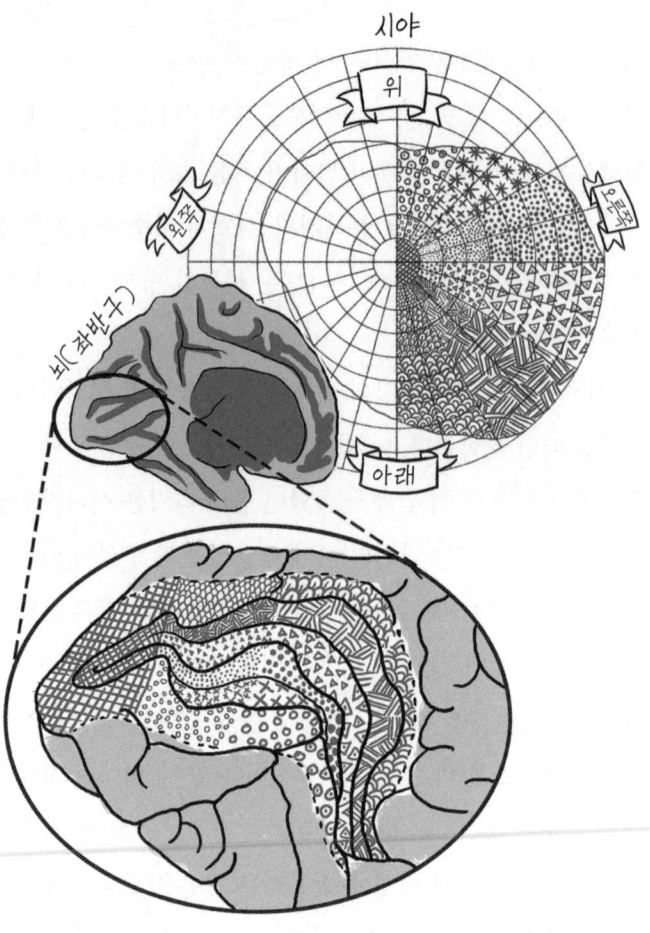

그림 7.1 뇌에 의해 시각적 세계가 공간 지도로 표상되는 방식을 표현한 고든 모건 홈즈의 1918년 그림을 새로 그린 것. 정면을 바라볼 때 눈에 보이는 것 중 위쪽 부분은 1차 시각피질의 아래쪽에 표상되고, 시각적 세계의 아래쪽에서 보이는 것은 반대로 위쪽에 표상된다. 당신의 시각적 세계 중앙에 가까운 것, 즉 시선을 고정시킨 곳 근처에 있는 것은 1차 시각피질에서 중심에 더 가까운 부위에 표상되는 반면, 주변시에 포함되어 있는 대상은 1차 시각피질의 더 바깥쪽(가쪽) 부위에 포착된다. 여기서 보이는 그림은 왼쪽 피질반구의 안쪽이다(오른쪽 반구는 보이지 않게 한 상태). 뒤쪽의 1차 시각피질은 더 잘 보이게 확대해 놓았다. 이 확대 그림 속에 나와 있는 각각의 질감 패턴은 눈에서 보이는 시야의 한 영역과 대응한다. 이 시야 영역은 오른쪽 위의 큰 원 안에 나타냈다.(Holmes in G. Holmes, "Disturbances of vision by cerebral lesions," British Journal of Ophthalmology 2 (1918):353–84.)

지금 이 글에 시선을 고정하고 있을 때 보이는 시야 중심부는 1차 시각피질의 중심부에서 처리되는 반면, 당신의 주변시peripheral vision는 1차 시각피질의 바깥 부위에 있는 뉴런이 본다. 그와는 대조적으로 시야의 아래쪽 부위는 시야의 위쪽 부위를 보는 뉴런 위에 자리 잡고 있는 뉴런이 본다.

홈즈가 백 년 전에 발견했듯이 세상을 더 섬세한 공간 영역으로 나누는 틀이 여기 뇌 뒤쪽에서 시작된다고 하는 이유를 이해할 수 있을 것이다.

다시 한 번 배고픈 좀비가 당신에게 다가오는 라커룸의 일촉즉발 상황으로 돌아가 보자. 1차 시각피질의 수준에서 뇌는 시각적 세상에 대한 단순한 지도를 형성하고, 그보다 더 중요하게는 산탄총의 대략적 위치를 파악한다. 이렇게 시각적 세상을 나누는 일은 선조외피질extrastriate cortex이라고 뭉뚱그려 부르는 뇌 영역 집합에서 반복적으로 일련의 지도를 거치는 동안 이루어진다. 이 영역의 세포들은 망막에서 보고, 1차 시각피질에서 처음 형성한 세상의 지도를 지니고 있다. 이 망막위상적 지도retinotopic map에서는 세상이 망막에서 표상되는 것과 동일한 방법으로 표상된다. 하지만 각각의 선조외피질 영역은 세상에서 서로 다른 대상을 바라보고 있다(색, 휘어진 형태, 움직임 등). 그리고 수용야의 크기가 계속 더 커진다.

이런 분해가 얼마나 신뢰할 만할까? 각각의 작은 지도가 색, 움직임, 방향 등 무엇을 표상하는 것인지만 알 수 있으면 그 작은 지도 속 활성만 지켜보아도 그 사람이 무엇을 보고 있는지 재현할 수 있음이 밝혀졌다. 현재 과학자들이 이것을 진행하고 있는 중이다. 과학자들은 실험참가자가 서로 다른 동영상 클립을 보고 있거나, 그림들을 보고 있는 동안에 fMRI를 이용해서 시각피질 속의 모든 영역에서 발생하는 활성을 측정하고 있다. 이 각각의 작은 지도에서 나오는 신호의 작은 요동들을 관찰하고, 각각의 영역이 표상하는 것이 무엇인지 알면 연구자들은 실험참가자가 무슨 동영상을 보고 있는지 정교한 컴퓨터 알고리즘을 이용해 역추적하여 알아낼 수 있다(이것을 fMRI 신호를 '해독'한다고 부른다). 예를 들어 실험참가자가 빨간 새가 하늘을 가로질러 날아가는 동영상 클립을 보고 있을 때는 빨간 색, 대상의 움직임, 대상의 정체(즉 동물)를 표상하는 서로 다른 시각 지도에서 활성이 나타날 것이다. 각각의 지도는 색이나 움직임 같은 시각적 특성뿐만 아니라 그 특성이 공간 속 어디서 발생하고 있는지도 반영한다. 컴퓨터 알고리즘은 이 서로 다른 지도의 집단적 활성을 해독함으로써 실험참가자가 어떤 장면을 바라보고 있는지 대략적이나마 재현할 수 있다. 그 장면이 흐리거나, 픽셀화되어 있거나, 완벽하지 않을 수도 있다(즉 컴퓨터가 실험참가자가 보고 있는 것이 새가 아니라 돼지라 생각할 수도 있다). 하지만 이 해독 방법은 1차 시험치고는 실험참가자가 무엇을 보고 있는지 예측하는 데 놀라울 정도로 뛰어나다. 이 해독 알고리즘이 하는 일이 실험참가자의 뇌에서 인지를 담당하는 영역이 하고 있는 일과 동일하기 때문이다. 이 뇌 영역은 시각적 세상의 여러 작은 지도에서 나타나는 활성을 종합적으로 읽고, 그것을 한데 축약해서 그 참가자가 눈을 통해 바라보는 세상에 대한 모형을 만들어낸다.

뇌를 해독하는 이 새로운 기술의 성공가능성은 한 가지 아주 중요한 원리에 달려 있다. 뇌가 자신이 보는 것(혹은 듣고, 맛보는 것)을 의미 있고, 더 중요하게는 신뢰할 수 있는 모듈로 분해한다는 원리다. 이 모듈은 정보의 아주 특정한 조각들을 표상한다. 만약 당신이 라커룸에서 좀비에게 공격을 받는 동안 우리가 당신의 뇌를 fMRI로 스캔할 수 있다면 뇌에서 일어나는 활성을 이용해서 다가오는 좀비의 동영상을 재현하고, 산탄총의 위치도 파악할 수 있을 것이다. 안전한 실험실에서, 그것도 편안하게 팝콘을 먹으면서 말이다.

"어디" 신경로

시각 신호가 일단 시각적 세계의 다양한 뇌 지도를 통과하고 나면 갈림길로 접어들게 된다. 연속적으로 흘러들어오는 신호 중 일부는 신피질 바닥, 주로 측두엽에 자리 잡고 있는 뇌 영역으로 보내진다. 이 신경로에 대해서는 다음 장에서 얘기하겠다. 나머지 신호는 머리의 꼭대기 부위에 있는 뇌 영역들로 올라간다.

측두엽으로 내려가는 신호를 배쪽시각흐름ventral visual stream이라고 하는데 이것은 모두 당신이 보고 있는 것의 정체를 확인하는 일에 관여한다. 이것은 뇌가 선으로 이루어진 특정 기하학적 형상과 반짝이는 코발트색의 강철을 알아보고 산탄총의 정체를 확인하는 데 중요하게 작용할 것이다. 반면 두정엽으로 올라가는 신호는 등쪽시각흐름dorsal visual stream이라 하고 이것은 모두 사물의 공간 속 위치 파악에 관여한다. 두 흐름 모두 산탄총이 어디에 있는지 정확히 파악하고 손을 뻗어 잡는 데 중요하게 작용한다. 두 갈래로 나뉘는

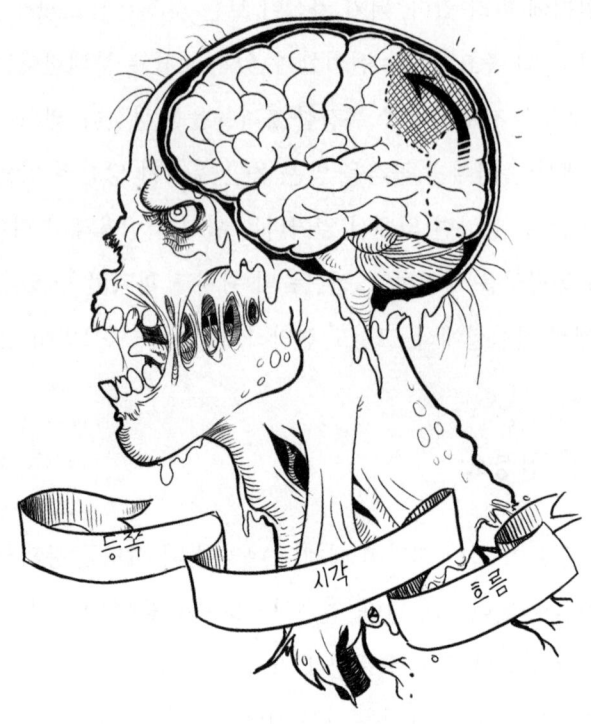

그림 7.2 등쪽의 '어디' 시각흐름은 뇌에서 시각을 처리하는 주요 흐름 중 하나다. 이 신경로는 뇌 뒤쪽의 1차 시각피질에서 위쪽 두정엽까지 이어지며 시각에 의한 공간적 세상을 재구성하는 역할을 한다. 이 시각흐름은 공간 주의를 조화시키는 데 도움을 준다.

이 두 시각 정보의 흐름은 극적으로 다른 두 가지 대상을 표상하고 있으며 '무엇' 신경로what pathway(배쪽)와 '어디' 신경로where pathway(등쪽)라고도 한다.

여기서 우리가 관심을 갖고 있는 문제는 시각적 공간 주의이기 때문에 지금은 등쪽시각흐름에만 초점을 맞추겠다. '어디' 신경로는 뒤쪽 두정엽의 제일 뒷부분을 지나간다. 이곳은 사실 구불구불 주름이 많고 흥미로운 장소이며, 신경과학자들은 그것이 무슨 일을 하는지 완전히 이해하기 위해 계속 노력 중이다. 여기서 지각 perception(산탄총을 보는 것)과 주의 attention(산탄총에 대해 인식하는 것)가 한데 엮이는 것으로 보인다. 두정엽에 있는 세포의 수용야는 1차 시각 피질 세포보다 훨씬 크다(즉 한 세포가 당신 눈에 보이는 시각적 세상 중 더 넓은 부분으로부터 정보를 받아들인다). 사실 한 세포가 당신이 갇혀 있는 어둠침침한 라커룸의 거의 절반 정도를 보고 있을 수도 있다.

이들 세포 중 상당수는 당신이 공간 영역을 보는 방식을 강화해서 당신이 거기에 주의를 기울이게 만드는 것으로 보인다. 일부 세포는 한 발 더 나아가 한 공간 영역 안에 흥미로운 대상이 존재하고, 당신의 손이 그곳에 있을 때만 발화한다. 이를테면 당신이 손을 산탄총 위로 움직였을 경우다. 시각 공간 visual space과 육체 공간 body space, 고유수용성감각 proprioception(공간 속에서 당신의 신체 부위가 차지하고 있는 위치에 대한 인식) 사이의 이런 흥미로운 연결고리 때문에 일부 과학자는 등쪽시각흐름을 '어떻게' 신경로라 부르기도 한다. 이 뇌 부위에 손상 받아서 생기는 결함 중에는 사람들의 행동 방식에도 영향을 미치는 것이 많기 때문이다.

두정엽과 주의

공간 지각과 주의에서 두정엽이 맡고 있는 역할에 대해 우리가 알고 있는 것들 역시 대부분 뇌 손상을 입은 사람들로부터 나온 것이다. 20세기로 접어들 무렵 유럽의 신경학자 레조 발린트Rezső Bálint는 좌우의 두정엽이 모두 손상된 환자에서 보이는 이상한 시각적 결함을 처음으로 보고했다. 이런 유형의 뇌 손상을 발린트 증후군Bálint's syndrome이라 하며 몇 가지 복잡하고 기이한 증상을 낳는다.

발린트 증후군이 있는 환자는 한 번에 하나가 넘는 대상을 지각하는 데 어려움이 있다. 이들은 펜을 볼 때는 사실상 펜 말고는 다른 무엇도 볼 수 없다. 이것을 지칭하는 용어는 동시실인증simultanagnosia이다. 동시에 여러 가지 대상에 대해 알지 못한다는 것을 괜히 어렵게 표현한 말이다. 그래서 이들은 펜과 그 펜을 쥐고 있는 의사를 동시에 인식하지 못한다. 이들은 또한 눈을 세상 속 사물에 초점을 맞추는 데도 어려움이 있고(안구운동실행증oculomotor apraxia), 눈에 보이는 대상으로 손을 움직이는 데도 어려움을 느낀다(시각적 운동실조증optic ataxia). 라커룸에 갇혀 있을 때 시각적 운동실조증이 생기면 산탄총을 볼 수는 있지만 손을 그쪽으로 뻗을 수는 없게 된다.

지금부터가 발린트 증후군에서 정말 흥미진진한 부분이다. 발린트 증후군 환자는 사실 보는 데는 별 문제가 없다. 시각 정보를 실어 나르는 주요 감각 신경로는 다 온전하다. 망막도 제대로 작동하고, 시상도, 1차 시각피질도 다 멀쩡히 작동한다. 보는 데는 아무 문제 없다. 그런데 자신이 보는 시각 정보를 사용하는 방식에 문제가 있다. 이들은 눈에 보이는 모든 것에 적절하게 주의를 기울일 수 없기 때문에 자신이 얻는 시각 정보로부터 무언가를 인지할 때 한 가지에 고정되어 버린다.

발린트가 처음 보고한 이후로 시각 주의visual attention에서 두정엽의 역할에 대해 많은 것을 알게 됐다. 오른쪽 두정엽에 손상을 입으면 왼쪽 공간에 주의를 기울일 수 있는 능력이 극적으로 악화된다(이 증후군을 편측공간무시hemispatial neglect라고 한다). 이들에게 시계를 그려보라고 하면 시계의 오른쪽 절반만 그린다. 흥미롭게도 편측공간무시는 대부분 우반구의 손상으로 생기고, 좌반구 손상으로는 잘 나타나지 않는다. 이런 기이한 비대칭성이 생겨나는 이유는 왼쪽 두정엽은 공간의 한쪽(오른쪽 시야)만 처리하는 데 반해, 오른쪽 두정엽은 공간의 양쪽을 모두 처리하는 데서 기인하는 것으로 여겨진다. 따라서 좌반구가 손상을 받으면 우반구가 그것을 보상할 수 있는 것으로 보인다. 우반구는 양쪽 시야가 모두 보이기 때문이다.

하지만 편측공간무시 증후군이 있는 환자가 오른쪽 공간에 있는 대상만 인식한다고 해서 그가 왼쪽 공간은 보지 못한다는 의미는 아니다. 편측공간무시 증후군이 있는 환자도 왼쪽 공간을 볼 수 있는 것으로 보이며 때로는 왼쪽에서 오는 정보를 바탕으로 비자발적인 행동을 하기도 한다. 예를 들어 편측공간무시 증후군이 있는 환자에게 두 개의 집 사진을 보여주는데, 한 집은 이미지 왼쪽에 있는 창문에서 불길이 솟구치고, 다른 한 집은 그런 불길이 없는 경우, 환자는 불길이 솟구치지 않는 집에서 살고 싶다고 대답한다. 그 이유를 물어보면 이들은 대답하지 못한다. 왼쪽 유리창에서 불길이 솟아오르고 있는 것을 보고 있으면서도, 보고 있다고 인식하지 못하기 때문이다. 이들은 정보에 대해 반응은 할 수 있지만 그 정보를 지각할 수는 없다. 그쪽 공간에 주의를 기울이지 못하기 때문이다.

편측공간무시 증후군은 드문 질환이다. 하지만 두정엽에 손상을 입어서도 편측공간무시 증후군을 보이지는 않는 환자라고 해도 공간 속 대상에 어떻게 주의를 기울여야 할지 몰라 어려워하는 경우가 있다. 그 중 가장 주목할 만한 것은 주의철수 결핍증disengagement deficit이라는 현상이다. 주의철수 결핍증을 처음 보고한 사람은 인지심리학자 마이클 포스너Michael Posner다. 그는 1980년대에 우리가 눈에 보이는 서로 다른 대상에 어떻게 주의를 기울이는지 연구하고 있었다. 포스너는 특히 우리가 대상을 실제로 눈여겨 바라보기 전에 그 대상에 어떻게 주의를 기울이는지에 흥미를 느끼고 있었다.

이것을 연구하기 위해 포스너는 실험참가자를 컴퓨터 앞에 앉혀 놓고 컴퓨터 스크린 왼쪽에 자극(밝은 정사각형)이 등장하면 한 버튼을 누르고, 오른쪽에서 등장하면 다른 버튼을 누르게 했다. 그런데 참가자에게 어느 한쪽 공간에 주의를 기울이도록 단서를 주면 표적이 그쪽 공간에 나타났을 때는 훨씬 빨리 반응하고, 반대쪽에 나타났을 때는 훨씬 느리게 반응했다. 예를 들어 스크린 왼쪽을 가리키는 화살표를 보면, 참가자는 그쪽에 주의를 기울이게 되어 정사각형이 오른쪽에 나타났을 때는 반응이 훨씬 느려진다. 주의가 스포트라이트처럼 작용한다는 것이 여기에 해당하는 개념이다. 왼쪽을 가리키는 화살표는 당신으로 하여금 스포트라이트를 왼쪽에 비추게 만들고, 그래서 당신은 이제 그쪽 공간 영역에 반응하도록 점화priming(점화 효과란 사전에 접한 맥락이 새로운 정보의 해석에 영향을 주는 현상을 말한다 - 옮긴이)된다.

하지만 단서 제시와 표적의 등장 사이에 충분한 시간 간극이 존재하면 이런 효과는 서서히 사라진다. 화살표가 제시된 후에 흥미로운 것이 아무것도 뒤따르지 않으면 그쪽 공간으로 더 이상 주위를 기울이지 않고 다른 곳에 주의를 기울이게 된다. 이런 주의철수disengagement는 거기에 흥미로운 것이 없기 때문에 주의를 기울이기를 자발적으로 멈추었음을 의미한다.

포스너는 두정엽에 손상을 입은 환자에서 이런 주의철수 능력에 문제가 생긴다는 것을 발견했다. 이 경우 한쪽 뇌에 생긴 병소 때문에 환자는 단서를 제시한 쪽 공간에 계속해서 주의를 기울이게 된다. 두정엽에 손상을 받지 않은 대조군 참가자와 비교해 볼 때 이들은 일단 무언가에 집중하게 되면 훨씬 오랫동안 그 상태로 머물렀다. 사실 이들이 주의 기울이기를 멈추는 데 추가로 걸린 시간은 몇 밀리초에 불과하지만, 뇌의 기준으로 따졌을 때 반응 시간이 10밀리초 정도 더 걸리는 것은 영원처럼 긴 시간이다.

발린트 증후군 환자의 증상을 다시 생각해 보면 이것이 이런 결핍 증상의 가장 극단적인 사례임을 이해할 수 있다. 이 환자들은 한 번에 한 가지에만 주의를 기울일 수 있으므로 동시실인증이라고 하는 것이다. 발린트의 환자는 포스너의 환자처럼 그냥 반응 속도만 느려지는 것이 아니라 자신의 주의를 사로잡은 자극에 꼼짝없이 붙잡혀, 더 요란한 무언가가 다시 주의를 사로잡기 전까지는 주의를 철수하지 못했다.

주의를 딴 데로 돌리지 못하는 이런 현상을 보며 어디선가 보았던 느낌이 들지 않는가? 그러니까, 좀비 영화에서 말이다.

마지막으로 다시 한 번 이 장을 시작하면서 정지시켜 놓았던 심각한 라커룸 시나리오로 돌아가 보자. 지금까지 우리는 산탄총의 총열에서 반사되어 나온 광자가 뇌에서 어떻게 처리되어 당신 눈에 그 총이 보이는지(망막에서 시상을 거쳐 시각피질까지), 그 총이 공간 속에서 차지하는 위치를 어떻게 알게 되는지(시각피질에서 등쪽시각흐름으로), 어떻게 침을 흘리며 다가오는 좀비에서 주의를 거두어 산탄총으로 주의를 돌릴 수 있는지(두정엽) 등을 살펴보았다. 이제 당신은 뇌 덕분에 산탄총을 손에 쥐고 좀비의 머리로 주의를 돌려 해야 할 일을 할 수 있게 됐다.

흥미롭게도 좀비는 산만하게 만드는 것으로 눈이 돌아가는 것을 멈출 능력이 없는 것 같다. 당신이 우리 강의실에 앉아 있고, 우리가 강의를 하고 있는데 누군가가 강의실 뒷문을 활짝 열어젖히고 들어와 비명을 지르기 시작했다면 백이면 백 대부분의 사람은 그쪽으로 고개를 돌리게 된다. 이것을 상향식 주의 포착bottom-up attention capture이라 부른다. 이것은 소리나 섬광 같은 세상의 자극이 당신의 주의를 사로잡는 것을 의미한다. 이번에는 우리가 당신에게 누군가 강의실로 뛰어 들어오며 비명을 지를 테지만, 그냥 무시하고 과학 강의에 열중해야 한다고 경고한 경우 대부분의 사람은 고개를 돌리고 싶은 욕구를 억누르고 결국에는 강의에 계속 집중할 수 있다. 이것은 하향식 주의 통제top-down attention control의 사례다. 자극에 의해 발생한 충동을 의지를 발휘해 억누를 수 있다는 의미다.

하지만 좀비는 자신의 주의를 이런 수준으로 통제할 수 있는 인지 능력이 없다. 좀비가 당신을 볼 수 있다는 사실은 관찰을 통해 알 수 있다. 좀비가 당신이 공간적 위치를 파악할 수 있다는 것도 안다. 쉽게 우리를 사냥하러 나설 수 있으니 말이다. 따라서 좀비의 망막, 시상, 1차 시각피질, 그리고 등쪽시각흐름 대부분이 모두 온전하다고 가정할 수 있다. 하지만 이들이 일단 무언가에 꽂히면 멈추지 못한다는 것도 안다. 이들은 자극에 의해 유발되는 행동을 통제할 수 있는 힘이 없기 때문에 정신을 산만하게 만드는 것으로 눈이 가는 것을 멈추지 못한다. 이것은 두정엽 어딘가에서 등쪽시각흐름의 처리 과정에 문제가 있음을 직접적으로 말해주고 있다. 6장에서 살펴보았듯이 좀비와 대화를 할 수는 없기 때문에 과연 그들에게 동시실인증이 있는지 쉽게 평가할 수는 없다. 하지만 좀비가 뒤쪽 두정엽 기능에 양측성으로 결함이 있을 거라 확신을 가지고 말할 수 있다.

따라서 폭죽을 쏘거나 불을 질러서 좀비를 산만하게 만들 수 있다면 그들은 당신을 쫓아오던 것을 갑자기 멈추고 그 예쁜 불빛에 사로잡혀 있게 될 것이다. 그럼 너무 큰 소음을 내거나 그들의 주의를 끌 만한 다른 무언가를 하지만 않으면 좀비는 당신을 무시할 가능성이 높다. 하지만 당신이 다시 그들의 주의를 끌 만한 무언가를 한다면 좀비의 먹이가 될 수도 있다. 다른 데 정신 팔려 있던 좀비가 다시 당신을 표적으로 삼기 때문이다. 이런 경우에는 더 크게 그들을 산만하게 만들 것이 필요해진다. 예를 들면 그 얼굴에 산탄총을 갈긴다든가 하는. 그 정도면 그들을 산만하게 만들기에는 전혀 부족함이 없을 것이다.

8장

그나저나 이 좀비 얼굴은 누구지?

> 나는 기계를 어느 인간 못지않게 존중하고, 기계가 우리를 위해 해주는
> 일에 대해서도 어느 인간 못지않게 감사한 마음을 갖고 있다.
> 하지만 기계가 인간의 얼굴을 대신할 일은 결코 없을 것이다. 그 안에 담긴
> 영혼으로 다른 인간에게 용기와 진실을 북돋아줄 수 있는 그 얼굴 말이다.
>
> — 찰스 디킨즈, 『골든 메리호의 잔해』

자기가 사랑하던 사람이 방금 전 좀비로 변해 버린 상황이라면 피 칠갑을 하고 침을 뚝뚝 흘리고, 그르렁거리며 당신에게 느릿느릿 다가오는 이 괴물이 당신이 자기가 한때 사랑하던 사람임을 알아 보지 못한다는 사실이 좀처럼 이해되지 않을 것이다. 당신이 그녀를 얼마나 오랫동안 알고 지냈던 간에 일단 좀비로 변해 버린 후라면 그녀의 눈에 사람을 알아보고 영롱하게 반짝이는 그 눈빛은 절대 다시 찾아오지 않을 것이다. 절대!

〈살아있는 시체들의 밤〉(1968)에 나오는 쿠퍼 부부를 다시 생각해 보자. 그들의 딸인 주디Judy는 달아나다가 좀비에게 물렸고, 농장 지하실에 갇혀 있는 다른 인간들 사이에서 서서히 좀비로 변하고 있었다. 주디는 11년 동안 자기 부모를 알고 지냈다. 하지만 주디

가 일단 완전한 좀비로 변하고 나면 그 사실이 과연 의미가 있을까?

전혀 의미가 없다.

물론 주디는 자기 부모를 먼저 죽이지만, 그들이 자기 부모라는 것을 알아보고 악의에서 그런 것은 아니다. 그저 좀비로 변한 다음에 처음 만난 인간이 자기 부모인 해리Harry와 헬렌Helen이었을 뿐이다. 이제 좀비가 된 주디가 자기 엄마를 원예용 삽으로 찌르면서 바라보던 표정은 주디가 그 운명의 밤에 처음 만난 낯선 사람 벤Ben을 볼 때의 표정과 다를 것이 없다.

〈새벽의 황당한 저주〉(2004)에서 예를 하나 더 들어보자. 숀Shaun과 그의 친구는 그들이 항상 신뢰해 마지않았던 안전한 동네 술집 윈체스터로 가기 위해서는 좀비 무리 사이를 비집고 가야 했다. 그 무리에 있는 좀비들은 대부분 그들의 이웃과 친구였다. 우리의 영웅들이 어떻게 좀비 무리를 헤치고 갔을까? 이들은 그냥 자기 몸에 피를 묻히고 좀비처럼 침을 흘리고, 그르렁거리며 느릿느릿 걷기 시작했다. (5장에서 이미 설명했던 전략이다) 이들은 좀비 무리와 자연스럽게 섞여 들었고, 좀비들도 이들에게 신경을 쓰지 않았다. 두 사람은 심지어 한때 자기네 동네에서 축구를 하고 노는 아이였던 좀비의 곁도 지나쳐 간다. 그 좀비가 두 사람을 알아보았을까? 그렇지 않다. 그 좀비는 그들을 한 번도 본 적이 없는 것처럼 그냥 비틀비틀 걸어갔다.

생존을 위해 이런 형태로 좀비를 흉내 내는 모습이 좀비 대재앙에서 여러 차례 보인다. 심지어 로맨틱 좀비 코미디 영화인 〈웜 바디스〉(2013)에서도 사용됐다. 이 영화에서 좀비 'R'은 자기 여자 친구한테 좀비의 피를 묻힌 후에 그녀에게 "죽은 척$^{Be\ dead}$"이라고 말한다. 좀비처럼 행동하라는 의미다. 이런 위장을 통해 그녀는 좀비 무리를 통과해서 안전한 은신처로 돌아갈 수 있었다.

하지만 이런 흉내 내기가 생존을 위해 좀비를 속이는 용도로만 사용되지는 않는다. 소설 『월드 워 Z』를 보면 좀비 같은 행동을 극단적으로 밀어붙인 사람들이 등장한다. 좀비가 창궐한 이후로 도저히 삶을 꾸려갈 수 없었던 사람들이 정신착란을 일으키는 경우가 생겼다. "싸워서 이길 수 없는 상대라면 그와 한 편이 되라"는 격언을 너무 진지하게 받아들인 이 사람들은 모든 면에서 좀비처럼 행동했다. 이들은 좀비처럼 그르렁거리며 걸어다녔다. 그리고 좀비처럼 사람을 공격하고 잡아먹었다. '좀비 부역자^{quisling}'라고 불린 이들은 모든 측면에서 좀비와 똑같았다. 다만 한 가지 예외라면 이들은 죽지 않았다는 사실이었다. 아직은 말이다. 그냥 좀비처럼 행동함으로써 이 부역자들은 좀비 무리와의 공존을 허락받았다. 뭐, 대부분은 그랬다. 결국 진짜 좀비들이 이 부역자들의 책략을 알아내고 이들을 좀비의 '공식적'인 일원으로 받아들이게 된다.

이게 무슨 일일까? 좀비는 좀비가 되기 전에 여러 해 동안 알고 지내던 사람을 왜 알아보지 못하는 것일까? 그리고 어째서 다른 탈출 방안이 모두 차단된 상태에서 그냥 좀비 흉내를 내는 것만으로도 약간의 안전이나마 확보할 수 있는 것일까?

우리는 이런 행태가 생겨나는 이유는 좀비의 뇌가 바뀌는 바람에 사람이 일상적으로 하는 어떤 일을 하기 어려워진 때문이라 주장한다. 바로 얼굴 알아보기다.

얼굴 인식의 다면성

사람이 어떻게 얼굴을 인식하는지 이해하기 위해 좀비 대재앙이 펼쳐졌을 때 당신이 처할 수 있는 상황을 다시 한 번 고려해 보자. 좀비 무리를 피해 달아나다 어린 시절부터 알고 지낸 당신의 제일 친한 친구가 물렸다. 이 친구와 알고 지낸 지는 몇십 년이 됐다. 감염되기 전에는 수백 명이 모여 있는 군중 속에서도 친구는 당신을 바로 알아볼 수 있었다. 하지만 감염이 시작되자 친구의 눈에서 사람을 알아보는 기색이 사라진다. 이제 좀비가 된 친구도 당신의 얼굴이 얼굴이라는 것은 쉽게 알아본다. 어쨌거나 당신을 인간 먹잇감으로 알아보고 당신의 통통한 볼살을 물어뜯으려 하고 있으니 말이다. 하지만 당신이 누구인지 알아보는 반짝이는 눈동자는 사라진 지 오래다.

이렇게 사람을 알아보지 못하는 현상은 잘 알려진 두 가지 임상적 장애와 비슷하다. 하나는 정신의학적 장애이고, 하나는 신경학적인 장애인데 둘이 서로 관련이 있을 가능성이 높다.

정신의학적 장애는 카그라스 망상 Capgras delusion 이라고 하는 희귀한 증후군을 말한다. 이 망상은 자기가 아는 사람이 다른 사기꾼으로 대체되었다는 거짓된 믿음의 형태로 나타난다. 때로는 이런 사기꾼을 위협으로 느끼기도 한다. 이것은 어느 날 눈 뜨고 보니 자기가 영화 〈신체 강탈자의 침입 Invasion of the Body Snatchers〉(감독 돈 시겔, 1956)이나 〈지구가 끝장 나는 날 The World's End〉(에드거 라이트 감독, 2013)의 등장인물이 된 것과 비슷한 상황이다. 다만 외계인이 세상을 침공해 들어온 시나리오만 없을 뿐이다. 어느 날 당신이 아침에 눈을 뜨고 몸을 뒤척이다 침대에 누군가 누워 있는 것을 보았다. 생긴 것은 당신의 아내와 끔찍할 정도로 닮았지만 이 사람이 진짜 자기 아내가 아니라는 것을 당신은 뼈 속 깊숙이 느끼고 있다.* 아내가 완전히 다른 사람이 되어 있다.

카그라스 망상에서 신기한 점은 본인도 이 '사기꾼'이 자기가 사랑하는 사람과 정말 똑같이 생겼음을 알고 있다는 것이다.

이들은 이런 식으로 말할 것이다. "이 사람은 우리 엄마하고 정말 똑같이 생겼네요. 하지만 절대 우리 엄마는 아니에요."

이런 반응이 나오는 것을 보면 엄마의 옷차림에서 헤어스타일, 목소리, 향수에 이르기까지 엄마에 관한 감각적 특성을 모두 알아볼 수 있는 것으로 보인다. 다만 '엄마'라는 개념과 자기가 보고 있는 사람에 관한 모든 감각적 정보가 머릿속에서 매칭이 안 되는 것이다.

한 가지 분명히 할 것이 있다. 과학은 아직 카그라스 망상의 원인이 무엇인지 모른다는 것이다. 이것은 조현병 같은 다른 정신의학 장애와 함께 나타날 뿐 아니라 다양한 부상과도 연관이 있는 망상이다(때로는 분명히 드러나는 부상이 전혀 없을 때도 있다). 이 망상을 일으키는 특정 뇌 영역과의 명확한 연결고리도 존재하지 않는다. 어떤 정신의학자들은 이것이 정서적 애착 조절의 문제라고 주장하기도

---

* 이것이 미국의 밴드 토킹 헤드(Talking Heads)의 노래 'Once in a Lifetime'과의 유일하게 비슷한 점이다. 당신은 아름다운 집과 멋진 차를 알아볼 것이다.

한다. 어떤 사람은 이것이 얼굴 알아보기의 문제라 주장한다. 하지만 지금으로서는 어느 주장이 맞는지 알 수 없다.

하지만 우리가 주변 사람들을 실제로 어떻게 알아보는 것인지 생각해 보자. 우리는 어떻게 아버지를 알아보고, 아버지가 우체부와 다르다는 것을 알까?(부디 우체부가 당신의 진짜 아버지가 아니길 바란다) 대화를 할 때 목소리를 들을 수도 있고, 옷을 입는 차림새나 말투, 키를 볼 수도 있다. 하지만 사람은 누군가를 알아볼 때 아주 중요한 한 가지에 관심을 기울이는 경향이 있음이 밝혀졌다.

우리는 그 사람의 얼굴을 본다.

전쟁과 얼굴 인식에 관하여

뇌가 사람의 정체와 얼굴을 어떻게 연관시키는지에 대해 이해하게 된 이야기 역시 전쟁의 참화가 휩쓸고 간 유럽으로 거슬러 올라간다.* 이번에는 제2차 세계대전이 끝날 무렵이었다. 독일이 전쟁에서 패배하고 부상을 입고 집으로 돌아오는 병사의 수가 하늘을 찌를 듯 많아지고 있었다. 보호장비와 전투현장 의료기술의 발전으로 예전의 전쟁이었다면 죽었을 만한 부상을 입고도 살아남은 병사들이 많아졌다. 살아남은 것은 분명 좋은 일이었지만 병사들이 그 전보다 더 많은 뇌 부상을 입고 집으로 돌아온다는 의미이기도 했다.

• 슬픈 얘기지만 전쟁은 신경심리학 분야에 가장 풍부한 정보를 제공해 주는 도구다.

이런 뇌 부상을 치료하는 임무를 맡은 독일 의사 중에 요아킴 보다머Joachim Bodamer라는 신경학자가 있었다. 1차 세계대전에서 활약했던 고든 모건 홈즈처럼 보다머도 전투에서 가장 끔찍한 머리 부상을 입은 병사들을 치료했다. 그는 전쟁이 끝나고 다시 독일로 돌아올 때까지 러시아, 프랑스, 불가리아 등 가장 치열한 전장에서 연구를 진행했다.

최전선에서 돌아올 즈음 그는 이미 아주 이상하고 특이한 행동 문제를 일으키는 심각한 머리 손상에 대해서 경험이 많이 쌓여 있었다. 하지만 오히려 그가 접한 가장 이상하고 특이한 환자는 치열한 전장이 아니라 집으로 다시 돌아와서 접한 환자들이었다. 이곳에서 그는 아주 이상하고 기이한 행동을 보여주는 세 명의 환자를 만나게 됐다. 그 증상이 어찌나 기이한지 보다머는 자신이 근본적으로 새로운 신경학적 장애를 발견한 것이라 확신하게 됐다.

첫 두 사례인 환자 S와 환자 A는 머리 뒤쪽에 손상을 입었다. 보다머의 초기 보고서[Ellis and Florence(1990)에 의해 영어로 번역]에서는 이 환자들이 구체적으로 어떤 부상을 입었는지 구체적으로 밝히고 있지 않지만 머리 뒤쪽에 외상이 있었다고 설명하고 있다. 처음에는 양쪽 환자 모두 앞 장에서 얘기했던 홈즈의 환자들과 비슷하게 심각한 시력 문제를 겪었다. 하지만 시간이 지나면서 두 사람 모두 시력은 거의 완전하게 회복한 듯 보였다. 이들은 전쟁이 끝나고 정상적인 직장 생활로 돌아왔고, 꽤 정상적으로 기능하는 듯 보였다.

'거의 완전하게', '꽤 정상적'이라고 표현한 점에 주목하자.

S와 A 모두 일상의 삶을 잘 살고 있는 듯 보였지만 가끔은 조금 이

상한 행동을 보였다. 이들이 알고 지내던 누군가가 머리를 새로 염색하거나, 평소와 다른 복장을 하거나 해서 외모가 조금 달라지면 S나 A 모두 그 사람을 알아보지 못했다. 그 대상이 아내인지, 형제인지, 수십 년 알고 지낸 친구인지는 중요하지 않았다. 평소의 모습과 어느 정도 차이가 생기면 두 환자 모두 알고 지내던 사람들을 생판 낯선 사람처럼 대했다.

처음에 보다머는 이런 행동이 일종의 기억 장애라 생각했다. 양쪽 환자 모두 평소에 잘 알고 지내던 사람을 건망증을 앓고 있는 것처럼(10장 참고) 잠시 까먹은 것이라 생각했다. 하지만 머지않아 이 가설은 사실이 아닌 것으로 밝혀졌다. 두 환자 모두 의사가 생각해 낼 수 있는 거의 모든 기억력 검사를 무사히 통과했기 때문이다.

결국 보다머는 다소 흥미로운 대안의 가설을 만들어냈다. 어쩌면 이것이 기억 문제가 전혀 아닐지도 몰랐다. 어쩌면 인지perception의 문제일 수도 있었다. 보다머는 간단하면서도 기발하게 설계된 실험을 통해 두 환자 모두 아주 특이한 인지 문제를 앓고 있음을 발견했다. 이들은 얼굴을 보는 데는 아무 문제가 없었지만, 그것이 누구의 얼굴인지는 전혀 알아보지 못했다.

이 실험은 다음과 같이 진행됐다. 우리가 당신을 거울 앞에 앉히고 거울에서 당신을 바라보고 있는 사람의 이름을 말해 보라고 한다. 그럼 당신은 자신을 알아보고 자기 이름으로 정답을 말할 것이다. 그리고 버락 오바마Barack Obama 같은 유명한 사람의 사진을 보여주면 그 유명인이 누구인지 정확하게 말할 수 있을 것이다. 아니면 대부분의 경우에서 적어도 그 사진 속 사람이 남자인지, 여자인지는 말할 수 있을 것이다.

하지만 이 간단한 테스트가 보다머의 환자에게는 충격적일 정도로 어렵게 다가갔다. 환자 S는 거울에서 자기 자신의 모습을 보고 있으면서도 거울 속에서 자기를 바라보는 사람의 이름(자신의 이름)을 말하지 못했다. 설상가상으로 그는 자기가 보고 있는 사람이 남자인지, 여자인지도 말하지 못했다. 사실 환자 S는 사람이 입고 있는 옷이나 머리카락의 길이를 보지 않으면 사진 속 사람의 성별을 알아보지 못했다.

얼굴을 알아보지 못하는 능력은 남자와 여자를 가려내거나, 자신과 타인을 가려내는 문제에만 국한되지 않았다. 환자 S는 심지어 사람의 얼굴과 사람이 아닌 존재의 얼굴도 가려내지 못했다! 개의 얼굴이 나온 사진을 보여주자 환자 S는 머리를 엉망으로 자른 털북숭이 남자처럼 보인다고 했다.

사람의 얼굴을 알아보지 못하면 세상살이가 조금 힘들어지지 않겠냐는 생각이 들 것이다. 자기 아내의 얼굴과 이웃의 얼굴을 가려내지 못하는데 어떻게 정상적인 생활을 할 수 있을까? 보다머의 두 환자는 대체 어떻게 생활을 이어갈 수 있었던 것일까?

얼굴 말고도 다른 특성을 통해 알아볼 수 있기 때문이다. 사람의 걸음걸이, 옷차림새, 말투 등을 통해서도 그 사람의 정체를 충분히 알아볼 수 있다. 앞이 보이지 않는 어둠 속에서도 말소리가 들리면 친구를 바로 알아볼 수 있다. 그리고 많은 사람들 속에서 형제나 자매가 등을 보이고 서 있어도 우리는 쉽게 알아볼 수 있다. 꼭 얼굴이 아니어도 우리는 자신의 정체에 관해 많은 단서를 드러내고 있다.

보다머의 환자들이 비교적 정상적인 일상을 영위할 수 있었던 데는 이런 단서들이 핵심적인 역할을 했다. 안경, 유니폼, 지팡이 같이 확연히 구분되는 장비를 보지 않으면 S나 A 모두 자기와 함께 일하는 사람이나 매일 함께 살고 있는 사람을 알아보지 못했다. 하지만 이런 것들이 모두 섞여 있으면 양쪽 환자 모두 사람들을 꽤 정확히 알아볼 수 있었다. 예를 들어 환자 A는 아돌프 히틀러Adolf Hitler의 사진을 알아볼 수 있었지만 그것은 그의 독특하고 유명한 콧수염과 헤어스타일 덕분이었다. 사실 얼굴이 아닌 다른 단서를 이용해 사람을 알아보는 능력은 환자 A가 거울 속에 비친 자신의 모습을 알아보는 데도 도움을 주었다. 그의 얼굴 형태는 비대칭이 심해서 다른 사람의 얼굴과 두드러진 차이가 있었기 때문이다.

보다머는 이런 결함에 담긴 독특함을 알아보고 안면인식장애prosopagnosia라는 이름을 붙여주었다.* 이 이름은 '얼굴'을 의미하는 그리스어prosopon와 '알지 못함, 알아보지 못함'을 의미하는 그리스어agnosia를 합친 단어였다. 안면실인증face blindness이라고도 불리는 안면인식장애는 다른 시각 인지 능력이 모두 온전한 상태에서 얼굴을 알아보지 못하는 것을 말한다.

1947년에 발표한 논문에서 보다머는 세 번째 사례인 환자 B에 대해 보고했다. 그는 처음에는 이 사례를 안면인식장애와 연관시켰다. 환자 B도 머리 뒤쪽에 심한 부상을 입고 시각 인지에 문제가 생

• 사실 이 장애에 대해 기술한 것이 이것이 처음은 아니었다. 사실 이보다 한 세기 앞서 위건(Wigan, 1844)이 안면 인식의 선택적 장애에 대해 처음으로 보고한 바 있다. 보다머는 그냥 이 장애에 공식적으로 이름을 부여한 것이다.

겼다. 환자 S, A와 달리 환자 B는 사실 타인의 얼굴을 알아볼 수 있었다. 하지만 그가 바라보는 얼굴은 극적으로 왜곡되어 나타났다. 뺨은 아래로 비스듬히 기울어져 있고, 한쪽 눈이 반대쪽 눈보다 훨씬 높이 달려 있고, 코는 돌아간 것처럼 보였다. 실제 얼굴이 피카소가 그린 초상화 같은 형태를 하고 있다고 상상해 보라. 비록 짧은 시간이었지만 B가 경험하는 세상이 바로 그랬다. 하지만 결국에 그는 부상에서 회복되어 얼굴 인식에 더 이상 문제가 생기지 않았다.

요즘이었다면 환자 B를 얼굴인식장애prosopometamorphopsia이라는 장애로 진단했을 것이다. 이것은 안면의 특성이 시각적으로 왜곡되어 보이는 증상이다. 환자 B는 보다머의 처음 두 환자처럼 안면인식장애를 앓지는 않았지만 뇌가 얼굴을 어떻게 보는지에 관해 흥미로운 단서를 제공해 주었다. 피카소의 초상화처럼 보이는 왜곡 현상이 얼굴에 국한되어 나타난 것으로 보아, 뇌가 얼굴을 처리할 때는 집이나 자동차 같은 대상을 처리할 때와는 아주 다른 특별한 방식이 있음을 알 수 있다. 사실 파르비지Parvizi와 그 동료들의 최근 연구(2012)에서는 사람의 방추형이랑fusiform gyrus(대뇌 측두엽과 후두엽의 아랫면에서 앞뒤로 길게 뻗은 이랑. 가쪽관자 이랑과 안쪽뒤통수 관자 이랑을 합한 것)을 전기적으로 자극하면 안면의 왜곡을 유도할 수 있음이 밝혀졌다. 한 참가자는 이렇게 말했다. "자극이 가해지는 동안 파르비지가 다른 사람으로 바뀌었습니다. 얼굴이 완전히 딴 얼굴이 됐어요."

그렇다면 뇌는 어떻게 얼굴을 보는 것일까? 그리고 더 중요하게는, 사람의 정체성과 얼굴 이미지를 어떻게 연관 짓는 것일까?

'무엇' 신경로

영화 〈살아있는 시체들의 밤〉에서 좀비가 되기 전 주디의 뇌를 생각해 보자. 살아있는 시체들이 무덤에서 일어선 그 무시무시한 밤 이전의 주디 말이다. 엄마의 얼굴을 알아보려면 주디의 뇌는 두 가지 핵심적인 일을 해야 한다. 첫째, 얼굴을 세상 속에 존재하는 대상으로 인지해야 한다. 그리고 다음으로는 코, 입, 입술, 그리고 이 부위들이 한데 어우러지는 방식(두 눈 사이의 거리, 턱의 길이, 눈썹의 크기 등) 등 그 얼굴에서 나타나는 독특한 특성들을 엄마라는 정체성과 연관시키는 법을 배워야 한다.

앞 장에서 눈에서 출발한 시각 정보가 뇌로 들어가서 1차 시각피질에서 각각의 구성요소들로 해체되는 과정에 대해 알아보았다. 그 다음에는 공간 관련 정보가 뒤쪽 두정엽의 뇌 영역으로 올라가는 정보 흐름에 의해 처리된다. 주디가 자기 엄마의 얼굴이라는 대상을 어떻게 알아보는지 이해하기 위해서는 다른 시각정보 흐름으로 내려가 보아야 한다. 바로 배쪽시각흐름, 혹은 '무엇' 신경로다.

등쪽시각흐름과 유사하게 배쪽시각흐름도 1차 시각피질의 세포보다 시각적 세상 중에서 더 넓은 영역을 보는 세포, 즉 수용야가 더 큰 세포들이 존재한다. 하지만 이 배쪽 신경로의 세포들은 공간이 아니라 당신이 세상에서 보는 사물의 특성에 민감하다. 형태나 색상 같은 측면들은 뇌의 바닥을 따라 흐르는 이 정보 흐름에서 먼저 처리된다. 정보가 측두엽 밑면을 따라 앞으로 이동하는 동안 이런 형태적 특성들이 조립되어 얼굴, 집, 다른 대상들에 관한 전체론적

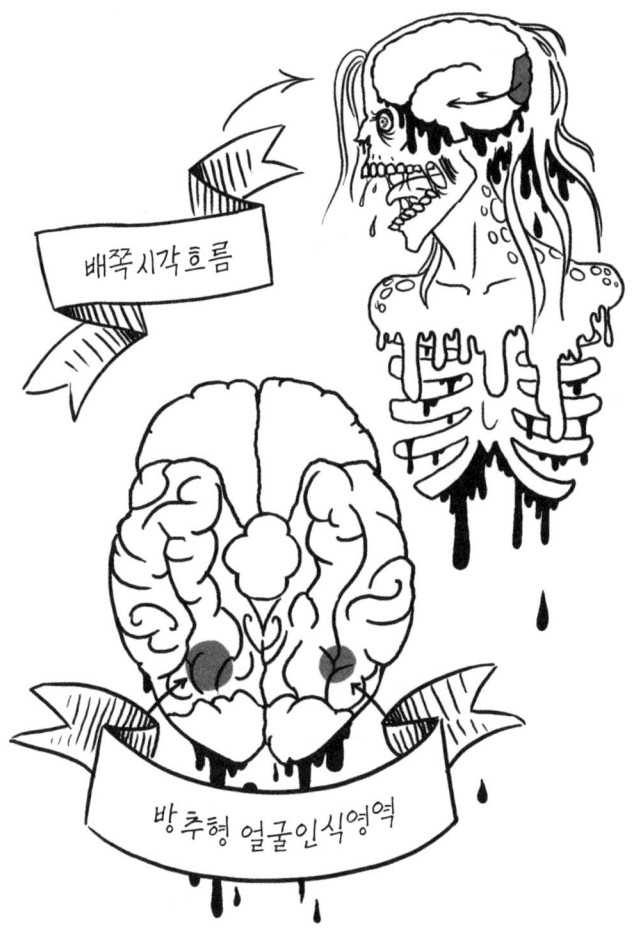

그림 8.1 배쪽의 '무엇' 시각흐름은 그림 7.2에 나온 등쪽시각흐름과 함께 뇌의 또 다른 주요 시각흐름이다. 이 신경로는 뇌가 얼굴, 사물, 장면을 비롯한 시각적 정체성을 구성하려는 시도의 일부로서 뇌 뒤쪽의 1차 시각피질에서 측두엽으로 이동한다.

holistic 표상이 형성된다.

이렇게 하면 배쪽시각흐름을 하나의 변화도gradient라 생각할 수 있다. 변화도가 무엇일까? 일종의 스펙트럼으로 양단의 값은 극적으로 다르지만 그 중간에 있는 대상들은 쉽게 구분이 가지 않는 경우를 말한다. 설명해 보자. 이 변화도의 초반부인 뇌의 뒤쪽에서는 세포들이 기본적인 형태, 색, 사물의 공간 속 방향 등 당신의 눈에 보이는 것들을 조합하기 시작한다. 그 변화도의 반대쪽 끝에 오면 당신이 제일 자주 보는 사물의 정체를 이해하는 데 핵심적인 역할을 하는 세포들이 있다. 이곳의 세포들은 당신이 일상생활에서 아주 잘 알고 있어야 하는 사물에서 중요한 특성들의 패턴을 알아볼 수 있도록 훈련되어 있다. 이 양 끝단 사이에는 서로 다른 시각 영역들이 기본적인 시각적 특성을 확인하는 일과 사물의 정체를 알아보는 일을 뒤섞어서 하고 있다.

시각피질에 있는 변화도의 정체성 알아보기 쪽 끝단에서는 서로 다른 유형의 사물을 담당하는 전문화된 영역들이 다수 존재하는 것으로 보인다.* 예를 들면 장소와 장면 알아보기에서 역할을 담당하는 영역이 있다. 해마옆장소parahippocampal place area라고 하는 이 영역은 당신이 자동차나 얼굴보다는 풍경이나 집의 사진을 보고 있을 때 더 강하게 반응한다. 따라서 해마옆장소는 집과 장소에 '조율'되어 있어서 그 세포는 집이나 풍경을 볼 때 더 많이 발화한다.

• '보인다'라고 말하는 이유는 배쪽시각경로의 작동 방식을 우리가 이제 막 이해하기 시작한 상태라 아직 논란이 많기 때문이다. 그래서 조금은 애매하게 말하는 것이 안전해 보인다.

반면 얼굴은 피질 밑면을 따라 서로 다른 여러 영역에서 반응을 촉발하는 것으로 보인다. MRI를 촬영해 보면 산이나 자동차의 사진을 볼 때보다 얼굴 사진을 바라볼 때 더 많은 뇌 영역에서 반응을 하는 것이 보인다. 이 영역들이 한데 어우러져 얼굴의 지각과 인식에 관여하는 네트워크를 구성한다. 우리는 이것을 간단하게 그냥 '얼굴 네트워크'라고 부르겠다.

배쪽시각흐름에서 초기에 등장하는 얼굴 네트워크의 한 영역은 후두엽에서 발견되며 후두엽 얼굴영역occipital face area이라고 한다. 후두엽 얼굴영역은 눈의 만곡이나 콧날의 선 같이 얼굴에 고유한 형태적 특성들을 한데 조합하는 것으로 여겨진다.

정보는 앞쪽으로 이동하다가 방추형이랑 위에 있는 또 다른 영역에 도달한다. 방추형이랑은 측두엽의 밑면, 신피질의 바닥에 자리잡고 있다. 이 이랑에 있는 특출하게 얼굴에만 반응하는 영역을 방추형 얼굴인식영역fusiform face area이라고 부른다. 얼굴 네트워크에서 아마도 제일 잘 연구가 되어 있을 방추형 얼굴인식영역은 일반적으로 얼굴에 제일 강하게 반응한다. 방추형 얼굴인식영역은 얼굴 이미지의 특성들을 한데 조합하는 최종 영역으로 여겨지고 있다. 이곳에서는 머릿속에서 얼굴의 이미지를 최종적으로 완성하기 위해 코의 형태를 눈과 입과 비교해 올바른 위치에 갖다 놓는다.

방추형 얼굴인식영역 바로 위에는 위관자고랑superior temporal sulcus(대뇌의 관자엽 가쪽 면 위쪽에서 앞뒤로 뻗은 고랑)을 따라 자리잡고 있고, 얼굴에 조율되어 있는 영역이 있다. 이 영역이 얼굴 처리 과정에서 어떤 일을 하는지는 분명하지 않지만 어떤 연구자는 이 영역이 얼굴 표정에서 감정을 파악하는 역할을 담당한다고 생각한다. 예를 들어 안면근육의 윤곽을 통해 우리는 누군가가 행복한지, 아니면 화가 나 있고 당신의 뇌를 먹고 싶어하는지 파악할 수 있다.

마지막으로 측두엽의 제일 앞쪽 끝에는 아직 공식적인 이름을 받지 못한 안면 선택적 영역이 있다. 위관자고랑과 마찬가지로 이 측두엽 앞부분이 어떤 역할을 하는지는 아직 확실치 않지만 일부 증거에 따르면 사람의 정체라는 개념을 그 얼굴 이미지와 결합하는 역할을 하는 것 같다. 그렇다면 얼굴 네트워크의 제일 앞부분, 배쪽 '무엇' 신경로에서 제일 끝에 자리잡고 있는 영역은 얼굴 알아보기 경로의 마지막 다리인지도 모르겠다.

얼굴 알아보기 과정이 제대로 작동하는 데 여러 가지 뇌 영역이 필요하다면 어떤 영역이 손상을 받아야 안면인식장애가 생길까? 이 질문 속에는 골상학적인 사고방식이 조금 내포되어 있다.* 현대 신경과학에서는 골상학을 좋아하지 않는다.

주디 엄마의 얼굴과 정체성에 관한 기억을 어느 한 영역에 저장하지는 않는 것으로 밝혀졌다. 얼굴 처리 과정이 제대로 작동하기 위해서는 얼굴 네트워크 전체가 필요하다. 그렇다면 얼굴 네트워크 중 어느 부위가 손상을 입어도 안면인식장애가 생길 수 있다는 얘기다. 사실 꼭 개별 영역이 손상받아야 하는 것도 아닐지 모른다. 얼

• 골상학(phrenology)은 머리뼈에 나 있는 혹을 측정함으로써 사람의 성격을 파악할 수 있다고 주장하던 19세기 과학이다. 골상학에서는 어느 부위의 머리뼈가 더 크게 튀어나와 있으면 그것을 특정 성격이 더 강하거나, 덜하다는 의미로 해석했다. 하지만 골상학이 틀린 것으로 밝혀진 지는 거의 100년이나 됐다.

굴 네트워크의 서로 다른 부위를 연결하고 있는 신경섬유 혹은 축삭돌기에만 손상이나 장애가 생겨도 안면인식장애가 생길 수 있다는 증거가 있다. 어떤 경우는 방추형 얼굴인식영역에 손상을 입어서 안면인식장애가 생기기도 하고, 어떤 경우는 측두엽의 앞쪽 부분에 손상을 입어서 생기기도 한다. 어떤 사람은 아예 안면인식장애를 안고 태어난다. 발달 과정 중 어느 시점에서 얼굴 네트워크가 제대로 발달하지 못했다는 의미다. 이런 상이한 발견들을 통해 우리는 안면인식장애라는 것이 사실은 순차적으로 조직화된 시스템을 따라 서로 다른 단계에서 생기는 장애를 반영하는 것임을 알 수 있다.

따라서 배쪽시각흐름의 다른 기능과 마찬가지로 얼굴 인지도 뇌의 뒤쪽에서 앞으로 진행되는 처리의 변화도에 의존한다고 생각할 수 있다. 얼굴의 시각적 이미지는 후두엽과 측두엽 근처에서 초기 처리 단계로 시작하면서 조립된다. 정보가 앞으로 이동함에 따라 이 이미지가 공식적으로 구축되면서 사람의 정체성이라는 개념과 연결된다. 따라서 이 경로 중 어디서 손상이 생기더라도 얼굴 알아보기 능력에 지장이 생길 수 있다. 1차 시각피질에 더 가까운 회로의 초기 부위에 손상을 받으면 얼굴 이미지를 제대로 조립하거나, 적절한 비율로 조립해서 그것이 누구의 얼굴인지 알아보는 데 어려움을 느낄 수 있다. 1차 시각피질과 멀어진 회로의 후기 부분에 손상을 받으면 뇌가 자기가 바라보고 있는 얼굴에 정체성을 연관시키기가 어려워질 수 있다. 이것은 낡은 크리스마스 전구줄과 비슷하다. 전구 하나가 고장 나면 나머지 줄 전체에 불이 들어오지 않는다.

물론 배쪽시각흐름이 얼굴 알아보기에만 관여하는 것은 아니다. 다른 여러 가지 사물을 알아보는 데서도 역할을 하고 있다. 앞에서 얘기했듯이 어떤 부위는 집, 풍경 같은 것에 반응한다. 따라서 배쪽시각흐름은 여러 가지 대상의 정체가 무엇인지 아는 데 특화되어 있는 셈이고, 그래서 그런 별명도 생긴 것이다.

배쪽시각영역들(그리고 다른 뇌 영역들도)이 얼굴, 동물, 도구 같은 사물의 서로 다른 범주를 어떻게 학습하는지 밝히기 위해 현재 수많은 연구가 진행되고 있다. 이런 연구가 또 다른 이상한 장애인 시각실어증optic aphasia을 설명하는 데 도움이 될지도 모른다. 시각실어증은 자기가 보는 대상의 이름을 말하기가 어려워지는 희귀한 신경학적 증후군이다. 이런 환자들은 얼굴을 알아보는 데 문제가 없다. 그래서 얼굴 처리 부위는 온전하다. 하지만 시각실어증이 있는 환자에게 총의 사진을 보여주면 그것이 무엇인지 말하지 못한다. 하지만 그 사람의 손에 총을 쥐어주면 다가오는 좀비를 그 총으로 처리하는 데 문제가 없다. 특정 사진이나 대상의 의미를 이해하는 데 생기는 다른 유형의 장애뿐만 아니라 이렇게 사물의 정체를 말로 표현하는 데 생기는 문제도 배쪽시각정보의 손상과 관련이 있을 수 있다. 하지만 뇌가 어떻게 무언가를 이해하는지 이해하기가 그리 단순하지 않은 것으로 보인다.

하지만 배쪽시각흐름에 관한 한 얼굴은 그저 또 하나의 대상에 불과하다고 생각할 수 있다. 당신이 보는 모든 것과 마찬가지로 당신의 안구가 보고 있는 얼굴의 이미지도 처리의 변화도를 통과한다. 그래서 눈과 코의 모양 등 얼굴을 구성하는 다양한 부위의 형태를 인지하는 것에서 시작해서 거기에 부여된 그 사람의 정체성을 이해하는 단계까지 거친다. 이렇게 생각하면 어떻게 배쪽시각흐름의 장애가 안면변시증(누구인지 알아볼 수는 있지만 그의 얼굴 반쪽이 떨어져 나간 것처럼 보임)에서 안면인식장애(얼굴을 보는 데는 문제가 없지만 그 얼굴이 누구의 것인지는 알지 못함)에 이르기까지 다양한 장애로 이어질 수 있는지 이해하기가 쉬워진다. 시각흐름의 안면인식장애 쪽 끝단이나 그 뒤쪽 어딘가에 손상을 입으면 카그라스 망상으로 이어진다는 것이 언젠가 입증될지도 모른다. 혹시나 모를 일이다. 이것들 모두 변화도 중 어느 부위에 손상을 입었는지에 좌우되는 것일지도.

다시 사랑스러운 우리의 어린 좀비 주디에게 돌아가 보자. 주디가 자기 엄마를 엄마로 알아보지 못하고 먹잇감으로 보는 것은 안면변시증, 안면인식장애, 혹은 카그라스 망상의 변형을 앓고 있기 때문일까?

알기 어렵다. 주디에게 무엇이 보이냐고 물어볼 수는 없으니 말이다. 주디가 눈이 멀지 않았고, 동료 좀비와 인간 먹잇감을 구분할 수 있다는 것은 분명하다. 그렇다면 세상에 대한 주디의 시각적 이미지가 왜곡되었더라도 그리 크게 왜곡되지는 않았다는 의미다.

어쩌면 이 장의 앞에서 설명했던 영화 〈새벽의 황당한 저주〉에 나온 장면이 좀비의 사물 인식의 본질에 대한 최고의 단서를 제공하고 있는지도 모르겠다. 숀과 그의 친구들은 안전한 윈체스터 술집으로 향하다가 그 술집과 그들 사이를 큰 무리의 좀비들이 가로막고 있음을 알게 된다. 이 좀비 무리를 헤치고 가기 위해 그들이 찾아낸 해법은 피를 몸에 뒤집어쓰고 좀비의 행동을 흉내 내는 것이었다. 그들은 뻣뻣한 몸으로 느릿느릿 걸으면서 그르렁거리고, 침을 흘리면서 좀비들 사이를 지나갔다. 그랬더니 좀비들도 자기들 사이에 사람이 들어와 있다는 사실을 눈치 채지 못했다(에드가 바보같이 전화를 받기 전까지만 해도 말이다).

숀과 그 친구들 주변에 있는 좀비들은 하나같이 모두 이웃이나 같이 술을 마시던 친구들이었지만 그 중에 그들을 알아보는 좀비는 없었다. 사람이 좀비처럼 움직이고, 소리를 내는 한 좀비들은 그들을 좀비로 알아보는 것 같았다. 당신과 나는 그 얼굴만 봐도 이들이 인간이라는 것을 확실히 알 수 있는데 말이다. 이것은 좀비가 걸음걸이나 그르렁 소리 등의 다른 단서를 이용해서 좀비와 좀비가 아닌 자(즉 맛있는 인간)를 구분하고 있다는 의미다. 어디서 들어본 소리 같지 않은가?

우리는 좀비 증후군의 한 가지 요소가 후천성 안면인식장애라고 주장한다. 좀비병 감염으로 인해 얼굴 알아보기를 담당하는 배쪽시각흐름의 기능이 손상을 입었다는 뜻이다. 가장 가능성 높은 손상 부위는 방추형 얼굴인식영역 주변에 있는 방추형이랑이다.

우리가 방추형 얼굴인식영역이라고 꼬집어 말하는 이유가 무엇일까? 좀비가 다른 흔한 대상들을 알아보는 데도 전반적으로 문제가 있다는 증거가 있기 때문이다. 영화 〈시체들의 새벽〉(1978)에서 한 좀비가 영화 내내 M-16 소총을 엉뚱하게 잡고 있는 것에서 이런 부분을 확인할 수 있다. 이 좀비는 마치 총열을 망원경처럼 눈에 대고 보고 있었다. 몇 주 동안 이 좀비는 총을 제대로 사용하기는 고사하고, 자기가 손에 쥐고 있는 물체의 정체가 총이라는 사실도 알아보지 못했다. 좀비들은 살아있을 때 매일 사용하던 물체들도 제대로 알아보지 못한다. 사람의 뇌 촬영 이미지들은 배쪽시각흐름을 따라서 있는 영역들이 자동차, 집, 얼굴 등을 비롯한 온갖 대상을 표상하고 있음을 암시한다. 이 사실을 우리 눈에 보이는 좀비의 행동과 연관지어 생각하면 좀비 감염이 배쪽시각흐름을 따라 일어나는 처리 과정에, 특히 방추형 얼굴인식영역 주변의 영역에 해로운 영향을 미치지만, 이것이 얼굴 처리에만 국한되는 것은 아니라 추측할 수 있다.

따라서 우리의 꼬마 좀비 주디는 쿠퍼 부인이 아무리 오랫동안 붙잡고 설명을 해도 자기 엄마를 알아보지 못할 것이다. 이것은 쿠퍼 부인의 잘못이 아니다. 다만 이제 꼬마 주디에게 엄마의 얼굴이 갖는 의미가 예전과 같지 않은 것뿐이다. 그 얼굴은 주디에게 더 이상 '엄마'를 의미하지 않는다. 쿠퍼 부인, 기분 상하라고 한 얘기는 아니니 오해하지 마시길.

9장

내가 어떻게 내 자신이 아니지?

> 자유의지는 아무런 의미가 없는 표현이며 학자들이 원인이 없는
> 의지라는 뜻으로 무심의 의지(will of indifference)라고 불러왔던 것은
> 논란을 벌일 가치가 없는 키메라에 불과하다.
>
> — 볼테르, 『철학사전』

완전한 좀비가 되는 것이 유쾌한 경험은 아니지만 때로는 좀비병에 부분적으로만 감염돼도 큰 문제가 될 수 있다. 영화 〈이블 데드 2〉(1987)에 나오는 고전적인 장면을 떠올려 보자. 이 장면에서 주요 등장인물 애쉬Ash가 오두막집에 있는 나머지 자기 친구들을 장악한 악령에게 오른손이 감염된다. 그 감염을 일으킨 물린 상처를 치료해야 한다는 절박한 마음에 애쉬는 부엌 싱크대에서 물을 틀어놓고 손을 씻는다. 마치 수돗물이 그 악령의 빙의를 막을 수 있다는 것처럼 말이다. 하지만 그가 긴장을 풀고 경계태세를 늦추는 순간 모든 것이 말 그대로 지옥으로 변하고 만다.

감염된 그의 오른손이 더 이상 애쉬의 통제를 따르지 않고 거칠게 그를 공격하기 시작한다. 감염된 손은 접시, 유리잔 등 찾을 수 있는 것은 무엇이든 움켜쥐고 그것으로 애쉬의 머리와 얼굴을 반복적으로 후려친다. 오른손은 그의 배에 펀치를 한 방 날리고, 이어서 바닥으로 그를 내동댕이친다. 그리고 그의 머리에 가한 최후의 일격으로 애쉬는 무의식 상태에 빠진다. 하지만 그의 오른손은 생생하게 깨어 있는 듯 보인다. 애쉬의 나머지 몸은 바닥에 꼼짝도 않고 편안하게 자빠져 있는 동안 오른손은 손닿는 위치의 바닥에 놓여 있는 고기 자르는 칼을 향해 점점 더 가까이 기어가기 시작한다.

그 순간에 깨어나서 감염된 자신의 손이 자기에게 무슨 짓을 하려는지 두 눈으로 본 애쉬는 한때는 고분고분 말 잘 듣던 팔이었지만 이제는 완전히 자신의 통제에서 벗어났음을 깨닫는다. 그는 자기 손이 더 이상 자기 것이 아님을 이해한다. 이제 이 손은 자신의 뜻에 따라 행동하는 게 아닌 악령이 깃든 살덩어리에 불과했다. 그리고 더 늦기 전에 어서 그 손을 멈춰야 했다.

그 다음 장면은 영화의 역사에서 가장 고통스러운 순간 중 하나가 아닐까 싶다. 애쉬는 악령이 깃들지 않은 왼손을 이용해서 칼로 오른손을 찔러 움직이지 못하게 바닥에 고정 시켜서 난국을 타개하려 한다. 그리고 바로 전기톱을 집어들고(다행히도 손닿는 거리에 있었다) 손목을 잘라 악령이 깃든 오른손을 떼어낸다.

"맛이 어떠냐, 응? 맛이 어때?" 그가 손을 몸에서 잘라내며 묻는다.

이 장면을 바라보는 관객의 생각은 달랐다. 우리는 모두 언젠가 내 몸이 더 이상 내 몸이 아닐 수도 있다는 생각에 끔찍해 한다.

이 난리통 속에서 애쉬는 좀비병의 흥미로운 두 가지 증상을 보여주었다. 첫째, 그는 자신의 오른손이 더 이상 자기 손이 아니라 느끼고 있다. 그 손이 자기 몸에 매달려 썩어가는 부속물이 되었다고 느끼는 것이다. 둘째, 그는 자기 손에 대한 의식적 통제권을 상실했다. 그리고 그 손이 그에게 해를 입히기 시작했다. 이 각각의 증상을 차례로 고려해 보자.

"의사 선생님, 죄송하지만 저는 그냥 걸어다니는 송장일 뿐입니다."

먼저 자기 손이 더 이상 자기 몸의 일부가 아니라는 애쉬의 인식에 대해 생각해 보자. 앞 장에서 얼굴의 정체성을 만들어내는 신경로에 대해 얘기했다. 이 신경로는 장소와 사물 등 여러 가지 형태의 정체성을 만들어낸다. 하지만 이 각각의 경우에서 우리가 얘기하는 정체성은 집, 자동차, 사람의 얼굴 등 외부 사물에 관한 정체성이었다.

자신의 몸에 대한 정체성은 어떨까?

신경과학은 뇌가 '자아' 같은 개념을 어떻게 형성하는지에 대해 이제 막 이해하기 시작했다. 다른 많은 철학적, 심리적 문제와 마찬가지로 자기정체성은 MRI 기계 같은 것으로 꼼꼼히 연구할 수 있을 만큼 정확히 정의하기가 아주 까다롭다. 자아라는 개념과 자아에 대한 지각은 여러 뇌 영역에 걸쳐 분산되어 있을 가능성이 높다.

신경학과 신경과학으로는 제한이 있겠지만 자매 분야인 정신의학에서 도움의 손길을 구해 볼 수 있다. 정신의학은 자아 인식에 생긴 장애에 대해 백 년 넘게 흥미를 느껴왔다.

잠시 1800년대의 파리로 돌아가 보자. 당시 파리는 과학과 기술이 크게 유행하고, 에펠 타워는 그저 도면 위의 스케치에 불과했던 밝고 생기 넘치는 도시였다. 그리고 이 도시에 줄스 코타르Jules Cotard라는 이름의 젊고 활기 넘치는 정신의학자가 있었다.

파리 근교에서 신교도 집안에 태어난 어린 코타르는 항상 사색에 잠겨 있는 진지한 성격으로 유명했다. 이는 그가 엄격한 종교적 환경에서 교육을 받은 탓도 컸다. 십대 시절에 코타르는 파리의 학교에 다녔다. 과학과 의학을 좋아하는 성실한 학생이었던 그는 신경학과 정신의학을 모두 전공했다. 당시(1860년대)만 해도 골상학이 뇌와 행동 사이의 관계에 대한 이해에서 주류로 자리잡고 있었고, 윌리엄 제임스가 아직 『심리학의 원리Principles of Psychology』(1890)의 집필을 시작하지도 않은 때였다.

현대 심리학과 신경학이 아직 시작되지 않은 여명기였음에도 코타르는 과학적 방법론을 적용해서 정신과 뇌를 이해할 수 있다는 확고한 믿음을 갖고 있었다. 그는 당뇨병이 몸만이 아니라 우리의 사고방식에도 영향을 미칠 수 있음을 처음으로 보여준 사람이었다. 그리고 당시 정신의학에서 큰 인기를 끌고 있었던 단일 사례 연구 접근방식의 실패와 한계를 처음으로 보여준 사람 중 하나였다.

하지만 당대의 많은 의사들처럼 코타르는 자신의 이름을 딴 증후군으로 가장 유명해졌다. 좀비 망상zombie delusion이라고도 불리는 증후군인 코타르 망상Cotard's delusion이다.

아마도 이런 식으로 시작된 것이 아닐까 상상해 본다. 코타르가 근무하는 정신의학과 병동에서 한 환자가 그의 진료실로 찾아온다.

환자: 선생님. 뭔가 이상한 일이 벌어지고 있어요.

코타르: 그래요? 한번 말씀해 보시죠.

환자: 제가 더 이상 존재하지 않습니다. 그러니까 제가 여기 있긴 한데, 그냥 걸어 다니는 송장에 불과해요. 제 팔도 썩어 문드러지고 있고, 분명 제 피도 담즙으로 대체되어 있을 겁니다.

코타르: 정말 끔찍한 얘기군요. 팔은 썩고 있는 것 같지 않네요. 완벽하게 건강해 보입니다. 이번엔 제가 바늘로 한번 찔러보겠습니다. (그가 환자의 팔을 찔러본다) 보세요. 제가 보기엔 분명 피 같군요.

환자: 제가 말씀드렸잖아요, 선생님. 저는 걸어 다니고 말하는 송장일 뿐이라고요. 저는 더 이상 존재하지 않아요!

이 사례를 하나만 놓고 보면, 환자가 망상에 빠져서 생긴 일이라 치부할 수 있다. 좀 이상하기는 하지만 정신적인 문제 때문에 어쩌다 생긴 증상이라고 말이다. 하지만 코타르는 자기가 돌보는 환자 중에 몇몇이 자기 몸이 더 이상 자기 것이 아니라는 이상한 느낌을 받고 있음을 알아차렸다. 이런 특이한 망상이 있는 환자들은 적어도 자신의 일부는 죽어 있으며, 어쩐 일인지 자기가 그 죽은 몸뚱이를 되살려내고 있는 것이라 말했다.

좀비가 된다는 것이 어떤 느낌인지 설명해 줄 수 있는 증후군이 세상에 존재한다면 그것은 바로 코타르 망상일 것이다. 사실 영화 〈웜 바디스〉 전체가 사실은 코타르 망상의 집단적 발발에 불과하다고 주장할 수 있을 것이다. 하지만 이 부분에 대한 얘기는 나중에 기회가 있을 때 따로 하자.

코다르 망상의 공식 정의는 자기가 죽어서 더 이상 존재하지 않고, 썩어가고 있으며, 피와 생명에 필수적인 내부 장기들을 모두 잃어버렸다는 잘못된 믿음이다. 이 증후군은 심각한 우울증 같은 다른 정신질환이 동반될 때가 많다.

안타깝게도 코타르 망상을 일으키는 신경 영역이 무엇인지는 신경과학도 아직 잘 이해하지 못하고 있다. 전전두피질과 두정엽의 뇌 영역에 손상을 입으면 자기 몸의 일부가 존재하지 않는다고 부정하는 증상으로 이어질 수 있음이 알려져 있지만, 코타르의 환자에서 보이는 수준의 복잡한 망상으로 이어지는 경우는 없다. 이 증상은 또한 수술을 받은 환자에서 무작위로 발생하는 것으로 알려져 있다. 예를 들어 게실염diverticulitis(장기의 벽 일부가 밖으로 나와 주머니 모양의 빈 공간을 이루는 게실에 음식 소화물이 정체하여 발효나 이물의 자극으로 생기는 염증)으로 복강수술을 받은 환자가 완벽하게 치유가 이루어졌음에도 자기 뱃속이 썩어가고 있다고 확신하는 경우가 있다.

숲 속의 악령 깃든 오두막에 있는 가엾은 애쉬에게 다시 돌아와 보자. 자기 손과 죽도록 싸우고 있는 동안 애쉬는 코타르 망상에 빠져 있었던 것일까? 그는 자신의 손을 더 이상 자신의 일부로 인식하지 않는 것 같다. 그는 마치 손이 자기 말을 이해할 수 있다는 듯이 손에게 말을 걸기도 한다. 그가 손이 실제로 죽어서 썩어가고 있다고 생각했는지는 알 수 없다. 따라서 그가 본격적으로 코타르 망상을 앓고 있었다고 말하기는 조심스럽다. 하지만 그가 자기 손과 싸움을 벌인 것을 보면 신경과학에서 종종 보이는 또 다른 증후군의 폭력적 버전처럼 보인다. 이 증후군에서는 팔이 스스로 생명을 얻는 것처럼 보인다.

외계인 손과 의식적 통제

어느 날 아침, 잠에서 깨어 샤워를 하고 옷을 입기 시작했다고 상상해 보자. 오른손으로 셔츠 단추를 잠그고 있는데 방금 잠가놓은 단추를 왼손이 모두 풀기 시작한다.

"그만 해! 옷을 입어야 한다고!" 당신이 말한다.

하지만 왼손은 아랑곳 않는 것 같다. 그래서 결국 당신은 왼손을 엉덩이로 깔고 앉은 후에야 겨우 셔츠의 단추를 잠글 수 있었다.

그리고 당신은 부엌으로 가서 식기건조대에서 접시를 꺼내 정리하기로 마음먹는다. 당신이 오른손으로 접시를 하나 잡아서 조심스럽게 찬장에 올려놓는다. 그리고 건조대에 있는 다음 접시로 주의를 돌리려는데 방금 당신이 찬장에 올려놓은 접시를 왼손이 다시 집어서 건조대로 갖다 놓는다.

이런 일이 계속 이어진다면, 아무래도 오늘 하루가 무척 길어질 것 같다.

영화 시나리오에서 직접 가져왔을 법한 시나리오지만 외계인 손 증후군alien hand syndrome에 걸린 환자는 실제로 이런 상황에 처할 수 있다. 이 증후군에 걸리면 한쪽 손이 사람의 수의적 통제를 벗어난 행동을 수행한다. 외계인 손의 동작은 잘 협응된 복잡한 행동일 수도 있고, 스탠리 큐브릭 감독의 영화에 등장하는 스트레인지러브 박사의 강박적인 거수경례와 같은 불수의적인 단순한 움켜쥐기나 반사동작일 수도 있다. 하지만 이런 증후군 모두에서 공통적으로 나타나는 특성은 손이 소유자의 통제를 벗어난 행위를 하는 것으로 느껴진다는 점이다.

외계인 손 효과는 뇌의 조직화 방식에서 나타나는 한 가지 흥미로운 특성 때문에 발생하는 것으로 생각된다. 바로 기능의 편재화 lateralization다. 편재화 혹은 편측성 laterality은 특정 능력이 뇌의 한쪽 편에 의해 대부분 통제된다는 개념을 말한다.

언어를 생각해 보자. 6장에서 말했듯이 언어는 보통 좌반구에 있는 영역에 의해 통제된다. 우반구보다 좌반구에 손상을 입었을 때 언어를 말하고 이해하는 능력에 더 극적인 장애가 발생하는 것을 보고 이것을 알 수 있다. 그리고 독서를 하는 동안 MRI로 뇌의 활성을 관찰해 보면 대부분의 사람에서 우반구보다 좌반구의 뇌 영역에서 더 큰 활성이 보인다.

그렇다면 언어는 모두 좌반구에서 통제한다는 의미일까? 전혀 그렇지 않다. 언어의 측면 중에는 우반구의 통제를 받는 것도 많다. 예를 들어 좌뇌 전체를 들어낸 환자도 어느 정도의 언어 능력, 특히 문법과 구문은 보존된다. 편재화라는 것은 뇌의 한쪽으로 강하게 치우쳐져 있음을 의지하지만 꼭 한쪽 반구가 배타적으로 통제한다는 의미는 아니다. 예를 들어 왼손잡이 중에서는 소수이긴 하지만 언어가 우반구에 편재화된 사람이 있다. 그리고 많은 왼손잡이와 일부 오른손잡이도 편재화의 정도가 평균보다 낮게 나타난다. 언어 능력이 양쪽 반구에 더 균등하게 배분되어 있다는 의미다.

편재화가 외계인 손 증후군과는 무슨 관련이 있을까? 두 가지 중요한 것이 좌반구에 편재화되어 있다. 언어, 그리고 오른쪽 팔다리에 대한 통제다. 사실 손, 팔, 다리의 통제는 사람의 뇌에서 가장 편재화가 심한 기능일 것이다. 운동피질에서 척수를 따라 내려가서 팔다리를 통제하는 신경섬유 중 거의 90% 정도는 몸의 정중선을 넘어가서 반대쪽의 근육을 통제한다. 따라서 왼쪽 운동피질은 오른손을 통제하고, 오른쪽 운동피질은 왼손을 통제한다.

조금 이상하게 보일 수도 있다. 운동피질이 반대쪽 몸을 통제하게 해서 좋을 것이 대체 무엇이길래? 이것을 설명할 가장 그럴듯한 가설은 노벨상을 수상한 신경생리학자 라몬 이 카할 Ramón y Cajal이 제시했다. 1898년에 카할은 운동 섬유의 교차회로 구조 crossed-wired organization가 시각경로의 편재화와 관련되었다고 제안했다. 구체적으로 말하면 카할은 진화적으로 볼 때 그런 교차 구조는 투쟁-도피 상황, 특히 도피와 관련된 상황에서 생존하는 데 유리하게 작용한다고 주장했다.

카할의 가설을 이해하기 위해 다음의 시나리오를 생각해 보자. 당신은 생존자 캠프의 보초병 역할을 맡아 숲에 쭈그리고 앉아 있다. 그런데 갑자기 당신 왼쪽에 있는 덤불에서 좀비가 달려들었다. 시각경로가 교차되어 있어 왼쪽 시야는 우반구에서 처리된다는 점을 기억하자(7장). 이것은 우반구가 좀비를 먼저 보기 때문에 위협에 대처하는 데도 우반구가 유리하다는 의미다. 좌반구는 우반구가 시각적 처리를 모두 진행한 후에야 좀비가 다가오고 있다는 사실을 알 수 있다.

분명 이 순간에 취해야 할 최고의 행동은 좀비에서 멀어지는 방향, 즉 오른쪽으로 뛰어나가는 것이다. 카할은 당신이 만약 물고기였다면 이 상황에서 포식자로부터 달아나는 제일 빠른 방법은 몸 오른쪽의 근육을 수축하는 것이었으리라 주장한다. 그럼 위협으로부터 멀어지는 방향으로 몸에 추진력을 가해서 반대방향(오른쪽)으로 헤엄치기 시작할 수 있다. 하지만 당신은 물고기가 아니다. 당신은 사람이고, 지금 왼쪽에서 다가오는 좀비에게 공격을 당하고 있다. 당신은 지금 쪼그리고 앉아 있기 때문에 좀비에서 멀어지려면 왼쪽 팔과 다리로 몸을 밀어내야 한다. 여기서 뇌의 회로 구성 패턴이 다른 두 가지 버전의 당신을 생각해 보자. 동측성 ipsilateral('ipsi'는 '자신'을 의미하는 라틴어에서 온 말이다) 버전의 당신에서는 우반구의 운동피질이 오른쪽 팔과 다리를 통제한다. 대측성 contralateral 버전의 당신은 정상적인 교차 회로로 구성되어 있어서 왼쪽 운동피질이 오른쪽 팔, 다리를 통제한다.

당신이 물고기였다면 동측성 조직화, 즉 우반구의 신경이 몸 오른쪽 근육으로 투사되는 방식을 원했을 것이다. 이렇게 하면 포식자로부터 더 신속하게 달아날 수 있다. 하지만 동측성 버전의 당신이 다가오는 공격자로부터 멀어지려 하는 경우에는 좌반구에서 오는 시각 신호가 뇌들보 corpus callosum (좌우의 대뇌반구가 만나는 부분)라는 축삭돌기 다발을 통해 우반구에서 넘어올 때까지 기다려야 한다. 뇌들보는 양쪽 뇌반구를 연결하는 가장 큰 신경다발이다. 각각의 반구는 서로 옆에 붙어 있지만 뉴런의 입장에서는 아주 멀리 떨어져 있는 셈이라 한쪽 반구에서 반대쪽 반구로 정보를 전달하는 데 소중한 수십 밀리초의 시간이 걸린다. 좀비로부터 달아나야 하는

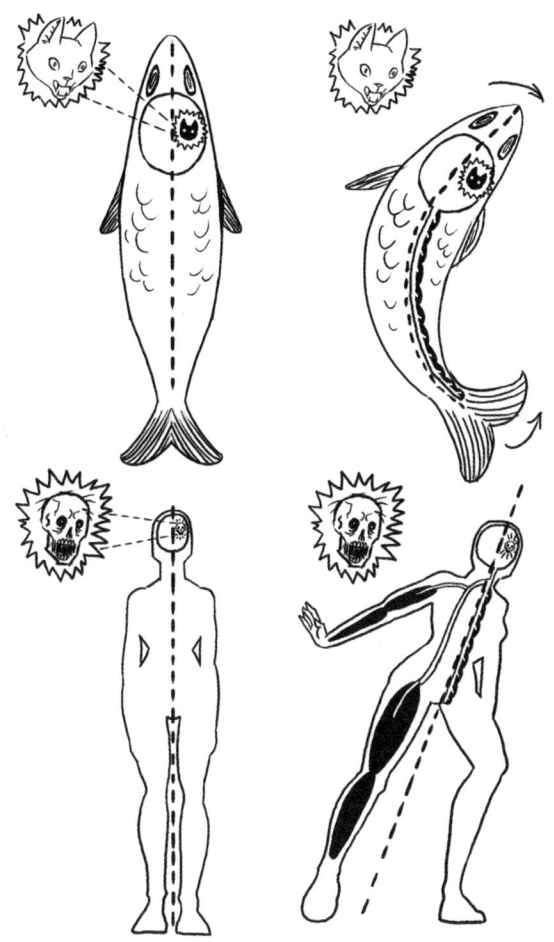

그림 9.1 우리의 팔다리가 대측성(반대쪽) 뇌반구에 의해 통제되는 이유를 말해주는 라몬 이 카할의 가설. 어느 한쪽에서 포식자가 다가오는 것을 보았을 때 그 반대쪽 뇌반구가 그 시각 신호를 먼저 처리한다. 물고기처럼 팔, 다리가 없는 동물은 포식자를 처음 보는 시각 담당 뇌 반구와 같은 쪽의 몸통 근육을 수축하면 고양이 같은 포식자를 더 효율적으로 피할 수 있다. 그래서 이 근육들은 뇌에 동측성으로(즉 몸의 같은 쪽) 표상된다. 반면 사람처럼 팔, 다리가 있는 동물은 몸의 반대쪽 팔다리를 밀어냄으로써 좀비 같은 포식자를 더 효율적으로 피할 수 있다. 그래서 이 근육들은 대측성으로 표상되어 있다. (Serge Vulliemoz, Olivier Raineteau, and Denis Jabaudon, "Reaching beyond the midline: Why are human brains cross wired?" Lancet Neurology 4.2 [2005]: 87–99의 그림 2에서 가져옴)

상황에서는 1밀리초라도 아쉽다.

반면 대측성 버전의 당신은 이 부분에서 유리하다. 왼쪽 팔다리가 공격자를 제일 먼저 보는 뇌반구와 동일한 뇌반구에 의해 통제된다면 왼쪽 팔다리를 이용해 더 신속하게 몸을 밀어낼 수 있다. 오랜 진화 기간 동안 이런 시나리오가 반복되다 보면 결국에는 대측성 버전의 당신이 살아남게 될 것이다.

이것이 카할이 주장한 내용의 골자다. 물론 그가 든 사례는 다리 네 개로 움직이는 우리의 진화적 선조에 관한 것이었고, 좀비도 등장하지 않은 상황이었지만 무슨 뜻인지는 감이 올 것이다.

다시 외계인 손 증후군으로 돌아와 보자. 이 증후군이 생기는 이유는 의식적인 언어 처리와 운동 조절이 편재화되어 있기 때문이라고 했다. 뇌들보가 절단되는 경우처럼 두 뇌반구 간의 대화가 차단되면 이 증후군이 종종 나타난다. 때로는 간질의 치료 등 임상적인 목적으로 뇌들보를 절단하기도 한다. 이 뇌 분할 수술에서 운동 계획 영역과 운동 조절 영역을 이어주는 뇌들보 섬유가 잘려나가면 각각의 피질 운동 영역은 다른 영역이 무엇을 하고 있는지 더 이상 알 수 없게 된다. 그래서 이들이 갑자기 독립적인 시스템이 되어 버린다.

언어는 좌반구에 편재화되어 있기 때문에 뇌 분할 환자 split brain patient 에서는 의식적 언어 능력 또한 더 이상 우반구로 전달되지 않는다(편재화가 거꾸로 된 경우에도 같은 개념을 그대로 적용할 수 있다). 환자가 의식적으로 무언가를 하기로 맘먹었을 때, 그러니까 예를 들어 접시를 찬장에 넣기로 맘먹었을 때 "나는 이것을 하고 싶어"라고 말하는 의식적인 내면의 목소리는 좌반구에서 처리되고, 우반구는 절대 이 소리를 들을 수 없다. 이 행동은 좌반구에 있는 운동피질, 즉 오른손을 통제하는 뇌반구에 의해 수행된다.

하지만 우반구도 무언가 하려는 생각을 하고 있다. 예를 들어 이렇게 생각할 수 있다. "접시가 아직 더러워 보여. 다시 설거지를 해야 할 것 같아." 하지만 이런 생각은 좌반구 언어 영역에 자리잡고 있는 언어적 의식에 의해 처리되지 않는다. 우반구가 좌반구에게 직접 말을 할 수 없기 때문이다. 이 경우 우반구는 자기가 통제하는 왼손을 이용해 이 접시를 다시 치우게 된다. 하지만 언어를 담당하는 좌반구는 우반구가 무엇을 하기로 맘먹었는지 알 길이 없기 때문에 왼손이 자기 멋대로 행동하는 것처럼 보이게 된다.

따라서 소위 뇌들보 외계인 손 증후군callosal alien hand syndrome(뇌들보의 손상으로 생기는 버전의 외계인 손 증후군)은 일종의 단절증후군 disconnection syndrome이라 생각할 수 있다. 좌반구가 우반구가 하려는 일을 알지 못하기 때문에 팔과 손이 통제권을 두고 전투를 벌이게 되는 것이다.

감염된 손과 싸움을 벌이던 애쉬의 경우에서 좀비병을 새로이 엿볼 수 있다. 애쉬는 자신의 손이 더 이상 자기 것이 아니고, 이제는 죽어서 썩어 들어가고 있는 손이 자기를 해치려 하고 있음을 명확하게 인식하고 있다. 심지어 그는 손이 독립적인 존재라도 되는 것

처럼 말을 걸기도 한다. 하지만 전형적인 형태의 코타르 망상 환자와 달리 애쉬는 자기 자신이 죽었다거나, 썩어가는 시체가 되살아난 것이라 생각하지는 않는다. 애쉬는 다만 자기 손이 무뢰한으로 변했으니 어떻게든 처리해야 한다고 생각할 뿐이다.

사실 애쉬가 갑자기 지독한 외계인 손 증후군에 걸렸다고 볼 수 있는 두 가지 증거가 있다. 우선 애쉬가 손과 싸움을 벌이는 장면을 보면 그가 자기 손의 행동에 놀라움과 충격을 느끼고 있다. 손이 애쉬의 의식적 통제 없이도 스스로 생각하는 것처럼 행동하기 때문이다. 그리고 애쉬는 양쪽 손이 아니라 한쪽 손만 통제를 잃고 있다. 한쪽 손만 편재화되어 자유의지를 상실하는 것은 외계인 손 증후군의 전형적인 특징이다.

이제 우리는 애쉬의 뇌에서 벌어지는 일에 대해 몇 가지 흥미로운 사실을 배울 수 있다. 첫째, 그가 통제권을 잃은 손은 오른쪽 손이다. 이것은 애쉬의 의식적인 언어 처리가 거꾸로 편재화되어 있을지도 모른다는 것을 암시한다. 전형적인 외계인 손 증후군에서는 왼손에서 증상이 생기는데, 애쉬의 경우는 언어를 담당하는 애쉬의 의식적 통제 밖에서 행동하는 것이 오른손이기 때문이다. 따라서 애쉬의 경우는 언어를 주로 지배하는 쪽이 우반구(착하게 말 잘 듣는 왼손을 통제하는 뇌반구)로 보인다. 둘째, 애쉬의 좌반구는 일종의 무뢰한이라 할 수 있다. 이 손을 자기 맘대로 하게 놔두면 대단히 폭력적으로 변한다. 아무래도 애쉬가 애초에 그렇게 착한 사람은 아니었던 것 같다.

솔직히 말해서 애쉬가 자기 손과 싸우는 것은 전형적인 좀비 시나리오는 아니다. 이런 사례가 등장한 '이블 데드' 시리즈에 나오는 좀비들은 살아있는 시체라기보다는 영화 〈엑소시스트Exocist〉에 나오는 리건Regan처럼 악령이 씌운 사람에 더 가깝다. 하지만 더 전통적인 좀비 장르에서도 이런 유형의 소유이탈 장애disownership disorder의 증거가 보인다. 예를 들면 영화 〈웜 바디스〉에서는 좀비라는 존재를 1인칭 시점에서 경험할 수 있다. 이 영화의 주인공인 'R'은 자신의 상태에 대해 잘 자각하고 있으며 자신이 그저 걸어 다니는 시체에 불과하다고 확신한다. 하지만 인간 소녀와 사랑에 빠지기 시작하자마자 그는 차츰 분리되어 있는 느낌을 잃고, 결국에는 다시 살아난 것처럼 느낀다. 우리는 이 영화는 그 자체로는 좀비 영화가 아니라 주장하고 싶다.(다만 감염 말기에 나타나는 걸어 다니는 뼈다귀는 예외) 그보다는 감염에 의해 전파되며, 타인과의 접촉을 회복함으로써 치료되는 집단 코타르 망상의 사례로 보인다.

영화 〈바탈리언〉에 나오는 타만의 생각을 1인칭 시점에서 볼 수 있었다면 좀비병의 본질이 순수하게 정신의학적인 것인지 여부를 알 수 있었을 것이다. 하지만 신경과학자로서 우리는 부디 그것이 아니기를 바란다.

10장

이터널 좀비 선샤인

"과거로만 작동하는 기억은 형편없는 기억이지."
– 하얀 여왕이 앨리스에게, 루이스 캐럴 『거울 나라의 앨리스』

영화 〈랜드 오브 데드〉(2005)에서 가장 유명한 등장인물 중 하나는 애정을 담아 '빅대디Big Daddy'라고 불리는 좀비다. 좀비가 각성하는 동안에 이 꾸물거리는 전직 주유소 종업원이 익숙한 주유 요청 벨 소리를 듣는 순간이 있다. 그는 느릿느릿 주유기로 가서 주유기 손잡이를 잡고는 어리둥절한 표정으로 주위를 둘러본다. 말은 하지 않지만 그의 얼굴 표정은 이렇게 말하고 있다. "내가 이걸 손에 잡고 지금 뭐하고 있는 거지? 내가 왜 다시 여기로 왔지?" 마치 그 벨소리가 주유소 종업원으로 일하던 예전의 습관을 떠올려준 것 같았다. 하지만 그는 불과 몇 초 만에 자기가 뭘 하고 있었는지 까먹고 만다. 여기서 우리는 두 가지 흥미로운 행동을 관찰한다. 충동적이고 잘 학습된 습관이 촉발되는 것, 그리고 금방 잊어버리는 것이다. 아니면 〈새벽의 황당한 저주〉 끝 부분에서 나오는 그와 유사하면서도 더 재미있는 사례를 들어보자. 숀은 친구 에드와 비디오게임을 하려고 뒤뜰에 있는 오두막집에 몰래 들어간다. 에드는 현재 좀비가 되어 있는 상태지만 예전에 비디오게임을 하던 습관이 아직도 남아 있다. 숀과 좀비 에드는 둘 다 조종기를 잡고 이상하게 익숙한 방식으로 텔레비전 스크린을 멍하니 바라본다. 뚜렷하게 익숙한 것은 아니지만 본능적으로 익숙하게 여겨지는 부분이 있었다.

이런 영화를 보면 좀비화로 인해 분명 빅대디와 에드 모두 바뀌었고, 결국 둘 다 괴물이 되고 말았다. 하지만 좀비들은 좀비가 되기 이전의 기억에 남아있는 쇼핑몰이나 교회 같은 장소로 떼 지어 몰려다닌다. 이 장에서는 당신이 좀비를 피해 숨은 지 몇 초만 지나면 좀비가 당신에 대해서는 잊어버리는 이유, 그리고 그럼에도 좀비가 예전에 살았던 삶의 그림자를 여전히 간직하는 이유에 대해 살펴보려 한다. 우리가 뇌에 대해 알고 있는 내용을 바탕으로 볼 때 이것이 과연 말이 될까?

놀랍게도 대답은 '그렇다'이다.

기억의 변덕

무언가를 기억한다는 것은 무슨 의미일까? 당신이 저 짙은 밤의 어둠 속에 느릿느릿 움직이는 끔찍한 존재가 당신을 기다리고 있을지도 모른다는 사실을 깨달았을 때 처음 느꼈던 공포를 기억해서 좋을 일이 뭐라고? 어째서 진화는 기나긴 우여곡절을 거치는 동안 하필이면 기억력을 진화적으로 유리한 특성이라며 우리에게 골

라주었을까?

 기억은 많은 부분으로 구성된 복잡한 존재다. 이것은 시냅스 주변에서 생기는 밀리초 단위의 분자 변화에서 수천 년에 걸쳐 기록한 우리의 역사에 이르기까지, 우리가 명확하게 기억하는 사실에서 새로운 기능을 천천히 습득하는 동안 우리의 인지에서 일어나는 미묘한 변화에 이르기까지 여러 종류의 기억행위를 뭉뚱그린 포괄적 용어다.

 일반적으로 기억 형성 과정은 세 개의 단계를 따른다. 첫째, 부호화 단계encoding stage라는 것이 있다. 이 단계 동안에는 감각 정보(혹은 당신이 기억해야 할 아무 정보라도)를 뇌가 이해할 수 있는 형태로 전환한다. 예를 들어 당신이 끔찍한 좀비의 얼굴을 보았다면 뇌는 먼저 눈에서 오는 시각 정보를 처리해서 그 신호를 살인 좀비로 알아볼 수 있게 만들어 놓아야 한다. 그 다음에는 응고 단계consolidation stage가 있다. 일단 뇌가 자신에게 필요한 형태로 정보를 확보하고 나면 이 정보는 어떤 장소에 보관되어 일정 기간 동안* 유지된다. 일반적으로 이것이 의미하는 바는 당신이 더 이상 그것에 대해 생각하고 있지는 않지만, 그 정보에 접근이 가능하다는 것이다. 마지막으로 인출 단계retrieval stage가 있다. 응고화 이후에는 언젠가 당신이 저장해 두었던 기억의 내용을 인출해서 지금 보이는 좀비가 예전에 보았던 좀비인지 확인하고 싶을 것이다.

• 일정 기간이라면 얼마나 오래? 이렇게 물어보는 사람도 있을 것이다. 우리가 이것을 알고 있다면 아마도 노벨상을 탔을 것이다. 안타깝게도 아직은 분명하지 않다.

기억이라는 주제에는 아주 미묘한 부분이 많다. 기억의 종류가 워낙 많기 때문이다. 기억은 명시적 기억explicit memory일 수도 있다. 자기가 학습한 정보에 자유롭게 접근할 수 있다는 의미다. 내가 언제 태어났는지, 내 제일 친한 친구가 좀비가 되기 전에 머리색깔이 무엇이었는지 등등. 하지만 기억을 말로 쉽게 표현하기가 어렵거나 자기가 무언가를 학습했다는 사실 자체를 인식하지 못할 때도 있다. 이런 기억을 암묵적 기억implicit memory이라고 한다. 예를 들면 우리는 새로운 기능을 훈련받지 않아도 자꾸 하다 보면 좀비의 머리를 총으로 날리는 솜씨가 좋아지지만 그 기능을 남들에게 전해줄 수도 없고, 어떻게 솜씨가 좋아진 것인지 설명할 수도 없다.

보시다시피 기억이라는 개념은 머리가 여럿 달린, 다루기 까다로운 짐승이다.

수십 억 년 동안 생명은 거의 기억이 없는 존재로 살아왔다. 기껏해야 내부의 화학적 신호에서 일어나는 짧은 변화를 통해 영양소에 다가가고, 독소로부터 멀어지는 수준에 불과했다. 하지만 시간이 흐르면서 화학과 빛을 감지하는 기본적인 시스템이 진화한다. 풍부한 먹이가 어디 있는지 기억할 정도로 오래 기억할 수 있는 생명체는 진화적으로 유리했다. 그리하여 결국 기억 작동의 시간척도가 더 길어졌다. 동물은 길어야 몇 분 정도인 단기 작업기억뿐만 아니라 정보를 장기 기억으로 옮겨 두었다가 필요할 때 자유롭게 꺼내 쓸 수 있는 일종의 경험 저장 시스템을 진화시킨다. 이런 변화 덕분에 동물이 평생에 걸쳐 기억을 유지할 수 있게 되었다는 것이 일반적인 생각이다.

하지만 기억은 거기서 멈추지 않았다. 언어 덕분에 개인 간의 소통이 가능해져 인간 영장류는 마침내 한 개체의 수명에 국한되어 있던 기억의 한계를 극복했다. 문자와 문화의 발명으로 인해 기억이 영구성을 부여받게 되었고, 꼭 언어를 통한 개인 간의 직접적 소통을 통해 지식을 전파할 필요가 없어지고, 그리하여 기억의 정확성도 향상됐다. 기억 간의 이런 차이를 살펴보기 위해 먼저 당신의 기억부터 일깨워보자.

명시적 기억과 단기기억short-term memory(작업기억working memory) 모두 전두엽에 있는 적어도 두 가지의 주요 뇌 영역에 의존한다. 전전두피질과 바닥핵*이다. 한 가지 깔끔하게 맞아 떨어지는 부분이 있다. 전전두피질과 바닥핵이 어떻게 협동해서 단기간 동안 무엇을 기억하는지 설명하는 현대의 이론을 보면 이 기억 기능, 그리고 바닥핵이 운동피질에서 출력하는 운동을 통제할 때 맡는 기능이 서로 흡사하다는 암시가 들어 있다(운동피질 역시 전두엽에 있다. 3장 참고). 작업기억에서도 바닥핵이 문지기 역할을 하는 것으로 생각된다. 어느 정보가 전전두피질로 들어가 기억으로 남을 것인지 가려내는 역할을 하는 것이다. 이런 이유로 바닥핵을 작업기억의 기도(술집 같은 곳에서 입구를 지키는 사람)라 생각할 수 있다.

뇌 영상과 동물 연구 등 서로 수렴하는 몇몇 증거를 통해 전전두피질과 바닥핵이 작업기억에서 핵심적인 역할을 한다는 것이 드러

• 사실 바닥핵은 서로 다른 뇌 영역들의 묶음이지만 여기서 너무 세세한 부분에 얽매이지는 않겠다.

그림 10.1 바닥핵은 어느 정보를 전두엽피질로 들여보내 추가적으로 처리가 이루어지게 할 것인지 가려내는 문지기 역할을 하기 때문에 전두엽의 '기도'로 불려왔다. 그림에 나온 사람들이 어느 좀비를 울타리 안으로 들여보낼지 결정하는 것과 비슷하다.

났다. 예를 들면 전전두피질이나 바닥핵에 손상이나 장애가 생긴 사람과 동물은 단기간 동안 무언가를 기억하는 데 어려움을 겪는다. 하지만 이 뇌 영역들이 다른 데 정신이 팔려 있거나 혹사를 당하는 등 다른 상황으로 바쁠 때도 이런 일이 일어날 수 있다. 일상적인 일을 할 때 작업기억이 망가지면 문제가 생긴다. 예를 들어 가게에 가서 사야 할 물품이 다섯 가지였는데 기억을 못하거나, 총 안에 총알이 몇 개나 남았는지 기억 못하면 골치 아파진다. 이런 일이 일어날 때 쉽게 산만해지는 것은 전전두피질의 책임이고, 원치 않게 정신이 산만해지는 것을 막지 못한 것은 바닥핵의 책임이라는 것을 기억하자!

전전두피질과 바닥핵이 작업기억에 관여한다고 말은 했지만 그렇다고 그 일만 한다는 얘기는 아니다. 주의, 목표 계획, 문제해결 등 복잡한 인지기능 중 상당수가 이 두 뇌 영역의 효과적인 협동 여부에 달려 있다. 그래서 신경과학자들은 이런 기능을 한데 묶어 실행기능executive function이라고 부른다. 이것은 주의, 작업기억, 계획, 목표 설정 등의 다양한 고등 인지 과정을 묶어서 기술하는 포괄적 용어다.

전전두피질, 바닥핵과 연관된 것 같은 실행기능은 좀처럼 종잡을 수가 없다. 특정 뇌 영역에 명확한 물리적 손상이 가해지면 실행기능에 문제가 생길 수 있지만(1차 피질이 손상을 받았을 때 감각 장애나 운동 장애가 생기는 것처럼) 스트레스를 받거나 정신을 딴 데 파는 미묘한 상황도 작업기능과 실행기능에 장애를 일으킬 수 있다. 그리고 좀비를 피해 달아나는 것보다 더 스트레스 받는 일이 어디 있겠는가? 우리가 스트레스를 받고 있을 때와 지금 하고 있는 일에 주의를 기울이지 않고 있을 때는 명확한 기억을 형성하기가 어렵다. 하지만 기억은 아직 밝혀지지 않은 부분이 많은 복잡한 대상임을 기억하자. 작업기억에서 배외측 전전두피질dorsolateral prefrontal cortex과 바닥핵이 대단히 중요한 것은 사실이지만 그렇다고 작업기억이 생겨나거나 저장되는 어떤 특정 장소가 있다는 의미는 아니다. 작업기억은 이들 뇌 영역에 의해 통제되는 단일한 인지 과정이 아니며, 수많은 뇌 영역 간의 정교한 통신이 필요하다는 의미다.

작업기억을 과학용어로는 '분산처리과정distributed process'이라고 말한다. 기본적으로 작업기억 능력을 단일 뇌 영역에서 통제하지 않는다는 의미다. 그보다는 여러 뇌 영역에서 여러 형태의 작업을 조금씩 처리하고 있으며 이것이 '작업기억'이라는 포괄적 용어 아래 하나로 묶여 있는 것이다.

그렇다면 작업기억을 평가하는 것이 어떻게 가능하며, 언제 장애가 생겼는지는 어떻게 판단할 수 있는가?

많은 방법이 있지만 그 중 고전적인 한 가지 방법은 n-백 과제 n-back task라는 것이다.* 그 중 가장 단순한 버전('0-백'이라고 한다)에서는 연속적으로 이미지를 보여주면서 그 중 한 유형의 이미지가 '표적'이라고 가르쳐준다. 당신은 그 표적을 볼 때마다 버튼을 눌러야 (발사해야) 한다. 그 표적이 좀비라고 해보자. 다음에 나오는 일련의 순서를 보면 어떻게 반응해야 하는지 알 수 있을 것이다.

- 나무 　　— 　　아무것도 하지 않음
- 집 　　— 　　아무것도 하지 않음
- 좀비 　　— 　　발사!
- 고양이 　　— 　　아무것도 하지 않음

---

* n-백 과제가 '작업기억' 그 자체를 측정하는 것은 아니라고 주장하는 사람도 있다(Kane et al. 2007). 이것만 봐도 인지를 연구하는 것이 얼마나 어려운 일인지 알 수 있다. 신경과학이 등장하기 전에 심리학에서 나온 개념들도 많기 때문이다. 따라서 일반적인 심리학적 개념으로서의 작업기억은 문제가 없지만 몇몇 다른 구성체에 포함되고, 다중의 신경 시스템과 중첩되어 있을 가능성이 크다. 고등 인지기능을 풀어서 생각하는 것 자체가 아주 복잡한 일이다.

무척 쉽다. 0-백은 사실 기억력 검사라 할 수 없다. 하지만 여기서 난이도를 조금 높일 수 있다. 1-백 과제에서는 미리 정해준 '표적'이 없다. 대신 한 항목 뒤에서 나타났던 것이 다시 보이면 반응해야 한다. 무언가가 연속적으로 두 번 나타나면 그것이 두 번째 나타났을 때 반응하는 것이다.

- 나무 — 아무것도 하지 않음
- 집 — 아무것도 하지 않음
- 좀비 — 아무것도 하지 않음
- 좀비 — 발사!

이제 2-백 버전의 과제로 접어들면 아마도 더듬거리기 시작할 것이다. 여기서는 두 항목 전에 나타났던 항목이 다시 나타났을 때 반응해야 한다. 따라서 자신이 방금 보았던 항목의 목록을 계속 기억하면서 이미지가 신속하게 스쳐 지날 때마다 그 목록을 계속 업데이트해야 한다.

- 나무 — 아무것도 하지 않음
- 고양이 — 아무것도 하지 않음
- 좀비 — 아무것도 하지 않음
- 고양이 — 발사!
- 좀비 — 발사!
- 나무 — 아무것도 하지 않음
- 좀비 — 발사!

이 사례에서는 두 번째 등장한 고양이보다 두 항목 앞에서 고양이가 등장했었고, 두 번째, 세 번째 좀비 모두 두 항목 앞에 좀비가 등장했었기 때문에 모두 반응해야 한다.

불쌍한 고양이.

n-백 과제에서 n값이 3이 되면 세 항목 뒤에서 나타났던 것이 나타났을 때 모두 반응해야 하는데 그럼 헤맬 가능성이 대단히 높다. 하지만 작업기억 능력이 뛰어날수록 더 이전 항목까지 기억해서 성공적으로 판단할 수 있다.

n-백 과제는 수많은 작업기억 테스트 중 하나에 불과하다. 작업기억은 뇌가 다른 인지기능과 상관없이 독립적으로 가동하는 과정이 아님을 기억하자. 이것은 다른 온갖 사고과정과 통합되어 있는 것으로 보인다. 감각정보를 담당하는 작업기억도 있고, 언어를 담당하는 작업기억도 있고, 사물에 대한 정보를 담당하는 작업기억도 있다. 더 중요한 것은 이 모든 것들이 서로 비교적 독립적으로, 아니면 적어도 어느 정도까지는 독립적으로 일어나는 듯 보인다는 것이다.

작업기억에서 한 가지 특이한 점은 제대로 작동하지 않을 때가 있다는 것이다. 인지기능의 다른 측면들은 하루 종일 꽤 일정한 성능을 유지하는 것으로 보인다. 색시각color vision이 기분에 따라 출렁거리는 일도 없고, 술에 취하거나, 정말, 정말 피곤한 경우가 아니면 운동 계획 기능에 문제가 생기지도 않는다.

하지만 작업기능의 성능은 꽤 들쑥날쑥하고, 스트레스나 산만함으로 지장을 받을 수도 있다. 어째서 이런 일이 일어나는지 확실히 알지는 못하지만 신경과학자와 심리학자들은 이것이 작업기억, 주의, 산만 등등 복잡한 인지기능의 서로 다른 부분들이 완전히 분리된 과정이 아니라 공통의 신경 자원을 공유하기 때문일 거라 예상하고 있다. 이런 관점에서 보면 한 인지기능 자원에 대한 요구가 커지면 그와 공유되는 또 다른 자원에서 부담이 간다. 따라서 좀비 무리에게 쫓기면(스트레스 요소이자 정신을 팔리게 만드는 요소) 작업기억이 전처럼 잘 작동하지 못할 가능성이 높다. 이 공유자원 가설에 따라오는 한 가지 흥미로운 부작용이 있다.* 주의력 결핍 과잉행동 장애attention deficit hyperactivity disorder, ADHD의 치료제처럼 주의력을 증진시켜주는 것으로 생각되는 약물들이 인지기능 강화제cognitive-enhancing drug(머리 좋아지는 약smart drug 혹은 뇌 보약nootropics이라고도 한다) 후보로도 검토되고 있다는 점이다.

브래들리 쿠퍼Bradley Cooper가 영화 〈리미트리스Limitless〉(2011)에서 연기한 등장인물을 생각해 보자. 약을 먹으면 그는 갑자기 생각이 더 맑아지고, 기억력도 좋아지고, 주변 세상에 대한 아주 세세한 부분들까지 모두 눈에 들어온다. 이런 공상의 약물은 모든 실행기능을 조절하는 이 공동의 기저 메커니즘에 작용할 가능성이 아주 높다. 실제로 우리 모두를 천재로 만들어줄 정도는 아니겠지만 말이다.

• 인지기능의 서로 다른 여러 측면들 사이의 상호작용에 관해서는 몇몇 대안 이론이 나와 있고 공유자원 모형은 그 중 하나에 불과하다(Barrouillet et al. 2004). 하지만 하루 일과를 마칠 즈음이면 한 인지 시스템에 대한 요구 증가가 다른 시스템을 방해할 수 있다는 행동학적 효과가 분명하게 드러난다.

기억을 장기기억으로 만들기

지금까지는 짧은 시간 동안 기억을 유지하는 것에 대해서만 얘기했다. 이런 단기기억short-term memory은 어떻게 장기기억long-term memory으로 전환되는 것일까? 좀비 대재앙 이전에는 총 한 번 쏘아본 적이 없는 당신이 어째서 지금은 자기 권총에 총알이 몇 발 들어가는지 알고 있는 것일까? 그리고 장기기억은 어째서 중요할까?

작업기억은 이름 그대로 당장의 작업에 필요한 정보만을 유지할 뿐 수십 년 후에도 기억할지 말지는 신경 쓰지 않는다. 하지만 사람들이 '기억'에 대해 말할 때는 보통 작업기억의 작동시간을 뛰어넘어 훨씬 오래 전에 일어났던 일에 관한 정보를 떠올리는 것을 의미한다. 이런 유형의 기억을 장기기억이라고 한다.

장기기억은 인지기능 자원을 풀어주어 우리가 알고 있는 모든 내용을 한꺼번에 작업기억에 붙잡아놓을 필요가 없게 만들어준다. 이것이 중요한 이유는 좀비와의 만남을 매번 새로운 학습 경험으로 삼을 필요 없이 한 번의 경험을 일반화시켜 그 경험에 대한 기억을 지침삼아 미래의 행동을 결정할 수 있기 때문이다. 따라서 좀비를 하나만 만나 봐도, 아니면 친구로부터 좀비에 대한 이야기만 한 번 들어도 이 좀비가 무섭고 피해야 할 존재임을 학습할 수 있다.

작업기억이 뇌에서 부호화되어 장기기억으로 전환되는 방식에 대한 세부사항은 아직 알지 못하지만 그렇게 하는 데 어느 신경 시스템이 필요한지에 대해서는 꽤 잘 알고 있다.* 놀랍게도 우리가 장기기억 부호화에 대해 처음 알게 된 내용들은 대부분 한 불행한 환자의 사례로부터 나왔다. 바로 헨리 구스타프 몰레이슨Henry Gustav Molaison사례이다(예전에는 그냥 HM이라고 불렀다).

몰레이슨에 대한 책이 통째로 몇 권씩 나오기도 했으니 그의 삶과 경험에 대해 세세한 부분까지 들어가지는 않겠다(그의 이야기를 요약해서 보고 싶으면 수잔 코킨Suzanne Corkin의 책 『어제가 없는 남자, HM의 기억 Permanent Present Tense』를 참고하라. 이 책은 여러 해 동안 그와 함께 연구를 진행한 한 놀라운 신경과학자가 직접 관찰하고 글로 옮긴 몰레이슨의 이야기다).

몰레이슨은 십대였을 때 치료가 어려운 간질병이 생겼다. 그래서 어떤 항간질약으로도 통제가 되지 않는 심각한 발작을 앓았다. 만 14세에 발작이 일어나기 시작하자 그는 하루에 열 번씩 소발작petit mal seizure(이 동안에는 모든 인지능력을 상실하고 몇 분 동안 허공만 바라본다)과 일주일에 한 번씩 대발작grand mal seizure(통제가 불가능한 본격적인 경련)을 앓기 시작했다. 그가 20대에 접어들었을 때는 하루에 한 번 대발작이 찾아왔다.

간질 발작은 뇌의 어딘가에서 대규모 뉴런 집단의 활성이 비정상적으로 많아져서 생긴다. 이것은 기본적으로 뉴런들이 그냥 멈추지 않고 계속 발화하는 상태다. 물론 건강한 정상 세포들도 툭하면 발화한다. 하지만 발작에서 나타나는 활성이 좋지 않은 이유는 발화의 전체적인 양이 워낙 많고, 이 과활성의 파동이 뇌 전체로 퍼져나가기 때문이다. 대발작에서는 이런 집단적인 뉴런 발화가 뇌를 대

• 기억 응고화의 역학과 메커니즘에 대해서는 심리학에서 아주 많이 알고 있음을 지적해야겠다. 다만 그 과정이 뇌에서 어떤 식으로 일어나는지가 분명하지 않다.

부분 장악해 버리기 때문에 그 활성 자체가 가라앉기 전에는 정상적인 신경 기능이 쓸모가 없어져 버린다. 건강한 뉴런의 전기활성이 바다에서 정상적으로 나타나는 파도라면 간질의 활성은 거대한 쓰나미라고 할 수 있을 것이다.

보통 간질에서는 이런 뇌 활성 쓰나미를 일으키는 특정 뉴런 집단이 존재한다. 몰레이슨 같이 심각한 사례에서는 신경외과의사가 복잡한 수술을 선택하기도 한다. 이 수술은 몇 주에 걸쳐 여러 단계로 진행되며, 이 파동을 개시하는 세포들이 포함되어 있는 조직의 제거를 목적으로 한다. 우선 신경외과의사는 뇌에서 간질 활성이 시작되는 곳이 대략 어디인지 판단한다. 보통 이것은 두피에 뇌전도 전극을 달아서 알아내지만, 뇌에 직접 전극 격자를 부착해서 알아내기도 한다. 이런 시술을 피질뇌파검사electrocorticography라고 한다. 일단 간질의 초점 부위를 정확히 알아내면 의사는 그 뉴런들을 물리적으로 제거한다. 즉 뇌의 일부를 수술을 통해 잘라낸다는 의미다.

몰레이슨의 담당의사는 그의 간질 활성이 정확히 어디서 시작되는지 알 수 없었다. 하지만 발작이 일반적으로 내측측두엽medial temporal lobe이라는 뇌 영역에서 시작된다는 것이 알려져 있었다. 측두엽은 귀 바로 위쪽에 자리잡고 있으며 해마, 편도체, 청각피질, 방추형이랑 등 여러 영역을 아우르고 있다.

몰레이슨의 발작은 너무 심했기 때문에 의사는 대단히 실험적인 수술을 진행하기로 선택한다. 간질의 근원으로 추정되는 조직을 최대한 많이 제거하는 수술이었다. 이 수술은 1953년 8월 25일에 진행되었고, 결과적으로 그의 발작을 영구적으로 가라앉히기 위해 양쪽 해마와 편도체(1장과 4장에서 다루었다) 일부가 제거됐다.

그의 발작이 완전히 사라지지는 않았지만 그래도 감소했다는 점에서 보면 수술은 성공적이었다. 하지만 당시 의사가 몰랐던 점이 하나 있다. 이 수술로 인해 의도치 않은 결과가 찾아와 몰레이슨의 삶이 영원히 뒤바뀌게 되리라는 것이었다. 그는 더 이상 장기기억을 형성할 수 없게 됐다. 그의 작업기억은 온전했다. 그는 방금 경험했던 것들은 아주 선명하게 기억했다. 하지만 그 기억이 몇 분을 넘기지 못했다.

기억을 형성하거나 떠올리지 못하는 것을 기억상실증amnesia이라고 한다. 'amnesia'라는 영단어는 잘 잊어버린다는 의미의 그리스어에서 유래했다. 사실 그의 증상에는 하나 이상의 능력이 관련되어 있다. 구체적으로 말하자면 수술 이후로 몰레이슨은 선행성 기억상실증anterograde amnesia을 앓았다. 선행성anterograde이라는 말은 시간적으로 앞쪽을 향하고 있다는 의미다. 따라서 선행성 기억상실증은 앞으로의 일, 미래에 경험할 일을 잊어버린다는 의미다. 이것은 역행성 기억상실증retrograde amnesia과 대조되는 증상이다. 역행성 기억상실의 경우 특정 사건 이전에 일어났던 일은 잊어버리지만 그 사건 이후의 일에 대해서는 분명하게 기억하는 것을 말한다. 흔히 텔레비전 드라마에서 지나치게 과장되어 표현되는 기억상실증이 바로 역행성 기억상실증이다. 누군가에게 머리를 세게 맞아서 자기가 누구인지도 잊어버리고 새로 만난 연인과 함께 살다가 나중에 자신의 이름과 과거를 기억하게 된다는 뻔한 스토리는 줄거리에 반전을 도입하고 싶을 때 편리하다. 하지만 실제 역행성 기억상실증은 훨씬 비극적이고 심각하다.

선행성 기억상실증에 걸린 사람은 기억상실증을 일으킨 사건 이후로는 새로운 장기기억을 형성하지 못하게 된다. 몰레이슨의 경우 수술이 바로 이런 사건에 해당한다. 하지만 선행성 기억상실증의 경우 기억상실증을 유발하는 뇌 손상이 있기 전에 응고된 기억은 바로 어제 일어났던 것처럼 생생하게 유지된다. 사실 영화 〈메멘토 Memento〉(크리스토퍼 놀란Christopher Nolan 감독, 2001)를 본 사람이라면 이것이 어떤 증상인지 잘 알 것이다. 레너드Leonard(가이 피어스Guy Pearce 연기)가 선행성 기억상실증을 아주 잘 묘사했기 때문이다(스포일러 경고! 다만 문신과 연쇄살인은 선행성 기억상실증의 증상이 아니다).

몰레이슨은 희귀한 사례였다. 순수한 선행성 기억상실증은 그렇게 흔하지 않다. 뇌 양쪽에 있는 특정한 회로에 대칭적으로 손상을 입어야만 생기기 때문이다. 이것은 보통 저산소증hypoxia의 사례에서만 발생한다. 저산소증이 특히나 해마에 많은 손상을 가하기 때문이다. 거기에 더해서 드물지만 심각한 비타민 결핍이 기억상실과 선행성 기억상실증으로 이어지는 경우도 있다. 이것은 해마와 집중적으로 상호 연결되어 있는 뇌 영역인 유두체mammillary body가 티아민thiamine(비타민 B¹) 결핍으로 인한 손상에 민감하기 때문이다. 신경성식욕부진증anorexia이나 만성 알코올중독 같이 이 비타민 수치를 떨어뜨리는 장애가 생기면 유두체가 이 필수 영양소를 공급받지 못해 결국 좌우 모두에서 죽어나간다. 유두체의 이러한 퇴행이 베르니케 코르사코프 증후군Wernicke-Korsakoff syndrome이라는 장애의 전형적인 특징이다.* 이 증후군의 특징은 기억의 붕괴다. 이는 유두체가 해마의 활성을 통제하는 역할을 담당하기 때문이라 믿고 있다.

몰레이슨이 유독 특이했던 이유는 그가 수술의 결과로 좌우의 내측측두엽을 완전하게 상실했고, 더 중요한 점은 수술 직후에 인지능력의 변화가 아주 분명하게 입증되었다는 점이다. 수술에서 회복한 날부터 사망하는 날까지 몰레이슨은 자신이 경험한 사건과 자기가 보았던 대상을 거의 기억하지 못했다. 신기하게도 그는 수술 이후에도 새로운 것을 일부 학습하기는 했다. 그는 하워드 코셀Howard Cosell이 스포츠뉴스 앵커라는 것을 학습했고, 1970년대 텔레비전 쇼 '올 인 더 패밀리All in the Family'에 나오는 등장인물 아치 벙커Archie Bunker의 사위 이름도 학습했다. 하지만 몰레이슨은 이 사람들이 누구인지는 말할 수 있었지만, 그들을 어떻게 아는지도 말하지 못하고, 그들에 대한 더 구체적인 내용도(즉 그들이 어떻게 생겼는지, 성격이 어떤지 등) 전혀 말할 수 없었다.

따라서 양쪽의 내측측두엽을 제거한 몰레이슨은 1953년에 수술을 받은 날부터 2008년에 사망하는 날까지 그 어떤 새로운 명시적 기억도 학습할 수 없었다.

좀비 대재앙에서는 기능이 중요하다

이 장 앞 부분에서 작업기억에 대해 얘기했는데 그것만으로는 기

---

* 맞다. 6장에서 얘기했던 바로 그 베르니케다. 어쨌거나 그는 정말 생산적인 사람이었다.

억이 믿기 어려울 정도로 복잡하고 까다로운 대상이라는 것이 실감이 안 난다면 이것을 한번 생각해 보자. 몰레이슨처럼 선행성 기억상실증이 있는 사람도 사실 어느 특정한 종류의 기억은 형성할 수 있다.

맞다. 몰레이슨도 항상 새로운 것을 학습했었다. 다만 절차 기억 procedural memory이라는 특수한 유형의 기억일 뿐이다.

앞에서 기억은 크게 명시적 기억(의식적으로 떠올릴 수 있는 기억)과 암묵적 기억(무의식적 기억)으로 나눌 수 있다고 했었다. 일종의 암묵적 기억인 절차 기억은 습관을 예로 들어 설명하는 것이 제일 쉽다. 거의 자동적으로 나올 지경까지 연습이 된 행동 말이다. 자전거 타기, 피아노 연주, 혹은 시속 8킬로미터의 옆바람을 보정해서 멀리 떨어져 있는 좀비의 머리를 석궁으로 조준하기 같은 것이 그 사례다. 이런 일들을 할 줄 아는 경우에도 그것을 어떻게 할 수 있는 것인지 설명하기는 어렵다.

좀비 대재앙이 벌어진 이후의 당신의 모습을 상상해 보자. 일이 벌어지고 며칠 동안 당신은 간신히 살아남았다. 그러다 우연히 권총이 한 자루 생겼다. 당신은 총을 사용해 본 적이 한 번도 없어서 처음에는 너무 어색했다. 권총을 재장전하는 법도 모르고, 발사할 때 생기는 반동을 어떻게 대처해야 하는지도 몰랐다. 그리고 권총을 어떻게 청소하는지도 몰랐다. 권총을 만질 때마다 신경이 곤두서서 동작 하나, 하나마다 엄청나게 집중했다. 총구가 지금 어디를 향하고 있는지, 권총을 어떻게 쥐고 있는지 등등도 계속 신경 써서 살펴야 했다.

하지만 1년이 지난 지금은 권총 청소쯤은 눈감고도 한다. 그리고 느리게 움직이는 좀비의 머리를 권총으로 날리는 일은 가벼운 달리기를 하면서도 가능할 정도다. 이 모든 행동이 생각하고 자시고 할 것도 없이 가능해졌다. 이제 권총은 손의 일부가 됐다. 행동 하나, 하나마다 신경을 곤두세워야 했던 단계에서 제2의 천성으로 자리 잡기까지의 과정이 절차 기억의 핵심이다.

이렇게 새로운 행동을 학습하는 능력을 기능학습 skill learning이라고 하며 우리가 앞에서 얘기했던 뇌 영역인 바닥핵에 의해 조절된다.

아마 이렇게 소리 지르는 사람이 있을 것 같다. "잠깐, 잠깐만요! 처음에는 바닥핵의 뉴런들이 운동에 중요하다고 하고, 그 다음엔 작업기억에서 중요하다고 하더니 이번에는 새로운 절차 기억을 만드는 일도 담당한다고요? 바닥핵이 이 모든 일을 한단 말입니까?"

맞다. 우리가 하려는 말이 바로 그 말이다.

바닥핵에 손상을 입은 환자들에서 보이는 여러 문제 중에 한 가지 일관되게 등장하는 것이 있다. 바로 복잡한 절차적 기능 procedural skill을 새로 배우는 능력이다. 예를 들어 파킨슨병 Parkinson's disease 환자는 피아노에서 멜로디를 학습할 때 사용하는 순차적인 손가락 운동을 연마하는 데 어려움을 느낀다. 그렇다고 꼭 이들이 운동을 실행에 옮기는 데 어려움이 있다는 의미는 아니다. 다만 파킨슨병 환자는 며칠, 몇 주를 연습해도 바닥핵이 건강한 사람처럼 연주 실력이 늘지 못한다.

이런 관찰을 통해 연구자들은 바닥핵의 기능 중 하나는 새로운 절차적 기능을 학습하는 것이라 생각하게 됐다. 바닥핵이 운동 실행과 의사 결정에도 역시 관여하는 것으로 보아 뇌 깊숙한 곳에 자리를 튼 이 작은 영역들이 이 모든 능력에서 근본적인 무언가를 하고 있다고 생각할 수 있다. 따라서 바닥핵이 절차적 학습, 운동 조절, 의사 결정 등을 하고 있다고 말하는 것은 정확한 표현이 아닐지도 모르겠다. 그보다는 바닥핵이 대단히 기본적이고 중요한 무언가를 하고 있기 때문에 이 기능에 장애가 생기면 이 모든 기능에 영향을 미치는 것이라고 해야 할 것이다.

앞에서도 말했지만 기억은 정말 이해하기 까다로운 대상이다.

파페즈 회로와 섬광기억

물론 기억이 진공 속에서 작동하는 것은 아니다. 어떤 기억에는 특별한 무언가가 있어 보인다. 어째서 당신은 작년 당신 생일날 모두가 당신과 함께 '생일 축하합니다' 노래를 부른 것은 귀에 들리는 듯 생생하게 기억하는데 일주일 후에 라디오에서 흘러나오던 노래가 무엇인지는 기억하지 못할까? 그리고 결혼식 날에 무슨 일이 있었는지는 다 기억나는데, 그 다음 주 목요일에 무엇을 했는지는 기억나지 않을까? 좀비 대재앙이 일어난 첫날을 기억할 수 있을까? 당연히 기억 날 것이다. 그것도 아주 생생하게!

이 모든 사례를 관통하는 공통의 맥락이 있다. 지루한 일상적인 일보다 정서적으로 중요한 사건이 훨씬 또렷하게 기억한다는 것이다. 충격적이거나 깜짝 놀랄 사건에 대한 기억에는 무언가 특별한 것이 있다. 사실 이런 유형의 기억은 특별히 섬광기억flash-bulb memory

이라는 별명도 갖고 있다. 9·11 테러, 자동차 충돌 사고, 허리케인 카트리나 같은 충격적이거나 깜짝 놀랄 사건에서 자주 생기기 때문이다. 이런 기억은 지극히 생생하고 구체적이다(곧 살펴보겠지만 이런 기억이 항상 정확하지는 않은 것으로 밝혀졌다). 마치 경험 당시의 충격이 기억을 더욱 선명하게 만드는 것 같다.

1936년에 제임스 파페즈James Papez라는 해부학자가 기억과 감정 사이의 이런 관련성에 흥미를 느꼈다. 파페즈는 감정 및 기억과 관련해서 자신이 관찰한 일군의 행동을 하나로 통합해서 뇌에 관한 하나의 신경해부학 모형을 만들고 싶었다. 이것을 위해 파페즈는 많지는 않지만 점점 많아지고 있던 신경과학 문헌들을 살펴보면서 뇌 영역에 관해 아주 똑똑한 가설을 하나 만들었다. 섬광기억이 일어나기 위해서는 뇌 영역들이 함께 연결되어 있어야 한다는 것이었다. 이 모형은 신경과학의 이론적 모형 중 최초 사례 중 하나로 밝혀진다.

파페즈의 모형에는 편도체처럼 감정과 연관된 영역과 해마처럼 기억에 연관된 영역, 그리고 띠이랑피질처럼 심부 뇌 영역들의 활성을 감시하는 것으로 생각되는 피질 변연계 영역들 간의 구체적인 연결들이 포함되어 있었다. 파페즈의 1937년 원본 원고에 따르면 특별히 이들 영역들을 연관 짓자는 아이디어는 광견병 감염이 "치열한 감정과 발작, 마비를 유발하는 증상"을 특징으로 하며, 해마에 특별한 영향을 미친다는 그의 관찰에 근거를 둔 것이었다. 그리고 이것은 "감정을 자극하는 메커니즘이 자리 잡고 있을 가능성이 있는 위치에 대해 중요한 단서를 제공"한다.

이 회로를 뭉뚱그려 파페즈 회로Papez circuit라고 부르게 됐다. 파페즈는 두 가지 흥미로운 패턴을 알아차렸다. 첫째, 광견병 바이러스에 감염된 동물과 사람은 감정에 장애가 잘 생긴다. 둘째, 광견병은 해마, 그리고 측두엽과 전두엽에 있는 다른 뇌 영역들에 손상을 입힌다. 이것을 바탕으로 그는 이 영역들, 즉 파페즈 회로가 감정의 조절에 중요한 역할을 한다고 결론 내렸다.

현재 밝혀진 바에 따르면 기억과 감정의 연결 방식에 있어서 파페즈가 기술한 회로가 전적으로 옳지는 않다. 하지만 상관관계에 대한 전반적인 골자는 옳은 것으로 밝혀졌다. 특히 섬광기억은 편도체(감정, 특히 공포와 분노를 처리)와 해마(명시적 기억을 응고) 사이의 연결에 의지하는 것으로 보인다. 특히나 충격적인 사건이 일어난 경우 편도체는 해마를 점화priming하여 기억 응고의 임무를 더 잘 수행할 수 있게 한다.

하지만 애초에 섬광기억이 필요한 이유가 무엇일까? 그 대답은 결국 기본적인 생존의 문제로 귀결되는 듯하다.

다음의 시나리오를 생각해 보자. 당신이 밤늦게 묘지를 지나 집으로 걸어가고 있다. 날씨는 춥고 주위는 스산할 정도로 고요하다. 당신이 어느 어두운 묘지를 지나고 있는데 독성 폐기물에 노출돼서 반쯤 썩은 좀비 하나가 부서진 묘 입구에서 뛰쳐나와 당신을 가로막으며 당신의 "브… 레… 인…"을 요구한다. 이것이 당신에게 투쟁-도피 반응을 촉발한다. 이 반응은 부분적으로는 당신 뇌의 편도체에서 개시된다. 당신이 현명하게 '도피'를 선택해서 타만의 손아귀에서 탈출하는 데 성공한다면 당신은 그날 밤 무사히 살아남을 것이다.

다음번에 당신이 그 묘지에 다시 찾아갈 일이 있다면 그 묘 곁에는 다시 찾아가지 않는 것이 좋을 것이다. 피츠버그에는 이런 속담이 있다. "한 번 속으면 네 잘못이지만, 두 번 속으면 좀비에게 뇌를 잡아먹힌다."* 따라서 당신의 뇌는 기존의 경험에 관해 관련 있는 세부사항을 최대한 많이 기억해 두어 똑같은 실수를 두 번 하지 않도록 진화했다. 그래서 섬광기억이 필요한 것이다.

하지만 같은 것을 계속 반복적으로 기억하다 보면 문제가 생긴다. 아시다시피 당신이 특정 기억을 떠올릴 때마다 뇌는 사실상 신경회로에 보관해 두었던 기억의 흔적들로부터 그 사건을 재구성한다. 당신이 그 사건을 재구성할 때마다 작은 오류를 범하게 되고, 결국 이런 오류가 기억 그 자체로 고착된다. 그 좀비가 사실은 초록색 셔츠를 입고 있었지만 당신은 빨간 셔츠를 입고 있었다고 착각할 수도 있다. 시간이 지나면서 이런 작은 오류들이 점점 쌓여 섬광기억이 점점 믿지 못할 기억으로 변한다. 기억이 사건의 진실로부터 멀어지기 때문이다. 이런 기억이 완벽한 실제이고 정확하다고 느껴지겠지만 그렇지 않다. 하지만 굵직굵직한 여러 가지 세부사항(즉 묘지에서 좀비가 공격했다는 사실 자체)은 여전히 믿을 만하다. 그리고 대단히 두드러진 기억이기 때문에 그 경험이 미친 정서적 영향도 떠올릴 수 있다. 섬광기억은 이런 식으로 기본적인 정보들을 유지하고 있고, 이것이 다시 우리의 생존 가능성을 높여준다.

---

* 좋다…. 사실 피츠버그에서 이런 말을 하는 사람은 티모시밖에 없다.

뇌가 섬광기억을 만들어내는 방법에 대해 제임스 파페즈가 구성한 모형은 시간이 흐르면서 여러 번 수정됐다. 다른 좋은 모형들과 마찬가지로 이 모형의 가치 역시 검증 가능한 새로운 가설을 제시하는 데 있다.

이제 뇌에서 기억이 작동하는 방식에 대해 어느 정도 알게 됐으니 다시 좀비 친구 빅대디와 에드에게 돌아가서 잠시 그들의 행동을 찬찬히 살펴보자.

빅대디는 벨소리에 반응하는 법을 기억하고 있고, 주유기를 어떻게 잡는지도 정확히 알고 있고, 그것을 사용하는 법도 안다(영화 후반부를 보면 그는 휘발유 폭탄을 만드는 법도 안다). 에드는 제일 친한 친구인 숀을 알아보지는 못하지만 그래도 플레이스테이션 게임기의 컨트롤러를 조작하는 법은 쉽게 기억한다. 양쪽 경우 모두 절차 기억(주유기를 작동시키거나 컨트롤러를 조작하는 것)은 온전히 남아 있는 것으로 보인다. 영화 〈랜드 오브 데드〉 후반부를 보면 빅대디가 치어리더 좀비에게 총을 쏘는 법을 가르치고, 정육점 주인 좀비에게 큰 식칼로 벽을 내리찍는 방법을 가르친다. 좀비는 절차 기억만 온전한 것이 아니라 새로운 기능도 학습할 수 있는 것 같다. 이것은 좀비의 뇌에서 선조체(3장 참고)가 꽤 건강한 상태로 남아있음을 강력히 시사한다. 이런 개념은 앞에서 얘기했던, 좀비의 운동 행동 진단과 일맥상통한다(이것 역시 3장 참고).

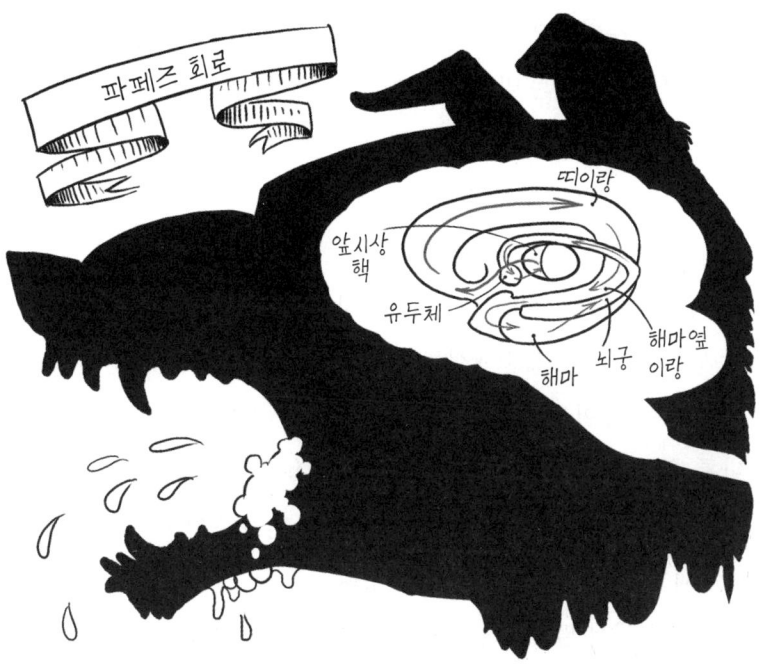

그림 10.2 파페즈 회로는 1936년에 제임스 파페즈가 기억과 감정 사이의 강력한 행동학적 관련성을 설명하기 위해 한데 연결되어 있을지도 모른다는 이론을 제시했던 개별 뇌 영역들의 집합이다.

우리가 "작업기억"이라고 부르는 복잡한 융합체는 어떨까?

작업기억의 핵심적 특성은 초 단위나 분 단위의 짧은 시간 동안 정보를 유지하는 능력이라고 한 것을 기억하자. 빅대디와 에드 모두 과제를 지속할 수 있는 능력이 있어 보인다(빅대디는 다른 좀비들을 가르치고, 에드는 비디오게임을 한다). 자기가 원하는 일을 계속 할 수 있는 능력은 작업기억이 건강하게 작동하고 있다는 말이다. 사실 좀비는 여기에 너무 능숙하다고 할 수 있다. 좀비가 사람을 사냥 다닐 때 보면 이것이 확연히 드러난다. 좀비는 관심을 더 끄는 다른 사건이 발생하기 전에는 먹잇감에 대한 사냥을 멈추지 않는다.

좋다. 그럼 절차 정보 같은 암묵적 기억과 단기기억은 온전한 것으로 보인다. 그럼 명시적 기억은 어떨까?

제일 먼저 스스로에게 던져 보아야 할 질문은 다음과 같다. "좀비도 자기가 예전에 어떤 사람이었는지, 누가 자기 친구였는지 기억할까?" 슬프게도 그건 확실히 아니다. 사실 이것은 좀비의 본질적인 특성이다. 이들은 자기가 누구였는지에 대해, 그리고 자기 삶의 다른 측면에 대해 명시적으로 기억을 떠올릴 수 없다. 역행성 기억상실증과 같은 맥락에서 좀비들은 좀비로 변한 순간부터 더 이상은 이전의 의식적 기억에 접근할 수 없다.

혹시나 해서 말하자면 무의식적인 기억이 등장할 때는 있다. 일례로 살아있을 때 쇼핑몰에 가는 것을 좋아했던 사람은 살아있는 시체가 되어 서성거릴 때도 쇼핑몰에 갈 가능성이 높다. 하지만 그렇다고 해서 그 쇼핑몰에서 있었던 행복한 기억을 유지하고 있다는 의미는 아니다. 그냥 거기에 가고 싶다는 무의식적인 욕망이 있을 뿐이다.

우리는 좀비가 기존의 명시적 기억을 잃을 뿐만 아니라 장기기억을 저장하는 능력도 상실한다고 주장한다. 사실 7장에서 이 얘기는 이미 했었다. 좀비가 다른 곳에 정신이 팔려서 먹잇감에 대한 정보가 작업기억에서 떠나 버리면 그 먹잇감에 대해서도 잊어버리는 것으로 보인다. 빅대디가 처음 등장했을 때 이런 모습이 보인다. 그는 주유장치로 가서 주유기를 집어들 즈음에는 자기가 왜 거기 있고, 무엇을 하고 있는지 잊어버린 듯한 모습이었다. 벨소리가 울린 것과 주유기를 집어든 것 사이에 시간이 너무 많이 흐른 것이다.

신경학 문헌을 바탕으로 생각해 보면 이런 형태의 선행성 기억상실증은 해마나 유두체의 위축으로 생기거나, 이 영역들과 뇌의 나머지 영역 사이의 단절로 인해 생길 가능성이 높다. 사람의 고기는 대부분의 붉은 살코기와 마찬가지로 티아민 성분이 많이 들어 있는 것으로 보아 좀비가 티아민 결핍으로 유두체가 파괴되어 있을 가능성은 높지 않아 보인다.* 그래서 우리는 해마 자체가 파괴되는 것이 좀비병의 작동방식 중 하나가 아닐까 생각한다.

이렇게 고도의 기억상실증이 생긴다는 것은 좀비가 당장에 일어난 사건만을 바탕으로 행동할 수 있고, 그로부터 몇 분만 지나면 의식적인 기억의 흐름에 문제가 생긴다는 의미다. 이렇게 심각한 기억상실증이 생기려면 우리가 설정한 가상의 좀비는 좌우 양쪽의 해마가 모두 심각하게 파괴되어 있어야 한다. 바이러스 때문에 해마가 파괴된 것이든, 그냥 심각한 티아민 결핍을 앓고 있는 것이든 좀비들은 새로운 좀비 인생의 기억을 형성할 능력을 상실한 것이라 말할 수 있다.

진정한 좀비 문화 마니아에게는 그리 놀랍지 않은 내용들이다. 일부 변형된 좀비 유니버스에서는 좀비 감염의 정도를 판단할 때 기억의 온전함을 이용하기도 한다. 아마도 미라 그랜트^{Mira Grant}의

---

* 다만 좀비의 위장이 제대로 기능하지 않아서 사람의 고기에 들어있는 영양분을 제대로 흡수하지 못할 가능성은 있다.

좀비 대재앙 이후를 다룬 소설 『뉴스플레시NewsFlesh』 시리즈에서 이것이 가장 잘 표현되어 있을 것이다. 이 소설에서는 '바이러스 증폭viral amplification'(즉 좀비가 되는 것)에 진입하는 것으로 의심되는 사람에게 살아온 인생과 관련된 일련의 질문을 던진다. 자기 이름이나 자기가 자란 곳을 기억하지 못하면 좀비로 변하기 전에 머리에 총알이 박히게 된다.

아직 좀비 대재앙이 찾아오지 않은 세상에 살고 있는 당신에게는 이것이 무슨 의미일까? 좀비의 뇌가 기억능력이 떨어진다는 점에 위안을 얻을 수 있다. 좀비는 기억력이 형편없기 때문에 충분히 오랫동안 숨어 있을 수 있다면 당신을 추격하던 좀비는 그 사이에 다른 무언가에 정신이 팔려서 당신은 잊어버릴 것이다.

11장
좀비 대재앙에 과학으로 맞서자!

> "사망한 지 얼마 안 된 사람들이 되살아나 살인을 저지르고 있는 것으로 확인됐습니다. …땅속에 묻히지 않은 사망자들이 다시 살아나 인간 희생자를 찾아다니고 있습니다."
>
> – 뉴스 아나운서, 〈살아있는 시체들의 밤〉(1968)

당신이 이 책을 여기까지 읽는 데 몇 시간, 혹은 며칠, 몇 주가 걸렸는지는 알 수 없지만 부디 사람의 뇌 작동 방식에 대해서, 그리고 이왕이면 좀비에 대해 통찰을 얻었기를 바란다. 지금까지 정신의 풍경을 가로지르는 이 작은 지적 여행에서 우리는 여러 가지 주제를 다루었다.

- 뇌에서 어떻게 수면과 각성이 일어나는가?
- 신경계는 어떻게 우리를 움직이게 하는가?
- 배고픔, 공포, 분노의 본질은 무엇인가? 이 모든 것이 뇌와는 어떻게 관련되어 있는가?
- 우리는 어떻게 말을 하고, 다른 사람의 말을 이해하는가?
- 우리는 어떻게 얼굴을 보거나, 그 얼굴이 누구의 것인지 알아볼까?

- 자발적 통제와 자아라는 느낌은 얼마나 덧없는 것인가?
- 기억의 본질은 무엇인가?

뇌는 끈적거리는 상당히 복잡한 덩어리다. 뇌에 대해 모든 것을 알지도 못하고, 뇌가 어떻게 의식을 만들어 내는지도 모르지만 좀비 뇌에서 무슨 일이 벌어지고 있는지 대략적인 모형을 만들 수 있을 정도는 안다.

초기의 신경학자들이 자신이 접한 수많은 흥미로운 사례들을 이해하기 위해 고군분투했던 것처럼 우리도 이제 이 책 전반에서 수집한 정보들을 하나로 통합해서 좀비 감염을 공식적으로 진단하고, 그 감염이 뇌에 무슨 짓을 한 것인지 이해할 수 있을 것이다.

좀비 증후군의 진단

진단명: 의식결핍 과소활동 장애 Consciousness Deficit Hypoactivity Disorder, CDHD

증상: CDHD는 환자가 자신의 행동에 대한 의도적 통제의 결여, 무기력하고 피로한 움직임(운동각결여, akinesthesia), 쾌락의 감각 상실(쾌감상실증, anhedonia), 전반적인 언어기능장애(실어증), 기억 장애(기억상실증), 먹는 행동이나 공격적인 '투쟁-도피' 행동 등 식욕증진행동 억제 능력의 상실 등의 증상을 보이는 후천성 증후군이다. CDHD 환자는 익숙한 사물이나 사람을 알아

보는 데 심각한 장애를 보이는 경우가 많고(실인증), 만성 불면증으로 나타나는 영구적 수면장애 때문에 그 결과로 '깨어 있는 섬망waking delirium' 상태를 보일 때가 많다. CDHD 환자는 또한 반사회적 행동패턴을 보인다(즉 사람을 물거나 잡아먹으려 한다). 그리고 이런 폭력적인 행동은 엄격하게 살아있는 사람만을 표적으로 일어난다. 사실 다른 감염된 개인들에게서는 대단히 강력한 친사회적 행동이 발현된다. 감염된 개인들이 무리를 짓고 떼 지능을 발휘하는 것이 그 증거다.

아형: '느린 좀비'로 알려진 CDHD-1 아형은 심한 운동각결여로 인해 협응이 제대로 이루어지지 않는 대단히 느린 행동을 보인다. 반면 '빠른 좀비'로 알려진 CDHD-2 아형은 운동각결여가 전혀 나타나지 않는다.

CDHD가 두 가지 아형으로 나뉘는 이유는 미결 문제로 남아 있다. 하지만 그 병의 원인을 추측해 볼 수는 있다. 관찰에 따르면(예를 들면 〈리빙 데드Living Dead〉 영화 시리즈에서) CDHD-1 아형은 부활하는데 몇 분, 몇 시간, 심지어 그보다 더 오랜 시간이 걸리기도 한다. 반면 CDHD-2 변이의 경우에는 감염 후 불과 몇 초만에 좀비로 변하는 모습을 관찰할 수 있다(영화 〈28일 후〉에서). 이런 개인들은 특히나 강력한 형태의 CDHD-2 변이를 발현한다.

이런 관찰을 통해 우리는 부활 시간 가설time-to-resurrection hypothesis을 제안하게 됐다. 이 가설은 사망 시점을 기준으로 순환계가 작동을 멈추기 때문에 영양분과 산소가 더 이상 뇌에 도달하지 못한다는 개념, 즉 뇌가 저산소증에 놓이게 된다는 개념을 바탕으로 한다. 우리는 감염된 개인이 좀비의 형태로 다시 부활했을 때는(이때부터는 사람의 고기를 섭취하여 뇌가 다시 포도당을 공급받게 된다) 비정상적인 상태일지언정 기본적인 혈액순환과 포도당 소비가 다시 시작될 거라 가정했다. 뇌는 산소와 영양분이 오래 결핍될수록 더 광범위한 손상을 입는다. 따라서 부활 시간 가설에 따르면 아직은 알려지지 않은 어떤 메커니즘에 의해 근래에 CDHD 질병에 돌연변이가 생겨, 혹은 적응이 일어나서 부활하는 데 걸리는 시간이 최소화되었다.

그래서 저산소증 손상이 운동 시스템과 공간인식 시스템에 미치는 영향이 최소화되어 사냥 능력이 개선되는 효과를 낳은 것이다.

신경적 기원: CDHD-1과 CDHD-2 아형 모두 여러 뇌 영역에 생긴 변화로 생긴 것일 가능성이 높다. 신경 기능의 변화는 활성저하(이는 육체적 손상 때문일 가능성이 농후하다)와 여러 뇌 네트워크에서의 활성 변화가 결합되어 생긴다.

CDHD에서 활성저하를 겪을 가능성이 제일 높은 영역은 다음과 같다.

측두엽. CDHD의 모든 사례에서 방추형이랑, 위관자고랑, 내측측두엽, 관자마루 접합부 temporalparietal junction (베르니케 영역)를 비롯한 복면측두엽의 다양한 영역에서 지속적인 병소가 발견될 가능성이 대단히 높다. 방추형이랑이 손상을 받으면 얼굴을 알아보는 능력에 장애가 생긴다(안면인식장애). 이런 장애가 CDHD에서 카그라스 망상이 발현되는 것처럼 보이게 만들 수도 있다. 위관자고랑에 손상을 입으면 얼굴의 감정 표현을 처리하는 능력에 장애가 생겨 타인의 감정에 대해 전반적으로 무관심한 행동을 보일 수 있다. 관자마루 접합부의 병소는 언어 이해 능력에 심각한 장애를 낳아(달변 실어증) 소통이 어렵거나 불가능해질 수 있다. 마지막으로 특히 해마, 혹은 그 주변 영역으로 내측측두엽에 병소가 생기면 새로운 명시적 기억을 형성하는 능력이 사라지거나 주변 환경을 정확하게 탐색하는 능력에 장애가 생긴다.

두정엽. CDHD-1 감염은 후두정엽피질posterior parietal cortex, 특히 후두정엽의 등쪽 측면을 따라 양쪽 반구에 병소를 만들 가능성이 있다. 이런 손상은 자발적으로 주의를 할당하는 능력의 상실(주의철수 결핍증), 시선을 쉽게 옮기거나 눈을 움직이는 능력의 상실(핵보기못함증), 한 번에 하나 이상의 대상을 지각하는 능력의 상실(동시실인증)을 비롯한 현저한 시각실인증을 유발하게 된다. 이런 공간 주의에 문제가 생기면 협응과 전반적인 운동 조절도 어려워진다. 두정엽의 아랫부분에 병소가 생기면 도구 사용에 어려움이 생길 수 있다(관념운동실행증ideomotor apraxia과 관념실행증ideational apraxia). CDHD-2 아형에 감염된 사람은 이런 신경로에 큰 손상을 입었을 가능성이 크지 않다. 감염된 사람은 통증 자극에 반응하지 않지만 CDHD에서 두정엽 아주 앞쪽에 있는 체성감각피질은 온전하게 남아 있어야 한다는 점을 유념하자.

전두엽. 양쪽 CDHD 아형 모두 전두엽 뇌 영역, 특히 안와전두피질, 배외측 전전두피질, 아래전두엽피질, 앞띠이랑피질에 광범위한 손상을 보일 것이다. 안와전두피질에 손상을 입으면 적절한 반응, 특히 충동적인 투쟁-도피 반응을 억누르는 능력을 상실하고 보상의 느낌이 억제된다(쾌감상실증). 감염된 사람들은 대단히 충동적인 행동을 보인다. 배외측 전전두피질에 손상을 받으면 의사결정 능력과 고등 인지기능에 장애가 생긴다. 아래전두엽피질, 특히 브로카 영역에 병소가 생기면 말하기 능력에 장애가 생긴다(표현 실어증). 최상의 시나리오에서는 전형적인 텔레그라피아의 형태로 약간의 말하기 능력이 온전히 유지될 수 있다. 마지막으로 띠이랑피질에 손상을 입으면 충돌 감시conflict monitoring 장애와 동일한 증상이 나올 것이다. 그럼 먹잇감에게 느끼는 정서적 애착과 그 먹잇감을 먹고 싶은 욕망이 충돌하는 것을 느끼더라도 먹고 싶은 욕망을 억제하지 못한다. 근래 들어 충돌 감시에서 띠이랑피질의 역할에 대해서는 논란이 있기 때문에 CDHD에 걸린 사람이 경험하는 충돌의 수준에 대해서 더 이상의 추측은 삼가겠다(영화 〈웜 바디스〉 참조). 하지만 띠이랑피질 손상은 '정서적 고통emotional pain' 신경로의 장애를 낳을 가능성이 있다. 이 말의 의미는 감염된 사람이 두정엽의 체성감각피질에서 통증은 인식할 수 있으나, 통증 자체에 무관심해질 수 있다는 것이다. 즉 통증에 신경 쓸 수 있는 능력이 사라진다. 그래서 많은 의사들이 CHDH 감염 환자들이 통증에 무감각하다고(통각상실증

analgesia) 잘못 진단하는 경우가 종종 생기는 것이다.

소뇌. CDHD-1 아형 감염은 소뇌 곳곳에서 퇴화가 일어났을 가능성이 높다. 심각한 협응 장애를 이것으로 설명할 수 있다. 이런 환자는 다리를 넓게 벌리고 서며, 느릿느릿 서투르게 걷고, 손을 뻗어 무언가를 잡는 것도 어렵다. 소뇌가 퇴화되면 불분명한 발음(조음장애dysarthria), 시간 지각의 어려움, 매끈한 눈 운동의 어려움(안진증) 등도 따라온다. CDHD-2에 감염된 사람은 광범위한 소뇌 손상을 모면할 가능성이 높아 운동에 심각한 장애가 생기는 경우가 덜하다.

시상하부. 시상하부 앞쪽도 모든 CDHD 사례에서 병소가 발생하는 것으로 보인다. 시상하부의 배외측시각전핵에 손상을 입으면 잠의 개시가 윤활하지 못해서 CDHD 환자들은 계속 깨어있게 된다. 시상하부의 궁상핵에 있는 렙틴 감지 뉴런leptin-sensitive neuron도 손상되는 것으로 보인다. 그 결과 계속해서 배고픔을 느끼거나 포만감을 느낄 수 없게 된다.

중간뇌. 중간뇌의 위둔덕은 CDHD의 양쪽 아형 모두에서 장애가 생겼을 가능성이 높다. 감염된 사람은 시각에 의해 활성화되는 반사성 회피반응reflexive avoidant response이 보이지 않는다. 반대로 위둔덕이 온전히 작동하고 있는 경우에는 신속한 반응운동이 일어난다.

CDHD에서 활성과다를 겪고 있을 가능성이 높은 뇌 영역은 다음과 같다.

편도체. 편도체는 CDHD에서 가장 과도하게 활성화된 뇌 영역으로 보인다. 이로 인해 투쟁-도피 행동이 강화되고, 공격적인 행동이 나타나는 '투쟁' 변이가 지배하기 때문에 충동적으로 반응하는 공격성이 증가한다. 이런 행동으로 보아 CDHD에서는 수도관주위회백질periaqueductal gray로의 편도체 투사가 강화되어 있을 가능성이 높다.

시상하부. 시상하부 뒤쪽에 있는 조면유두체핵의 활성이 과도해져 뇌간의 망상활성계가 지속적으로 활성화되는 결과를 낳는다. 여기에 배외측시각전핵의 장애가 더해지기 때문에 양쪽 CDHD 아형 모두에서 잠이 들지 않고 계속 활성화되는 것이라는 설명이 가능하다. 여기에 더해서 시상하부의 궁상핵에서 그렐린에 대한 민감도가 높아져 포만감이 결여되고, 먹어도, 먹어도 식욕이 계속 유지되는 현상이 생긴다.

CDHD에서 변화가 없는 것으로 보이는 뇌 영역은 다음과 같다.

1차 감각영역. 시각, 청각, 후각, 촉각, 미각 등을 비롯한 초기 감각 신호를 처리하는 피질 영역들은 CDHD에서도 모두 온전할 가능성이 높다. 우리는 통증 자극에 대한 반응 결여는 몸에 가해진 통증 감각을 인식하는 영역인 1차 체성감각피질의 변화로 인한 것이 아니라 통증에 대한 감정적 반응을 처리하는 고등 피질 영역의 손상에 의한 것이라고 결론 내렸다. 따라서 CDHD에 걸린 사람은 모든 감각에서 올라오는 가용 정보를 모두 사용하는 것으로 보인다. 다만 그런 자극에 대한 감정적 반응이나 관련된 생리적 반응은 나타내지 않는다.

피질운동영역과 바닥핵. CDHD에서도 전두엽의 전운동영역과 1차 운동피질은 모두 온전해 보인다. CDHD-1에 걸린 사람은 심각한 운동 결함을 보이지만 이것은 소뇌 손상에서 전형적으로 나타나는 증상이다. 모든 CDHD 사례에서 바닥핵은 온전히 남아있는 것으로 보인다. 감염된 사람들은 행동을 개시하거나 결정을 내리는 데 아무런 문제도 보이지 않으며, 바닥핵 기능이상에서 나타나는 독특한 증상인 안정시 떨림resting tremor도 나타나지 않는다. 따라서 우리는 CDHD-1에서 확연하게 드러나는 운동장애가 운동 개시에 지장이 생겼거나 척수로 근육 수축 신호를 보내지 못해 생기는 것이 아니라는 결론을 내렸다. CDHD-1의 운동 기능장애는 주로 소뇌 손상 때문에 작은 운동 오류를 실시간으로 수정하지 못해서 생기는 것이다.

거기에 더해서 관찰된 행동을 바탕으로 볼 때 양쪽 CDHD 유형 모두 보상을 경험하는 것으로 생각된다. 다른 측면에서는 전반적으로 쾌감상실증이 있는 것으로 보이지만 적어도 사람 고기 섭취를 충족시켜야 할 갈망이라 생각한다는 점에서 보면 그렇다. 이런 보상감sense of reward도 바닥핵의 배쪽 신경로를 통해 조절되기 때문에 CDHD 환자에서 이런 신경로가 온전히 남아있다는 사실을 확인할 수 있다(안와전두피질과 관련된 보상 처리에 결함이 있기는 하지만).

시상. CDHD에서 시상의 기능은 온전히 유지되는 것으로 보인다. 시상을 통해 전송되는 신경 신호 중 일부는 처리에 장애가 생길 수 있지만 전반적인 시상의 기능은 정상적으로 유지되는 것 같다.

뇌간. 망상활성계의 과활성을 제외하면 뇌간 기능은 모두 정상적으로 보인다. 망상활성계의 과활성은 시상하부에서 들어오는 입력 때문이라 믿고 있다.

결론적으로 말하면 CDHD에서 보이는 일련의 뇌 변화는 신피질에 있는 소위 '고등' 인지 영역의 기능이 상실되었음을 말해주고 있다. CDHD-1 아형은 소뇌도 퇴화되었음을 보여준다. 감염에 영향을 받는 피질 영역들은 대부분 연합association 영역이며, 이 영역들은, 의사결정 및 복잡한 행동의 생산에 관여하는 것으로 생각된다. 따라서 연합피질association cortex의 광범위한 기능장애가 시상하부와 편도체 같은 심부 뇌 영역의 2차적인 변화를 낳는다는 것이 우리의 의견이다. CDHD에서 손상을 모면할 가능성이 높은 피질 영역들은 대부분 1차 피질 영역들이다. 이 영역들은 주변 환경과의 관계에서 1차 수신자(감각 영역의 경우)나 상호작용자(운동 영역의 경우)로 작용하면서 바깥세상과 이어지는 주요 접점 역할을 한다.

한 발 뒤로 물러서서 좀비의 행동을 설명하기 위해 반드시 일어나야 할 신경의 변화를 생각해 보면 대자연(혹은 CDHD 역병을 야기한 초자연적인 힘)이 아주 똑똑하다는 사실이 분명해진다. 의식적 행동과 자발적 행동(즉 자유의지)을 장악하면서 사냥에 필요한 다른 뇌 기능들은 모두 온전히 보존하기 위해 필요한 뇌의 변화를 구체적으로 살펴보면 모두 꼼꼼하게 선택된 것으로 보인다. 뇌가 무작위로 손상을 받아서는 이런 좀비병이 생길 수 없다.

한마디로 감염은 되었지만 감염을 퍼뜨리는 데 필요한 신경조직은 건드리지 않고 놔두었다는 말이다. 분노, 배고픔, 후각, 시각, 물어뜯기, 그리고 다른 기본적 운동 능력에 필요한 뇌 영역은 온전하게 놔둔 반면, 복잡한 생각을 만들어내고, 선제적인 결정을 내리고, 기억을 의식적으로 형성하고 떠올리는 데 필요한 영역들은 망가뜨려 놓은 것이다. CDHD에 걸린 사람은 이런 변화로 인해 자극에 의해 주도되는 자동적인 행동만을 하게 된다. 감염은 공격적인 충동과 배고픔의 감각만을 키움으로써 강력한 포만 욕구를 만들어낸다. 하지만 감염에 의해 포만을 느끼는 능력이 사라져 버렸다(시상하부의 일부에 가해진 손상으로 인해). 그래서 감염된 사람은 얼마 전에 사람을 잡아먹었더라도 계속해서 공격적인 행동과 배고픔을 충족시키는 행동을 이어가게 된다.

자연에는 실제로 이런 용의주도하고 세련된 뇌 강탈의 사례가 여럿 존재하는 것으로 밝혀졌다. 한번 살펴보자.

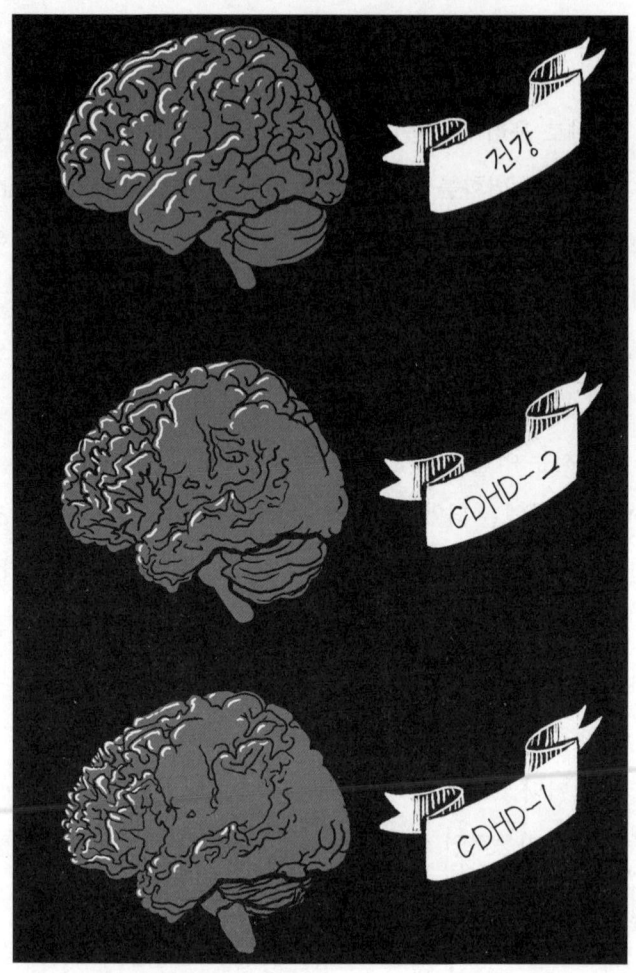

그림 11.1 건강한 사람의 뇌는 제일 위에 나와 있다. 일단 사람이 좀비에게 물려서 죽음이 닥쳐오면 뇌는 영양을 공급받지 못해 부패하기 시작한다. 빠른 시간(수 초에서 수 분 사이) 안에 좀비로 부활한 사람은 위축이 최소화되어 CDHD-2 아형의 좀비(빠른 좀비)가 될 것이다. 그 이유는 뇌에 산소와 다른 영양분이 결핍된 상태가 오래 지속되지 않았고, 손상도 그만큼 덜하기 때문이다. 오랜 시간이 지난 후에(몇 시간에서 며칠) 부활한 좀비는 더 전형적인 CDHD-1 아형의 좀비(느린 좀비)가 될 것이다. 뇌가 훨씬 오랫동안 결핍 상태에 있었고, 손상도 그만큼 크기 때문이다. 빠른 좀비와 느린 좀비의 차이를 이렇게 설명하는 것을 '부활 시간 가설'이라고 한다.

대자연 스타일의 뇌 강탈

지난 80년 동안 좀비병의 원인을 설명하기 위해 수많은 가설이 제기되었다. 여기에 해당하는 것은 다음과 같다.

- 우주 방사선 (살아있는 시체들의 밤, 카펫 나이트)
- 화학 무기나 독성 가스 (바탈리언, 플래닛 테러)
- 생물학적 감염 (28일 후, 레지던트 이블)
- 유전자 조작 (레지던트 이블)
- 심리적 감염 (폰티풀)
- 기생충 (좀비 타운, 슬리더)
- 마법 (화이트 좀비)
- 초자연적 빙의 (이블 데드, 데드 스노우)
- 완전한 우울증/무감정 (웜 바디스)

이 각각의 가설은 영화 제작자나 일반적인 공포영화 팬들에게는 그럴 듯한 가설로 들리겠지만 대부분 우리 과학자들의 검열은 통과하지 못한다.

실제 세상에서는 뇌 강탈이 어떻게 일어날 수 있을까? 사실 이런 뇌 강탈이야말로 대자연의 전문분야임이 밝혀졌다. 실제 사례를 몇 가지 살펴보자.

웃기지만은 않은 버섯

곤충들의 삶은 그 자체로도 고된데 그것만으로는 충분하지 않은가 보다. 곤충은 신경 강탈의 가장 큰 피해자로 보인다. 사실 곤충을 연구하는 사람들 입장에서는 좀비병이 새로운 것이 아니다. 이것은 아주 현실적이고 흔한 현상이다. 사실 어찌나 흔한지 전문 곤충학 학술지에서는 '좀비병'이라는 단어가 실제로 사용되고 있다.

동충하초Cordyceps라는 곰팡이를 생각해 보자. 동충하초는 일반적인 버섯보다 복잡할 것 없는 비교적 단순한 생명체지만 사실 꽤 똑똑하다. 이 곰팡이는 곤충의 정신을 장악하는 것으로 유명하다.

'더 라스트 오브 어스The Last of Us'라는 비디오게임을 해 본 사람은 이런 개념이 익숙할 것이다. 사람이 기생 버섯의 포자에 감염되면 사람이 아닌 생명체로 변한다. 머리 위로 이상한 부속물 혹은 성장물이 가득 자라난다. 감염된 사람-곰팡이 복합 생명체는 감염되지 않은 사람을 찾아 여기저기 뛰어다니며 피해자들에게 포자를 퍼뜨리고, 이 주기가 계속 이어진다.

여기서 '사람'을 '개미'로 고쳐 쓰면 전 세계 우림에서 거의 매일 일어나고 있는 이야기로 바뀐다(Evans et al. 2011). 동충하초 곰팡이는 아무런 낌새도 채지 못한 개미 위에 내려앉은 작은 포자로 자신의 생활사를 시작한다. 처음에는 이 개미도 포자가 내려앉기 전과 별다른 행동을 보이지 않는다. 하지만 이 개미는 무리에서 자기가 평소에 맡은 임무를 수행하지 않고 점점 이상한 행동을 보이기 시작한다. 행동이 너무 이상해져서 때로는 무리 속의 다른 개미가 그 감염된 개미를 무리 밖으로 쫓아내기도 한다.

여기부터 소름끼치는 일이 벌어지기 시작한다. 감염의 효과가 최대로 올라오면 동충하초는 개미의 뇌를 구성하고 있는 신경절 세포에 대한 통제권을 강탈한다. 그리하여 이 곰팡이는 개미로 하여금 나무 높은 곳, 보통은 개미 무리 위쪽에 있는 나뭇잎으로 올라가게 만든다. 정상적인 개미라면 이런 행동을 하지 않는다. 이렇게 높은 곳에 올라오면 포식자의 공격에 취약해지기 때문이다. 하지만 감염된 개미는 더 이상 자신의 행동을 통제할 수 없다. 곰팡이는 개미로 하여금 턱뼈로 이파리를 물어 그곳에 몸을 단단히 고정하게 만든다. 그리고 이때부터 동충하초는 자신의 숙주를 죽이고 개미의 머리로부터 영화 〈에이리언Aliens〉(제임스 카메룬James Cameron 감독, 1986)처럼 작은 줄기 같은 것이 솟아나게 만든다. 그리고 이 작은 부속물에서 더 많은 포자가 방출된다. 이 방출이 성공하면 포자는 나머지 개미 무리 위로 내려앉아 더 많은 개미를 감염시킬 것이고, 이렇게 주기가 반복된다.

이 과정은 우아할 정도로 간단하다 : 감염, 좀비화, 반복.

벌레가 장악하다

뇌 강탈과 좀비 같은 행동이 버섯과 개미에 국한된 이야기는 아니다. 자연에 존재하는 어떤 벌레는 영화 〈슬리더Slither〉(제임스 건James Gunn 감독, 2006)에 나오는 것처럼 말 그대로 당신의 머릿속으로 들어가는 법을 알고 있다.

당신이 옆새우Gammarus lacustris가 되었다고 상상해 보자. 옆새우는 바다에 사는 작은 갑각류다. 당신은 해저를 헤엄쳐 다니며 조류algae

를 뜯어먹고, 가끔은 알을 낳기도 한다. 해저에서 멀리 떨어져 위험한 포식자, 즉 물고기들이 있는 곳으로 헤엄쳐 가지만 않으면 태평성대를 누릴 수 있다.

하지만 당신들 한가운데 또 다른 위험한 포식자가 존재한다. 아마도 당신은 그 존재를 인식하지 못할 것이다. 구두충류phylum Acanthocephala라는 머리에 가시가 달린 이 벌레는 물고기의 내장에서 생활사를 마무리해야 하는 작은 생명체다. 물고기가 이 벌레를 맛있는 먹이로 인식해서 잡아먹으면 그 뱃속에 들어갈 수 있겠지만, 이 벌레는 너무 작아서 물고기 눈에 보이지 않을뿐더러, 모래바닥에서부터 물고기에 접근하기는 쉬운 일이 아니다. 그래서 이 벌레는 당신을 아주 사악하고 영악한 방식으로 이용한다. 옆새우인 당신은 아무 낌새도 차리지 못하고 있다가 이 벌레에게 꼼짝없이 당하고 만다.

머리에 가시 달린 이 벌레들은 당신의 몸속으로 파고들어 당신의 작은 갑각류 뇌까지 들어간다(Moore 1995). 잘못 들은 것이 아니다. 벌레가 말 그대로 당신의 신경계로 파고들어 뇌를 장악한다.

이렇게 새로 감염이 되면 당신은 절대로 하지 말아야 할 일을 하게 된다. 빛이 오는 곳을 향해 위로 헤엄쳐가고 싶은 욕구를 느끼는 것이다("빛을 향해 나가라!"). 그래서 수면까지 올라간다. 그곳에는 온갖 위험한 물고기들이 살고 있다. 당신한테는 안 좋은 소식이지만, 당신을 통제하고 있는 벌레에게는 좋은 소식이다.

당신이 옆새우가 아닌 것을 감사하게 생각하라. 머릿속에 벌레가 들어가 있는 것이 어떤 느낌인지 상상이나 할 수 있는가?

음… 또다시 잠 못 드는 밤을 준비해야 할 것 같다. 인간의 뇌에도 벌레가 들어갈 수 있음이 밝혀졌다. 작은 촌충이 머릿속으로 파고드는 감염이 있다. 때로는 수많은 벌레가 당신의 머릿속으로 파고들 수 있다.

(모르는 게 약이라 생각해서 당장 이 책을 내려놓고 그냥 맘 편히 살겠다는 사람도 있을 것이다. 충분히 이해한다)

이것을 신경낭미충증neurocysticercosis이라고 하는데 생각보다 흔하다. 이것이 시작되는 방식은 다음과 같다. 어떤 사람의 내장 속에는 촌충이 살고 있다. 보통 오염된 고기를 먹어서 걸린다. 이 촌충들이 결국은 알을 낳게 되고, 이 알들은 당신의 입으로 들어간 다른 모든 것과 마찬가지로 소화관을 통해 이동하다 결국은 대변과 함께 밖으로 빠져나간다.

위생 환경이 안 좋은 곳에서는 하숫물이 음료수나 요리에 사용되는 식수와 섞일 수 있다. 이런 지역에서는 현미경으로 봐야 할 만큼 작은 촌충의 알이 가끔 음식을 통해 사람의 뱃속으로 들어간다. 일단 뱃속으로 들어간 촌충의 유충은 뉴런이 일을 하는 데 필요한 영양을 뇌에 공급하는 큰 혈관을 따라 뇌까지 진출할 수 있다. 각각의 유충들은 혈관 벽에 달라붙어 작은 주머니를 만들기 시작한다. 그리고 그 주머니 안에서 안전하게 살면서 지나가는 피에서 먹이를 뽑아 먹는다.

나쁜 소식과 좋은 소식이 있다. 나쁜 소식은 이제 당신의 뇌 속에 벌레가 살고 있다는 것이다. 좋은 소식은 옆새우와 달리 촌충은 당신의 뇌를 장악하지 않는다는 것이다. 그저 혈액에서 무전취식을 할 뿐이다. 사실 촌충이 수십 마리씩 뇌 속에서 살면서 공간을 너무 많이 차지하는 바람에 뇌에 손상을 입는 경우가 아니면 신경낭미충 감염의 영향은 특별히 느껴지지 않는다.

따라서 사람의 머릿속에 뇌 벌레가 사는 것은 사실이지만 이들이 꼭 사람의 행동을 통제하는 것은 아니다. 적어도 아직까지는 그렇다. 하지만 사람의 뇌를 감염시키는 촌충을 위해 진화가 어떤 이벤트를 준비하고 있는지는 아무도 모를 일이다.

고양이 똥이 당신을 미치게 만든다

뇌 벌레가 당신에게 비정상적인 일을 시키고 있지 않는다고 해서 자기는 뇌 강탈로부터 안전하다고 생각하면 곤란하다. 인간 역시 기생생명체에게 아주 오랫동안 뇌를 조작당한 역사를 갖고 있다.

고양이 똥이 당신의 뇌를 강탈할 수 있는 것으로 밝혀졌다.* 물론 똥 그 자체가 아니라 그 안에 살고 있는 톡소플라스마원충^{Toxoplasma} ^{gondii}이라는 작은 생명체에 의한 것이다. 톡소플라스마원충은 아주 흥미로운 생활사를 갖고 있는 단세포 생명체다. 모든 이야기는 사랑에 빠진 미생물 두 마리가 유성생식에 들어가면서 시작된다. 듣자하니 톡소플라스마가 사랑을 나눌 분위기를 잡을 수 있는 장소는 고양이 창자의 내벽밖에 없다고 한다.

미생물의 러브스토리에서 종종 보듯이 결국에는 새로 작은 미생물들이 태어나 소화관 안에 들어 있던 나머지 내용물과 함께 세상

• 다시 똥 이야기가 나왔다. 이것은 그런 똥을 다루는 장 중 하나에 불과하다.

으로 나온다. 이 경우 이 생명체들은 창자 바깥의 가혹한 세상에서도 살아남을 수 있는 작은 낭포에 포장돼서 나온다. 이 생명체들이 바라는 것은 또 다른 고양이가 이 똥을 밟고, 거기 들어 있는 작은 낭포들이 고양이가 먹이를 먹을 때 그 입으로 들어가 다시 고양이 뱃속에서 사랑을 나누는 것이다.

여기부터 톡소플라스마원충의 생활사가 재미있어진다. 만약 그 낭포가 고양이가 아닌 다른 동물의 입으로 들어간다면 어떻게 될까? 톡소플라스마원충은 번식하지 않고 독신의 삶을 이어가기보다는 자기자신과 사랑을 나누어 무성생식, 즉 복제cloning를 시작한다. 그럼 감염이 커지면서 숙주 동물은 독감 같은 증상이 생긴다. 이것은 톡소플라스마증toxoplasmosis이라는 그다지 해로울 것 없는 병이다. 보통 증상은 시간이 지나면서 사라지고 감염된 동물(사람도 포함)은 완전히 회복되는 것처럼 보인다(하지만 톡소플라스마증이 사람의 태아에게 꽤 위험할 수 있다. 그래서 임신한 여성은 고양이 배변상자를 관리하거나 고양이 배설물과 접촉하는 것을 피해야 한다).

적어도 그 사람이나 동물은 회복한 것처럼 보인다.

사실 톡소플라스마원충은 고양이 창자 속으로 돌아가기를 포기한 것이 아니다. 그냥 전략을 바꾸어 작은(정말 작은) 게릴라전을 시작한 것뿐이다. 아무런 의심도 하지 않고 있는 숙주의 뇌 회로를 바꾸는 것이 바로 그 전략이다.

당신이 톡소플라스마원충에 감염된 적이 있는 쥐라고 생각해 보자. 정상적인 쥐라면 고양이 근처에 있기를 좋아하지 않는다. 당신을 잡아먹을 수도 있으니까 말이다. 사실 집쥐와 생쥐 같은 설치류는 고양이과 동물을 선천적으로 겁낸다(Zangrossi and File 1994). 겁이 없는 설치류는 진화에게 벌을 받아서 사라지고 말았다.

설치류의 고양이과 동물에 대한 두려움은 고양이를 집으로 삼는 톡소플라스마원충의 입장에서는 달갑지 않은 일이다. 그럼 이 미생물은 무엇을 해야 할까? 톡소플라스마원충은 감염된 숙주(당신)의 신경기능을 바꾸어 숙주(당신)로 하여금 전반적으로 겁을 상실하고 점점 더 위험한 결정을 내리게 만든다(Webster 2001). 점점 과감해지고 위험회피 성향이 줄어드는 것이다. 당신은 이제 바로 옆에 고양이가 서 있어도 신경 쓰지 않기 때문에 고양이의 점심식사가 될 가능성이 더 커진다. 당신에게는 나쁜 일이지만 호시탐탐 고양이 뱃속에 들어가 사랑을 나눌 기회만 엿보고 있는 미생물에게는 좋은 일이다.

하지만 나는 설치류가 아니라 사람이니까 이런 일이 일어나지 않겠지. 안 그런가?

틀렸다.

사람이 더 이상 고양이과 동물의 먹잇감은 아닐지 모르겠지만 (적어도 과거의 선조들보다는 덜 그렇다) 좀 전에 말했듯이 사람도 톡소플라스마원충에 감염될 수 있다. 잠복한 톡소플라스마원충 감염이 있는 사람은 성격이 변하기 시작한다. 이들은 감정적으로 무심해지고 위험회피 성향도 줄어든다. 기본적으로 위험한 행동에 대해 무심해지는 것이다. 2001년 조앤 웹스터Joanne Webster의 리뷰에 따르면 일부 연구에서 다음과 같은 사실을 알아냈다고 한다.

성격요인personality factor을 측정하는 설문에서 톡소플라스마원충 감염자와 비감염자 집단의 차이가 감지됐다. 예를 들면 감염된 남성은 '초자아superego' 점수는 낮고, '가식pretension' 점수는 높게 나왔다. 저자들은 이것이 암시하는 바가 감염 남성들은 사회의 규칙을 무시하는 경향이 더 강하고, 의심, 질투, 독단이 더 강해진다는 의미라고 결론내리고 있다.

이 미생물이 어떻게 숙주의 행동에 이런 변화를 가져와 성격의 변화를 이끌어내는지 정확히 알지는 못한다. 하지만 이런 변화가 뇌의 변화와 연관되어 있음은 분명하다. 따라서 단세포 미생물이 우리의 복잡한 신경회로에 대한 통제권을 장악하는 것은 충분히 말이 되는 이야기다.

물론 톡소플라스마원충 감염의 증상을 CDHD에 비교할 수는 없다. 하지만 외부의 병원체가 우리의 뇌를 강탈해서 행동을 바꾸는 것이 가능함을 이 감염이 분명하게 보여주고 있다.

좀비 대재앙 생존의 과학

대자연은 뇌 강탈이 가능함을 분명하게 보여주었지만, CDHD 감염의 원천이 무엇인지는 여전히 알 수 없다. 원천을 모르는 상황이다 보니 그 완치방법 또한 요원한 상황이다. 하지만 그렇다고 좀비병에 대처할 방법을 과학이 갖고 있지 않다는 의미는 아니다.

그럼 좀비 대재앙에서 과학이 도울 수 있는 것은 무엇일까?

뇌 자극(집에서 해보지는 말 것 - 아직은)

과학이 좀비 대재앙 대처에 도움이 될 수 있는 한 가지 방법은 대재앙이 시작되는 장소인 뇌에서 전염병과 싸우는 것이다. 일종의 신경 재프로그래밍 때문에 CDHD가 생기는 것이라면 과학을 통해 뇌 자체를 다시 해킹해 올 수도 있다. 이것은 신경과학에서는 전혀 새로운 주제가 아니다.

파킨슨병의 사례를 생각해보자. 3장에서 얘기했듯이 파킨슨병은 바닥핵에 있는 아주 특별한 유형의 뉴런(특히 그 중에서도 흑색질 substantia nigra이라는 신경핵에 있는 세포)을 상실해서 생긴다. 이 세포들이 죽기 시작하는 이유는 아직 분명치 않지만 일단 흑색질에 있는 세포들이 사라지기 시작하면 뇌가 신경전달물질 도파민의 주요 공급원을 상실한다는 것은 알려져 있다. 이렇게 되면 바닥핵 회로 전체가 제대로 기능하지 못하게 된다. 자동차에서 타이밍벨트가 제대로 작동하지 않을 때 일어나는 일과 비슷하다. 대단히 중요한 계산 회로에서 정확한 타이밍이 흐트러지면서 시스템이 불안정해진다. 이것이 파킨슨병에서 보이는 증상들을 만들어낸다.

이 문제를 해결하는 한 가지 방법은 제대로 작동하는 세포를 이용해 흑색질에서 소실된 세포를 대체해 주는 것이다. 피부도 손상을 받으면 피부이식으로 대체해 줄 수 있는데 뇌라고 그런 시도를 못해 볼 이유가 무엇인가? 실제로 과학에서 배아줄기세포 embryonic stem cell를 이용해서 일부 환자들에게 이것을 시도해 보았다. 이 줄기세포가 도파민을 생산하는 건강한 뉴런으로 성숙해서 짠하고 도파민 상실 문제를 해결해 주리라는 개념이었다.

하지만 안타깝게도 이런 실험적 치료는 지금까지 성공을 거두지 못하고 있다. 환자의 몸에 있는 정체를 알 수 없는 무언가가 흑색질에 있는 도파민 생산 세포를 공격하기 때문이다. 무엇인지는 알 수 없으나 원래의 세포를 죽였던 그것이 이식한 새로운 세포도 죽이기 때문에 죽은 세포를 살아있는 세포로 치환해도 오래 가지 못한다(Widner et al. 1992).

그럼 과학이 무엇을 할 수 있을까? 문제를 고치지 못하겠다면 그 대신 시스템을 바꾸면 된다. 파킨슨병 환자의 뇌를 다시 해킹하는 데 가장 성공적이었던 방법은 흑색질 세포의 죽음으로 생긴 회로의 문제를 해결하는 것이다. 의학에서는 바닥핵 시스템 자체의 기능을 바꾸는 마이크로칩을 이식해서 이런 문제를 해결했다. 이런 시술을 뇌심부자극술deep brain stimulation이라고 한다.

뇌심부자극술의 작동방식은 다음과 같다. 바닥핵 회로가 기본적으로 작은 계산 회로들이 모여 있는 다발임을 기억하자. 모든 것은 피질에서 시작한다. 선조체로 축삭을 뻗고 있는 피질 세포가 글루타민산염glutamate이라는 신경전달물질을 이용해서 세포 다발을 켠다. 이것이 직접 경로(3장 참고)의 시작이다. 하지만 이 세포들을 '켰다고' 해서 회로 전체가 켜진다는 의미는 아니다. 자연은 그렇게 단순하지 않다. 이렇게 해서 방금 '켜진' 그 세포들은 사실 GABA라는 신경전달물질을 이용해서 자기가 말을 거는, 담창구globus pallidus라는 뇌 영역의 세포들을 '끈다'. 꺼진 세포들 중 일부는 평소에 그들이 대화를 나누던 시상밑핵subthalamic nucleus에 위치한 다른 세포들을 재차 '끈다!' 이렇게 '끄는 것을 끄는' 과정을 우리 신경과학자들은 탈억제disinhibition라고 부른다. 음수 곱하기 음수는 양수가 되는 것과 비슷한 개념이다. 시상밑핵에 있는 이 세포들은 이제 다시 흥분한다. 자기와 연결된 세포들을 흥분시킨다는 의미다. 따라서 창백핵에 들어 있는 억제성 세포inhibitory cell(끄는 세포)의 발화를 줄임으로써 시상밑핵이 더 많이 발화하게 되는 것이다.

아직도 머리가 어질어질한가? 하지만 여기서 상황이 조금 더 복잡해진다.

시상밑핵에 있는 흥분성 세포excitatory cell(켜는 세포)가 이제 창백핵에 있는 또 다른 세포군을 흥분시키고, 이것이 다시 시상의 세포들을 '끄게' 된다. 시상의 세포들은 신피질의 세포, 그리고 가까운 계산 회로의 세포들을 '켜는' 세포다.

복잡하게 들리겠지만 '켜짐'은 +1이라 생각하고, '꺼짐'은 -1로 생각하면 이것을 간단한 곱셈으로 표현할 수 있다.

    1단계 : 선조체에서 창백핵으로
        켜짐 × 꺼짐 = 꺼짐
    2단계 : 창백핵에서 시상밑핵으로
        꺼짐 × 꺼짐 = 켜짐
    3단계 : 시상밑핵에서 다시 창백핵으로
        켜짐 × 켜짐 = 켜짐
    4단계 : 창백핵에서 시상으로
        켜짐 × 꺼짐 = 꺼짐
    5단계 : 시상에서 피질로
        꺼짐 × 켜짐 = 꺼짐

기본적으로 간접 경로는 선조체의 억제성 세포를 켬으로써 피질에게 다시 말을 거는 시상의 세포들을 끄고 있는 셈이다. 그냥 간접 경로를 켜는 것이 결국 시상을 끄게 된다는 것만 알면 되는 거 아니냐고 생각할 수도 있지만 그럼 관련 회로의 복잡성을 놓치게 된다.

파킨슨병에서 이 과정의 핵심적인 부분은 1단계에서 바로 일어난다. 1단계에서 흑색질에서 나오는 도파민은 일종의 균형자와 타이밍 조정자로 작용해서 시스템의 균형을 유지해 준다. 그런데 1단계에서 이런 과정이 진행되지 않으면 나머지 과정도 기능에 문제가 생긴다.

이제 뇌 해킹에서 가장 중요한 부분에 왔다. 2, 3단계가 작은 순환회로를 형성한다는 점에 주목하자. 3장에서 바닥핵에 대해 얘기하면서 설명했던 순환회로와 비슷하다. 창백핵은 시상밑핵을 억제하고, 이것이 다시 창백핵을 흥분시킨다. 도파민 상실로 1단계에서 타이밍이 작동하지 않으면 이 작은 순환회로가 제대로 작동하지 않고, 시상밑핵이 만성적으로 흑색질의 억제성 세포를 켜게 된다. 즉 시상이 만성적으로 활성이 차단된다는 의미다.

순환회로에서 가장 중요한 부분이 이 회로 중에서 가장 해킹이 잘 되는 부분이기도 하다. 뇌심부자극술에서는 외과의사가 시상밑핵에 작은 전극을 이식한다. 이 전극이 켜지면 시상밑핵으로 유입되는 기능장애성 입력 신호를 모두 씻어내기 때문에 시상밑핵이 작동하기 어려워진다. 그럼 창백핵이 시상밑핵의 통제에서 자유로워지고, 시상이 다시 자유롭게 피질을 흥분시킬 수 있게 된다.

크기가 몇 밀리미터밖에 안 되는 이 전극이 있으면 파킨슨병 환자는 단추 하나만 눌러도 자신의 증상을 말 그대로 끌 수 있게 된다(Perlmutter and Mink 2006). 환자의 가슴에 이식된 장치를 이용하면 의사(혹은 환자)는 전극을 켜고 끄는 스위치를 누를 수 있다. 이상적인 상황에서는 이 수술이 효과를 볼 경우(안타깝게도 모든 환자에서 이런 식으로 작동하는 것은 아니다) 질병의 결과로 생기는 떨림, 느려짐, 기분 전환이 거의 즉각적으로 사라지게 된다.

그럼 다른 형태의 통제는 어떨까? 뇌심부자극술이 그저 증상을 완화시키는 수준을 넘어 그 이상의 일도 할 수 있을까?

2002년에 발표된 논문에서 탈와르Talwar와 그 동료들이 한 연구 결과를 보고했다. 그 연구에서 이들은 비슷한 형태의 신경자극기를 이용해서 원격조절이 되는 뇌를 만들었다. 이 연구에서 연구자들은 쥐의 뇌에 세 개의 전극을 이식했다. 한 전극은 보상감을 유도하는 뇌 영역에 장착했다. 연구자들이 이 자극기를 활성화시키면 쥐는 기분이 좋아졌다. 다른 두 개의 전극은 각각 왼쪽과 오른쪽 수염에서 오는 자극을 처리하는 뇌 영역에 장착했다. 연구자들은 쥐를 왼쪽으로 틀게 하고 싶으면 휘스커 지역whisker field(왼쪽 수염에서 오는 자극을 감지하는 뇌 영역)의 전극과 보상 전극을 모두 자극했다. 그럼 쥐는 신호라도 받은 것처럼 왼쪽으로 방향을 튼다. 동물을 직진시키고 싶으면 쥐가 앞으로 걸어가기 시작할 때 약간의 자극을 전달해 준다. 쥐를 멈추고 싶으면 쥐가 멈추었을 때 자극을 전달해 주기만 하면 된다.

짜잔! 이리하여 과학이 만든 최초의 로봇동물이 탄생했다. 이런 똑똑한 형태의 신경자극 통제를 이용해서 연구자들은 쥐에게 왼쪽,

오른쪽, 혹은 앞쪽으로 움직이게 재촉하는 것만으로 쥐가 아주 복잡한 환경 속에서 길을 찾게 도와줄 수 있었다.

그럼 언젠가는 로봇동물 기술을 적용해서 우리의 뜻에 따라 움직이는 원격조정 좀비를 만들 수 있을까? 언젠가는 뇌심부자극기를 이용해서 CDHD 증상을 치료할 수 있을까?

슬프게도 그럴 가능성은 높지 않다. 여기에는 세 가지 이유가 있다. 첫째, 현재로서는 이것을 실험해 볼 진짜 좀비가 존재하지 않는다. 둘째, 좀비를 원격조정하기 위해 전극을 설치하는 데 돈과 시간이 엄두가 나지 않을 정도로 너무 많이 들 것이다. 하루 종일 무언가 해야 먹을 것과 보금자리를 겨우 구할 수 있는 좀비 대재앙의 환경 속에서 이런 유형의 수술을 하려면 더 저렴하고 현실성 있는 기술이 필요할 것이다. 마지막으로 이 장의 앞부분에서 얘기했듯이 CDHD는 여러 뇌 영역에 걸쳐서 일어나는 아주 복잡한 문제다. 그 근본적인 원인이 도파민 상실 같이 단순한 문제는 아닐 것 같다. 따라서 좀비의 뇌에 전극을 이식해도 좀비를 정상에 가까운 사람으로 되돌리는 데 별 도움이 되지 않을 것 같다.

하지만 단 하나의 증상이라도 완화할 수 있는 저렴한 기술이 개발된다면 어떨까? 예를 들어 CDHD에서 안와전두피질의 손상으로 인해 생기는 충동성을 억누를 기술이라면?

안 될 것이 무엇이겠는가? 그 정도는 과학이 할 수 있다.

좀비에게서 안와전두피질의 기능을 일부라도 회복시키려면 뇌심부자극술에서 사용하는 작은 전극으로 얻는 것보다는 조금 더 화끈한 화력이 필요할지도 모르겠다. 원하는 효과를 얻기 위해서는 경두개 직류자극법transcranial direct current stimulation 같은 것을 이용해서 피질영역 전체의 활성을 끌어올려야 한다. 경두개 직류자극법은 9볼트 배터리, 전선 2가닥, 스펀지 2개를 있어 보이게 표현한 것에 불과하다. 맞다. 이것은 당신도 작업실에서 뚝딱 만들어낼 수 있을 정도로 간단한 기술이다.

하지만 그렇다고 집에서 이것을 시도해 볼 생각은 절대! 절대! 하지 마라!!!

경두개 직류자극법을 사용하려면 배터리에 연결한 스펀지 2개로 두피에 약한 직류 전류를 가해서 그 아래 신경조직에 전류를 유도한다. 두 스펀지 사이로 전류가 흐르면서 그 사이에 있는 조직을 자극할 것이다. 스펀지 한쪽에서는 강한 양의 전류가 발생하고(양극 전류자극anodal stimulation), 반대쪽 스펀지에서는 음의 전류가 발생한다(음극 전류자극cathodal stimulation). 잠시 자극기의 양극 말단에서 자극을 받고 나면 그 스펀지 아래 있는 뉴런들은 흥분성이 올라간다. 뉴런이 발화할 가능성이 높아지고 새로운 입력을 더 적극적으로 수용한다는 의미다. 반면 음극 자극을 받은 부위 아래 있는 뇌 영역은 흥분성이 낮아지고, 새로 유입되는 정보에도 잘 반응하지 않게 된다.

간단하게 양극 자극은 해당 뇌 영역을 '업'시키고, 음극 자극은 해당 뇌 영역을 '다운'시킨다고 생각하자. 이것이 실제로 뇌의 기능을 변화시키는 효과가 있을까? 물론이다!

최근에 호주의 폴 멀퀴니Paul Mulquiney와 그의 연구진은 경두개 직류자극법이 정상적이고 건강한 성인의 작업기억 능력을 향상할 수 있는지 확인하고 싶었다. 이것을 하기 위해 이들은 작업기억과 관련이 있는 것으로 여겨지는(10장 참고) 배외측 전전두피질에 양극 경두개 직류자극을 적용했다. 그 결과 배외측 전전두피질에 자극을 받은 참가자가 뇌 자극을 적용하지 않은 참가자보다 방금 보았던 것을 더 잘 기억했다.

물론 이것은 영화 〈리미트리스〉에서 브래들린 쿠퍼가 복용했던 마법의 알약과는 거리가 멀지만 한 가지 분명하게 보여주는 것이 있다. 몇 분에 걸쳐 지속적으로 뇌 자극을 가해준 결과 몇 분에 불과할지언정 행동에 변화가 찾아왔다는 것이다.

다시 문제 많은 우리의 좀비 형제들로 돌아가 보자. CDHD에 걸린 사람이 나타내는 특성 중에서 우리가 정말, 정말 싫어하는 것을 딱 하나만 들라면 바로 그들의 공격성이다. 이런 공격성 때문에 그들은 충동적으로 사람을 물려고 든다. 이런 공격성이 부분적으로는 안와전두피질의 기능 감소에서 비롯된 것일 수 있음은 이미 앞에서 확인한 바 있다. 이것은 이 영역의 위축(뉴런 상실)으로 인한 기능장애 때문에 생겼을 가능성이 높으므로 어쩌면 양극 경두개 직류자극법을 이용해서 남아 있는 안와전두피질 조직의 흥분성을 끌어올려주면 효과가 있지 않을까?

이것으로 CDHD가 완치된다고는 못하지만, 현실을 직시하자. 화를 내며 나를 물어뜯으려 하는 좀비보다는 그나마 덜 충동적이고 고분고분 말도 잘 듣는 좀비가 훨씬 나은 법이다. 이것이 영화 〈내 친구 파이도〉에서 내세운 전제였다. 이 영화의 배경은 좀비 대재앙 이후의 사회[영화 〈플레전트빌Pleasantville〉(게리 로스Gary Ross 감독, 1998)과 아주 비슷해 보인다]다. 사람들은 좀비에게서 사람을 물고 싶은 욕망을 제거해서 노동력으로 사용한다. 이 영화에서는 뇌와 가깝지도 않은 곳에 목걸이를 채워서 물고 싶은 욕망을 제거한다. 하지만 우리가 추측하기로는 아무래도 이 영화의 작가와 감독이 경두개 직류자극법에 대해 한 번도 못 들어본 것이 아닌가 싶다. 전하를 띤 머리띠 하나만 있으면 똑같은 효과를 보았을 수도 있을 텐데 말이다.

내가 뭐랬는가. … 과학이 구원자가 되어줄 수 있다고 하지 않았는가. 적어도 이론적으로는 그렇다.

과학적으로 입증된 생존 기술

안타까운 일이지만 지금 당신이 현재 암울한 좀비 대재앙의 한복판에서 길을 잃은 상태라면 뇌심부자극술이나 경두개 직류자극법 같은 신경자극기술의 덕을 보기는 힘들 것이다(특히 혼란의 와중에 미국 국립보건원이 파괴되고, 그런 연구를 지원할 연구자금이 더 이상 지원되지 않고 있다면 더더욱).•

하지만 아는 것이 곧 힘이다. 여기까지 책을 읽었으니 행동학적 증상과 신경과학적 지식에 대한 꼼꼼한 분석을 통해 CDHD의 신경학적 기원에 대해서는 당신도 빠삭하게 이해했을 것이다. 이제 당신은 좀비의 뇌에 대해 알아야 할 것은 다 알고 있다. 좀비의 뇌가 어떻게 작동하는지, 사람이었을 때 이후로 뇌가 어떤 변화를 거쳤는지, 그리고 제일 중요하게는 그 약점이 무엇인지도 알고 있다. 당

• 교훈: 과학이 당신을 계속 안전하게 지켜주기를 바란다면 과학에 더 많은 연구비를 지원하자!

신은 좀비 뇌의 안면인식장애도 알고, 공간적 및 운동적 결함도 알고, 기억력 문제도 알고, 사물을 알아보기가 어려운 이유도 안다. 이제 이 모든 지식을 활용해 볼 수 있다. 그럼 좀비 대재앙에서 살아남을 수 있는 합리적인 생존 전략을 한번 고안해 보자.

생존 꿀팁survival tip **#1**: 좀비와 싸우지 말자. 좀비는 통증에 대한 감정적 반응을 처리할 수 있는 신경회로가 남아있지 않음을 기억하자. 그들도 통증 자체는 여전히 느끼고 있을지 모르지만 당신이 좀비의 팔을 토막낼 수 있다 해도 좀비는 거기에 신경 쓸 수 있는 신경 자원이 아예 없다. 따라서 좀비의 머리를 깔끔하게 날려 버릴 수 있는 상황이 아니면 버티며 싸우는 것을 추천하지 않는다.

생존 꿀팁 #2: 조용히 숨죽이고 상황이 지나갈 때까지 기다리자. 앞에서 얘기했듯이 CDHD에 걸린 사람은 내측측두엽을 상실하고 두정엽도 손상 입었을 가능성이 높기 때문에 기억력과 주의력 모두 문제가 있다. 이들은 새로운 기억을 부호화할 능력을 잃어버렸고, 주의도 대단히 산만하다. 조용한 장소를 찾아 숨어 있을 수 있다면 좀비는 다른 무언가에 정신이 팔리는 순간 당신에 대해서는 잊어버릴 것이다.

생존 꿀팁 #3: 좀비의 정신을 산만하게 하자. 생존 꿀팁 #2에서 얘기했듯이 좀비는 대단히 산만하다. 이들은 후두정엽피질에 손상을 입어서 주의철수 결핍증이 대단히 심하다. 무엇이든 주의를 끄는 것이 있으면 거기에 휘둘린다는 의미다. 따라서 불꽃놀이나 섬광탄 flash grenade 같은 것을 다가오는 좀비에게 던지면 아주 쓸모가 있다.

생존 꿀팁 #4: 좀비보다 빨리 달려서 도망가자. CDHD-1 아형 좀비와 만났을 때 유용한 팁이다. 이들은 소뇌의 손상으로 동작의 협응이 잘 안 되고 속도도 느리다. 그래서 CDHD-1 아형 좀비는 전력질주가 불가능하다. 사실 조지 로메로 감독의 영화 〈시체들의 새벽〉에서 피터 워싱턴Peter Washington은 좀비로 가득한 방을 바로 이 방법을 사용해 탈출한다. 하지만 명심할 것이 있다. CDHD에 걸리면 망상활성계(2장)가 지속적으로 흥분해 있을 가능성이 크다. 그래서 잠도 자지 않고 느릿느릿 계속 움직인다. 따라서 조심하지 않으면 거북이에게 따라 잡힌 토끼 신세가 될 수도 있다.

생존 꿀팁 #5: 이성적으로 설득하려 하지 말자. CDHD는 뇌의 언어 회로가 크게 고장 난 상태다. 따라서 좀비는 당신의 말을 알아듣지도, 당신의 말에 대꾸를 할 수도 없다. 또한 뇌의 '투쟁' 시스템이 만성적으로 활성화되어 있어 다른 모든 감정을 압도하고 있다. 즉 좀비가 이해할 수 있는 것은 딱 두 가지, 분노와 배고픔밖에 없다는 의미다. 좀비로 변한 지 얼마 되지 않은 사랑하는 사람을 이성적인 말로 설득해 보려고 드는 사람들이 계속해서 놓치는 부분이 바로 이 점이다. "존, 나 기억나? 나야 나, 수잔. 네 누나란 말이야! … 아악!!!"

생존 꿀팁 #6: 좀비를 흉내 내자. "싸워서 이길 수 없는 상대라면 그와 한 편이 되라." 앞에서 확인했듯이 좀비들은 사람의 얼굴을 알아보지 못한다. 이는 아마도 배쪽시각경로가 크게 손상을 입었기 때문일 것이다. 따라서 이들은 걷는 방식이나 내는 소리 등 거의 전적으로 얼굴이 아닌 특성을 바탕으로 타인을 알아본다. 좀비 무리에 둘러싸였는데 마땅한 탈출구가 보이지 않는다면 영화 〈새벽의 황당한 저주〉에서 숀과 그의 친구들이 한 것을 따라 하자. 좀비 행세를 하는 것이다. 흉내를 잘 내기만 하면 좀비 무리 속에서 들키지 않고 돌아다닐 수도 있다. 오스카상을 받을 정도로 훌륭한 연기까지는 필요 없다. 그저 좀비들에게 자기가 맛있는 인간이 아니라 좀비 중 한 명에 불과하다는 단서를 줄 정도면 족하다.

   드디어 여기까지 왔다. 언젠가 과학이 신경자극으로 좀비를 치료할 수 있는 날이 온다면 정말 다행스러운 일이다. 하지만 그 날이 오기 전까지는 과학적 지식을 이용해서 생존 가능성을 극대화해야 한다. 지금까지 정상적인 인간의 뇌에 대해 알려진 내용을 바탕으로 좀비의 뇌를 이해하면서 좀비 대재앙에서 적응하고 살아남는 방법을 개발해 보았다.
   이번에도 역시 과학이 당신의 목숨을 구하는 데 한몫했다. 고맙다고? 에이, 뭐 그런 걸 가지고….

감사의 말

우리 두 저자는 몽상에 불과했던 이 아이디어를 디지털로 인쇄된 실물로 바꿀 수 있게 도와준 많은 분들께 감사드리고 싶다.

우선 매트 목Matt Mogk에게 감사드린다. 그가 2010년에 브래들리에게 던졌던 한 간단한 질문이 우리를 이 수렁으로 빠뜨려 주었다. 그 후로 매트와 좀비연구회는 좀비 뇌 연구 프로젝트의 열렬한 지지자가 되어주었다. 좀비 마니아들이여, 단결하라!!

엘리사 아미노프Elissa Aminoff, 아덴 플링커Adeen Flinker, 아담 그린버그Adam Greenberg, 리처드 아이브리Richard Ivry, 데렉 레벤Derek Leben, 브리지드 린치Brighid Lynch, 타라 몰스워스Tara Molesworth, 존 파일스John Pyles, 크리스틴 윌켄스Kristine Wilckens에게 감사드린다. 이들은 원고의 디자인과 구조에 대해 피드백을 해주었고, 미숙한 좀비 마니아 프로젝트에 불과한 내용을 진정한 신경과학 서적으로 탈바꿈시켜 주었다.

티모시의 좀비 신경과학 1학년 세미나 강의에도 감사한 마음이다. 이 강의를 통해 좀비의 뇌가 어떤 상태일지 브레인스토밍을 해볼 수 있었고, 함께 피자를 먹고, 형편없는 공포영화를 감상하며 함께 많은 저녁시간을 공유할 수 있었다. 그리고 잠시 교육과 연구를 내려놓고 좀비에 대한 바보 같은 책을 쓸 수 있게 허락해 준 우리 학과장님과 멘토들에게도 감사드린다.

마지막으로 우리 두 사람은 훌륭한 배우자 제시카 보이텍Jessica Voytek과 안드레아 와인스타인Andrea Weinstein에게 감사하고 싶다. 두 사람은 우리가 밤늦도록 좀비 영화를 보면서 소위 '연구'에 몰두하는 것을 기다려 주었고, 거친 초기 원고도 읽으며 검토해 주고, 우리가 좀비의 뇌에 대해 끝없이 떠드는 소리에도 귀를 기울여주고, 우리가 너무 지쳐 글을 쓸 수 없을 때는 기운을 북돋으며 큰 도움을 주었다.

용어 설명

최대한 피하려고 했지만 어쩔 수 없이 이 책에서 과학 전문용어를 많이 사용하게 됐다. 그래서 그 정의들을 모두 한 곳에 모아보았다.

꿀팁: 여기 나오는 단어를 일상의 대화에서 하루에 하나씩 사용하면 당신의 실제 지능은 몰라도 남들이 인식하는 지능은 올라갈 수 있다.(과학적 증거는 없음.)

1차 시각피질(PRIMARY VISUAL CORTEX) - 시각피질의 하부영역으로 신피질에서 시각 정보를 처리하는 첫 번째 단계다. '시각피질'과 비교해 볼 것.

1차 청각피질(PRIMARY AUDITORY CORTEX) - 청각피질의 하부영역으로 신피질에서 청각 신호를 처리하는 첫 번째 단계다. '청각피질'과 비교해 볼 것.

가지돌기(DENDRITE) - 다른 세포로부터 입력을 받아들이는 뉴런의 가지. 뉴런의 주요 입력 소스다.

가쪽무릎핵(LATERAL GENICULATE NUCLEUS) - 시상에 있는 세포 무리로 눈에서 후두엽의 시각피질로 정보를 중계한다.

간뇌(DIENCEPHALON) - 시상과 시상하부를 묶어서 부르는 용어로, 이들이 발생학적 기원을 공유하는 데서 나온 이름이다.

간접 경로(INDIRECT PATHWAY) - 바닥핵을 관통하는 뇌 회로로 행동을 억제하는 일을 담당한다. 직접 경로와 비교해 볼 것.

감정(EMOTION) - 기분과 느낌을 아우르는 정신적 상태. 다양한 강도의 긍정적 감정, 혹은 부정적 감정으로 저울질된다.

거울뉴런 시스템(MIRROR NEURON SYSTEM) - 어떤 행동을 취할 때, 그리고 다른 누군가가 같은 행동을 취하는 것을 보았을 때 활성화되는 뉴런 집단.

경두개자기자극법(TRANSCRANIAL MAGNETIC STIMULATION, TMS) - 비침습적(즉 안전한) 뇌 자극법의 일종으로, 변화하는 자기장을 이용해서 피질의 뉴런들을 전기적으로 자극한다. 이 기법은 보통 특정 위치에서 뇌 활성을 일시적으로 방해해서 뇌 영역과 행동 사이의 상관관계를 인과적으로 검사하는 데 사용한다.

고막(TYMPANIC MEMBRANE) - 귀에 있는 막으로 기압의 변화에 따라 진동한다.

고유수용성감각(PROPRIOCEPTION) - 팔다리의 공간 속 위치에 대한 감각

공간 주의(SPATIAL ATTENTION) - 주변 환경 속의 특정 장소에 초점을 맞출 수 있는 능력.

공격성(AGGRESSION) - 해치려는 의도를 동반하는 경우가 많은 적대적 행동.

과성욕(HYPERSEXUALITY) - 강박적인 성욕이나 성적 행위

과식증(HYPERPHAGIA) - 강박적인 배고픔이나 과식

과탐식(HYPERORALITY) - 사물을 입안에 집어넣고 싶은 강박적 욕망

궁상다발(ARCUATE FASCICULUS) - 언어 기능과 관련된 뇌 영역들을 연결하는 백질 섬유로 이루어진 커다란 다발.

궁상핵(ARCUATE NUCLEUS) - 시상하부에 있는 소규모의 세포 무리. 식욕에서 역할을 담당하는 것으로 여겨진다.

그렐린(GHRELIN) - 배고픔의 느낌을 유도하는 호르몬.

급속안구운동(RAPID EYE MOVEMENT, REM) - 수면의 한 단계로 안구의 급속한 운동이 전형적인 특징으로 나타난다. 렘수면(REM sleep)은 기억을 장기저장으로 응고시키는 것에 관여하는 것으로 여겨진다.

기면성 뇌염(ENCEPHALITIS LETHARGICA) - 20세기 초반에 발발했던 기원을 알 수 없는 질병. 희생자는 만성적인 무기력증과 각성의 장애로 고통받았고, 일부 사례에서는 거의 영구적인 식물인간 상태로 들어가기도 했다. 콘스탄틴 폰 에코노모는 이 질병을 연구해서 뇌가 수면을 어떻게 조절하는지에 관한 이론을 만들어냈다.

기억 부호화(MEMORY ENCODING) - 감각자극을 정신적 표상으로 전환하는 과정

기억 인출(MEMORY RETRIEVAL) - '인출' 참고

기저막(BASILAR MEMBRANE) – 귀 속에 들어 있는 막으로 여러 주파수에 진동한다.

내분비계(ENDOCRINE SYSTEM) – 동물에서 호르몬을 순환계로 분비하는 분비샘 시스템.

내분비학(ENDOCRINOLOGY) – 호르몬이 생물학적 과정, 특히 내분비계에 미치는 영향을 연구하는 학문.

내측측두엽(MEDIAL TEMPORAL LOBE) – 뇌의 중간 쪽에 있는 측두엽의 일부로 기억과 감정처리를 주로 담당한다.

뇌(BRAIN) – 뉴런과 백질, 그리고 나머지 지지조직의 집합으로 척수를 제외한 중추신경계의 대부분을 구성한다.

뇌간(BRAINSTEM) – 뇌의 바닥과 척수의 꼭대기에 위치한 신경조직 줄기. 뇌간은 숨뇌(medulla oblongata), 다리뇌(pons)를 비롯해서 여러 가지 다양한 신경핵과 뇌 영역으로 구성되어 있고, 이것들은 대부분 각성, 걷기, 호흡 등 기본 신체 기능을 통제한다.

뇌고랑(SULCUS) – 신경조직이 접혀 들어간 부위.

뇌들보(CORPUS CALLOSUM) – 양쪽의 뇌반구를 서로 이어주는 가장 큰 신경다발.

뇌반구(HEMISPHERES) – 뇌의 왼쪽과 오른쪽 절반. 많은 뇌 영역이 반구로 분리되어 있지만 보통 이 용어는 뇌들보, 앞맞교차(anterior commissure), 뒤맞교차(posterior commissure), 이렇게 세 개의 백질 다발로 연결된 신피질의 왼쪽, 오른쪽 절반을 지칭한다.

뇌심부자극술(DEEP BRAIN STIMULATION) – 보통 파킨슨병에 사용하는 치료법으로, 뇌에 자극용 전극을 이식해서 비정상적인 뇌 활성을 보상해 준다.

뇌 영상(NEUROIMAGING) – 뇌의 구조와 기능을 평가하는 방법을 포괄적으로 지칭하는 용어. 자기공명영상(MRI), 기능적 자기공명영상(fMRI), 양전자 방사 단층촬영(positron emission tomography, PET), 자기뇌파검사(magnetoencephalography, MEG) 등이 있다.

뇌이랑(GYRUS) – 접혀진 신경조직에서 솟아 있는 부분.

뇌파검사(ELECTROENCEPHALOGRAPHY) – 수많은 뉴런에서 만들어지는 전기적 활성을 요약해서 기록한 것으로 뇌와 행동 간의 관계를 연구하는 데 사용된다.

뉴런(NEURON) – 전기화학적 신호를 이용해서 서로 통신하는 뇌 속의 세포. 모든 뉴런은 가지돌기, 세포체, 축삭돌기 이렇게 세 가지 구조로 이루어져 있다.

달변 실어증(FLUENT APHASIA) - '베르니케 실어증' 참고.

대측성(CONTRALATERAL) - 몸의 반대쪽. '동측성', '편재화'도 참고

도파민(DOPAMINE) - 다른 뇌 영역과 함께 바닥핵 안에서 강하게 표현되는 신경조절 물질로 돌출과 보상 예측에서 중요한 역할을 한다.

동시실인증(SIMULTANAGNOSIA) - 한 번에 하나 이상의 대상을 인지하기 어려워지는 것.

동측성(IPSILATERAL) - 몸의 같은 쪽. '대측성'과 비교해 볼 것. '편재화'도 참고.

두정엽(PARIETAL LOBE) - 뇌의 4개 엽 중 하나. 후두엽 바로 앞, 측두엽 위에 자리잡고 있다. 두정엽의 서로 다른 영역들은 공간 주의, 언어 이해, 촉각 처리 등과 관련되어 있다.

둔덕(COLLICULUS) - 빠른 감각신호를 처리하고 기본적인 운동 기능을 통제하는 중간뇌 세포. 꼭대기에 있는 세포 무리를 위둔덕이라고 부르며 시각정보에 특화되어 있다. 바닥에 있는 세포 무리는 아래둔덕이라고 부르며 청각 정보(소리) 처리에 특화되어 있다.

등쪽시각흐름(DORSAL VISUAL STREAM) - 두정엽피질을 관통하는 정보 전도 경로로 공간 주의와 시각적 지각에서 핵심적인 역할을 한다. '어디' 신경로도 알려져 있다. 배쪽시각흐름과 비교해 볼 것.

렙틴(LEPTIN) - 배고픔을 줄여서 포만감을 느낄 수 있게 해주는 호르몬.

말초신경계(PERIPHERAL NERVOUS SYSTEM) - 중추신경계 밖에 있는 신경과 신경절.

망막(RETINA) - 눈 뒤쪽에 있는 세포 무리로 가시광선의 광자를 신경활성으로 전환한다.

망막위상적 지도(RETINOTOPIC MAP) - 시각공간을 망막에 보이는 대로 시각피질에 지도화한 것.

망상활성계(RETICULAR ACTIVATING SYSTEM) - 깨어있음과 각성에 관여하는 뇌간 신경핵들의 집합. 잠을 자고 있는 동물의 망상활성계를 전극으로 자극하면 즉각적으로 깨어나게 된다.

맹시(BLINDSIGHT) - 의식적으로는 사물을 보지 못함에도 불구하고 시각적 신호에 반응할 수 있는 능력

명시적 기억(EXPLICIT MEMORIES) - 우리가 보통 언어적으로 자유롭게 떠올릴 수 있는 기억.

무도병(CHOREA) - 헌팅턴병, 기면성 뇌염을 비롯해서 심각한 운동장애가 동반되는 통제되지 않는 돌발적인 사지 운동.

미주신경(VAGUS NERVE) - 12개의 뇌신경 중 하나. 미주신경의 많은 기능 중 하나는 뇌와 내장 사이에서 소통의 통로를 제공하는 것이다.

바닥핵(BASAL GANGLIA) - 피질 바로 아래 묻혀 있는 신경핵의 집합으로 선조체(미상핵, 조가비핵, 측좌핵), 창백핵, 시상밑핵, 흑색질, 시상으로 구성되어 있다. 이 시스템은 피질과 순환 회로를 형성하며 운동 조절, 작업기억 등의 서로 다른 계산을 촉발하는 일련의 관문으로 작용한다.

바소프레신(VASOPRESSIN) - 포유류의 호르몬인 아르기닌 바소프레신(arginine vasopressin)의 줄임말. 중추신경계 안에서 스트레스를 비롯한 여러 행동을 담당하고 있다.

반시야(VISUAL HEMIFIELDS) - 당신이 눈으로 보는 공간의 왼쪽이나 오른쪽.

반향정위(ECHOLOCATION) - 소리를 이용해서 주변 환경에 있는 사물의 위치를 파악하는 것.

발린트 증후군(BÁLINT'S SYNDROME) - 왼쪽과 오른쪽 두정엽 모두 손상을 입어서 생기는 신경학적 증후군. 동시실인증, 시각적 운동실조증, 훽보기못함증 등의 심각한 주의 장애가 생긴다.

방추형 얼굴인식영역(FUSIFORM FACE AREA) - 방추형이랑을 따라 자리잡고 있는 뇌 영역으로 다른 대상보다 얼굴에 더 강하게 반응한다. 얼굴 네트워크의 일부다.

방추형이랑(FUSIFORM GYRUS) - 측두엽을 따라서 있는 뇌이랑으로 배쪽시각흐름의 일부다.

배외측시각전핵[(VENTROLATERAL PREOPTIC NUCLEUS (VLPO)] - 시상하부에 있는 세포 집단으로 망상활성계의 활성을 억제해서 수면을 유도한다.

배쪽시각흐름(VENTRAL VISUAL STREAM) - 후두엽과 측두엽을 관통하는 시각경로로, 사물의 알아보기와 지각에서 중요한 역할을 한다. '무엇' 신경로로도 알려져 있다. '등쪽시각흐름'과 비교해 볼 것.

백질(WHITE MATTER) - 주로 축삭돌기 다발로 구성되어 있는 뇌 부위. 색이 하얀 이유는 수초에 지방 성분이 많기 때문이다.

베르니케 실어증(WERNICKE'S APHASIA) - 언어를 이해하는 능력에 장애를 일으키는 언어 장애로 무의미한 말을 하게 만들 수도 있다. 달변 실어증이라고도 한다.

베르니케 영역(WERNICKE'S AREA) – 위관자이랑에 들어 있는 측두엽피질의 일부로 언어의 이해와 관련이 있다.

변연계(LIMBIC SYSTEM) – 뇌 영역 네트워크로 배고픔, 보상, 감정, 두려움, 분노, 기억 등 여러 가지 행동 과정을 통제하지만 거기에만 국한된 것은 아니다. 변연계에 속하는 것으로는 편도체, 시상하부, 해마, 시상 등이 있다.

병소(LESION) – 조직에 손상이 가해져서 국소적으로 세포가 대규모로 사망한 것.

보상(REWARD) – 행동을 변화시키는 긍정적 자극

보습코기관(VOMERONASAL ORGAN) – 대부분의 포유류(사람의 경우는 논란이 있다)에서 콧구멍 속에 들어 있는 뉴런 수용체로 채워진 공간으로 페로몬에 반응한다.

부신(ADRENAL GLANDS) – 에피네프린(아드레날린)과 코르티솔 같은 호르몬을 분비하는 내분비샘으로 스트레스 조절과 투쟁-도피 반응에서 중요한 역할을 수행한다.

부호화(ENCODING) – '기억 부호화' 참고

브로카 실어증(BROCA'S APHASIA) – 언어를 생산하는 능력에 장애를 일으키는 언어장애. 표현 실어증이라고도 한다.

브로카 영역(BROCA'S AREA) – 아래전두이랑(inferior frontal gyrus) 안에 들어 있는 전두엽피질의 일부로 말의 생산과 관련이 있다.

사회성(SOCIALITY) – 동물에서 집단을 이루는 경향. 경우에 따라 위계질서가 함께 따라오기도 한다.

선조 외피질(EXTRASTRIATE CORTEX) – 1차 시각피질 바로 바깥에 있는 후두엽의 뇌 영역으로 시각정보 처리에 특화되어 있다.

선조체(STRIATUM) – 바닥핵의 입력부위로 직접 경로와 간접 경로를 개시한다. 선조체는 미상핵, 조가비핵, 측좌핵으로 이루어져 있다. '바닥핵'도 참고.

선행성 기억상실증(ANTEROGRADE AMNESIA) – 오래 된 기억은 온전히 남아 있는 반면, 새로운 기억을 형성하는 능력에는 장애가 생긴 것. 역행성 기억상실증과 비교해 볼 것.

세포체(CELL BODY, SOMA) – 세포의 중심부로 대사 과정을 뒷받침하고 가지돌기로부터 오는 정보를 통합한다. 활동전위가 여기서 시작한다.

소뇌(CEREBELLUM) – 뇌의 뒤쪽 아래 부분에 자리잡고 있는 브로콜리 모양의 구조물. 여러 가지 다양한 기능을 수행하지만 운동 조절에서 담당하는 역할이 제일

잘 알려져 있다.

수용야(RECEPTIVE FIELD) – 시각경로 안에 존재하는 한 세포가 반응하는 시각적 공간의 영역. 1차 시각피질의 세포들은 고등 시각처리 영역의 세포들보다 수용야가 작다.

시각교차(OPTIC CHIASM) – 시신경을 따라 있는 뇌 영역으로 눈으로부터 오는 신호가 이곳에서 교차한다. 전두엽 아래, 시상하부 바로 아래, 뇌간 바로 앞에 자리잡고 있다.

시각교차상핵(SUPRACHIASMATIC NUCLEUS) – 시상하부에 있는 세포 무리로 빛에 반응하고, 몸의 일주기 리듬을 조절한다.

시각실어증(OPTIC APHASIA) – 자신이 바라보는 대상의 이름을 말하기 어려워하는 증상.

시각인식장애(VISUAL AGNOSIA) – 눈에 보이는 대상, 특히 그 의미와 사용법을 알아보기 힘들어지는 증상.

시각피질(VISUAL CORTEX) – 시상을 통해 눈으로부터 들어오는 정보를 받아들이고 처리하는 후두엽의 일부. 여기에는 서로 다른 유형의 시각 신호 처리에 특화된 뇌 영역이 다수 존재한다. '선조 외피질'과 '1차 시각피질'도 참고.

시각흐름(VISUAL STREAM) – '등쪽시각흐름'과 '배쪽시각흐름' 참고

시냅스 간극(SYNAPTIC CLEFT) – 한 뉴런의 축삭돌기와 또 다른 뉴런의 가지돌기 사이에 존재하는 공간.

시상(THALAMUS) – 뇌의 주요 중계소로 신피질의 모든 부분과 다수의 피질하부 영역과 신호를 주고받는다. 시상은 뇌의 주요한 정보 허브다.

시상하부(HYPOTHALAMUS) – 시상 바로 아래 자리잡고 있는 신경핵의 소집단으로 내분비계를 조절한다.

시상하부-뇌하수체-부신 축(HYPOTHALAMIC-PITUITARY-ADRENAL AXIS, HPA) – 시상, 뇌하수체, 부신으로 구성된 뇌 영역 네트워크로 스트레스 반응을 촉발한다.

시신경(OPTIC NERVE) – 눈의 망막에서 오는 정보를 뇌로 중계하는 신경섬유 다발.

신경(NERVE) – 뇌와 말초신경계 사이에서 신경 신호를 실어 나르는 축삭돌기 묶음.

신경과학(NEUROSCIENCE) – 뇌와 신경계, 그리고 그것과 행동과의 관계를 연구하는 역사상 가장 멋진 학문분야.

신경교세포(GLIA) – 뇌 속에 들어있는 세포로 폐기물이나 부산물을 청소해서 뉴런을

뒷받침한다. 신경교세포가 뇌에서 정보 처리를 뒷받침할지도 모르지만 이 가설에 대해서는 논란이 남아 있다.

신경전달물질(NEUROTRANSMITTERS) – 시냅스 간극을 가로질러 전달되는 화학물질로 뉴런이 서로 통신을 할 수 있게 해준다. 흥분성 신경전달물질은 하류 뉴런으로 하여금 더 많이 발화하게 만들고, 억제성 신경전달물질은 하류 뉴런으로 하여금 발화를 덜 하게 만든다.

신경조절물질(NEUROMODULATOR) – 신경전달물질의 아형으로 하류 세포가 다른 입력 신호 반응하는 민감도를 조절한다.

신경펩티드(NEUROPEPTIDES) – 신경조절물질로 작용하는 단백질 비슷한 작은 분자.

신경학(NEUROLOGY) – 뇌의 장애와 질병을 다루는 의학의 전문분야.

신피질(NEOCORTEX) – 피질이라고도 부른다. 진화적으로 젊은 뇌 영역으로 뇌의 꼭대기에 자리잡고 있다. 모두 4개의 엽(후두엽, 측두엽, 두정엽, 전두엽)으로 이루어져 있고 각각의 엽은 양쪽 뇌반구에 대칭으로 자리잡고 있다.

실어증(APHASIA) – 말하기와 말 이해하기 양쪽 모두에서 언어 기능에 장애가 생긴 신경질환.

실조증(ATAXIA) – 운동에 대한 통제력 상실

실행기능(EXECUTIVE FUNCTION) – 주의, 작업기억, 계획, 목표설정 등을 비롯한 여러 가지 인지과정을 아우르는 포괄적 용어

심부 뇌 영역(DEEP BRAIN REGIONS) – 보통 뇌간 안에 있는 구조물을 지칭하며, 때로는 소뇌, 바닥핵, 시상, 내측측두엽, 중간뇌를 함께 아우르기도 한다.

아래둔덕(INFERIOR COLLICULUS) – '둔덕' 참고

안면변시증(PROSOPOMETAMORPHOPSIA) – 얼굴에 대한 지각이 왜곡되는 것.

안면인식장애(PROSOPAGNOSIA) – 얼굴 알아보기가 어렵거나 불가능한 증상.

안와전두피질(ORBITOFRONTAL CORTEX) – 안구 바로 위, 뒤쪽에 자리잡고 있는 전두엽의 한 영역. 보상 처리, 감정, 자동적 혹은 충동적 행동을 조절한다. 안와전두피질은 변연계의 일부로 고려되는 경우가 많다.

안진증(NYSTAGMUS) – 한 시선에서 다른 시선으로 옮길 때 안구의 운동을 매끄럽게 통제하는 데 어려움이 있는 것. 홱보기못함증과 비교해 볼 것.

암묵적 기억(IMPLICIT MEMORIES) – 자전거 타는 법 등 우리가 학습한 것(보통 기능)에 대한 기억. 이런 기억은 의식적으로 떠올리기가 쉽지 않다.

야행증(SOMNAMBULISM) – 수면장애의 일종으로 무의식 상태에서 걸어 다니면서 주변 환경과 상호작용하게 된다. 몽유병이라고도 한다.

언어(LANGUAGE) – 구조화된 규칙(문법)을 이용해서 생각을 소통할 수 있는 (인간 특유의?) 능력.

얼굴 네트워크(FACE NETWORK) – 다른 시각적 자극보다 얼굴에 더 잘 반응하는 뇌 영역의 집합. 각각의 영역이 얼굴의 지각과 인식에서 중요한 역할을 하는 것으로 여겨진다.

에피네프린(EPINEPHRINE) – 스트레스 상황에서 촉발되어 나오는 호르몬으로 투쟁-도피 반응의 개시를 돕는다.

역행성 기억상실증(RETROGRADE AMNESIA) – 기억상실증의 일종으로 예전의 기억은 떠올리기 어렵지만 새로운 기억의 형성은 허용한다. '선행성 기억상실증'과 비교해 볼 것.

옥시토신(OXYTOCIN) – 포유류의 호르몬. 중추신경계 안에서 사회적 행동을 수정하는 데 중요한 역할을 한다.

와다 검사(WADA TEST) – 한쪽 경동맥에 바르비투르를 주사해서 뇌의 한쪽 반구를 사실상 일시적으로 잠재우는 의학 검사다. 언어의 편재화를 검사할 때 사용한다.

외계인 손 증후군(ALIEN HAND SYNDROME) – 한쪽 손(실제로는 팔)이 당사자의 자발적 통제를 벗어나 복잡한 행동이나 협응 행동을 수행하는 신경질환.

운동각결여(AKINESTHESIA) – 자신의 운동을 지각하는 능력의 상실.

운동실조증(OPTIC ATAXIA) – 자신이 보는 대상으로 손을 뻗는 동작을 하기 어려워하는 증상.

운동피질(MOTOR CORTEX) – 전두엽 그리고 두정엽의 경계부에 자리잡고 있는 뇌 영역으로, 근육으로 신호를 보내 운동을 통제한다. 운동피질 중에 전운동영역은 운동의 계획과 연관되어 있고, 1차 운동피질은 운동의 생산과 연관되어 있다.

위관자고랑(SUPERIOR TEMPORAL SULCUS) – 측두엽 꼭대기 쪽에 있는 부위. 이 부위에는 다른 시각 이미지보다 얼굴에 더 강하게 반응하는 영역이 있으며, 안면 감정의 처리에서 역할을 담당하는 것으로 여겨진다. 하지만 아직 확인된 부분은 아니다. 위관자고랑에 있는 이 영역은 얼굴 네트워크의 일부다.

유두체(MAMMILLARY BODIES) – 시상하부 아래 있는 작은 신경핵으로, 편도체, 해마와 집중적으로 연결되어 있으며 기억에서 역할을 담당하고 있다. 파페즈 회로의 일부다.

음압 파동(SOUND PRESSURE WAVE) - 귀에서 처리되는 기압 변화 정보. 이것이 소리의 지각으로 이어진다.

응고(CONSOLIDATION) - 일시적인 기억을 가져다 장기기억으로 전환해서 저장하는 과정

이온 채널(ION CHANNELS) - 뉴런의 세포체와 축삭돌기에 있는 현미경적으로 작은 구멍으로, 열었다, 닫았다 하면서 특정 분자가 세포 내외로 출입하는 것을 허용하거나 제한할 수 있다.

인식장애(AGNOSIA) - 감각적 경험을 알아보거나 해석하는 데 따르는 어려움이나 불능 상태. 실인증이라고도 한다.

인지(COGNITION) - 신경계의 처리과정, 혹은 나중에 사용하기 위해 정보를 저장하는 것을 의미하는 포괄적 용어.

인출(RETRIEVAL) - 기존에 응고되어 있던 정보에 다시 초점을 맞추어 사용할 수 있게 만드는 과정.

일주기 리듬(CIRCADIAN RHYTHM) - 대략 24시간 경과의 주기적인 진동을 나타내는 생물학적 과정.

일화기억(EPISODIC MEMORY) - 사건이나 경험, 특히 언어적으로 회상할 수 있는 사건이나 경험에 대한 일종의 기억.

자극주도행동(STIMULUS-DRIVEN BEHAVIOR) - 감각자극에 대한 자동적이고, 종종 불수의적인 반응.

장소세포(PLACE CELLS) - 동물이 실내나 주변 환경의 특정 장소에 갔을 때를 부호화하는 해마의 세포. 장소세포는 공간을 통한 경험을 부호화하는 데 도움을 준다고 여겨지고 있다.

전도 실어증(CONDUCTION APHASIA) - 방금 들었던 문장이나 문구를 따라하기 어려워지는 언어장애. 궁상다발의 손상으로 생긴다.

전두엽(FRONTAL LOBE) - 뇌에 있는 4개의 엽 중 하나. 뇌의 앞쪽에 자리잡고 있고, 운동 조절, 언어 생산, 보상감, 감정, 의사결정 등의 기능과 연관된 하부영역을 포함하고 있다.

전운동영역(PREMOTOR REGIONS) - 신피질에 자리잡은 영역으로 근육을 통제해서 행동을 실행에 옮기는 것이 아니라 운동의 계획을 주로 담당한다.

전전두피질(PREFRONTAL CORTEX) - 작업기억과 주의 등 실행기능에 관여하는 전두엽피질 앞부분.

절차 기억(PROCEDURAL MEMORY) - 일종의 암묵적 기억으로 감각운동 기능의 습득에 관여한다.

조면유두체핵(TUBEROMAMMILLARY NUCLEUS) - 중간뇌에 있는 세포의 집합으로, 망상활성계를 끌어들여 각성을 개시한다.

좀비(UNDEAD) - 슈뢰딩거의 고양… 아니 인간. 살아있는 것도 아니고 죽어 있는 것도 아니다(이 책에서는 zomebie와 undead 모두 좀비로 번역했다 - 옮긴이)

좀비(ZOMBIE) - 걸어다니는 시체. 당신의 살을 뜯어먹는 것 말고는 다른 욕망이 아무것도 없는 살아있는 시체로 사회적 공포가 이야기로 체화된 것이다. 일반적으로 멋진 이야기를 다루고 있고, 과학적으로도 가치 있는 연구 주제다.

주의(ATTENTION) - 초점을 집중함으로써 특정 자극(내적 자극 혹은 외적 자극)이 강화되는 인지 과정. 반면 주의를 기울이지 않은 다른 자극들은 약해지거나 심지어 억제되기도 한다.

주의철수 결핍증(DISENGAGEMENT DEFICIT) - 두정엽 일부의 손상으로 인해 주의를 자발적으로 통제하는 데 어려움이 있는 것.

중간뇌(MIDBRAIN) - 시상과 뇌간 사이에 자리잡고 있는 뇌의 한 구간. 여기에는 시각, 청각, 운동 조절, 그리고 수면 및 체온의 조절 등을 비롯한 다양한 기능과 관련된 여러 신경핵 모임이 들어 있다.

중추신경계(CENTRAL NERVOUS SYSTEM) - 뇌와 척수.

직접 경로(DIRECT PATHWAY) - 바닥핵을 관통하는 뇌 회로로 행동을 활성화하거나 일으키는 일을 담당한다. 간접 경로와 비교해 볼 것.

척추소뇌실조증(SPINOCEREBELLAR ATAXIA) - 소뇌와 다른 뇌간 영역의 위축을 특징으로 하는 운동장애.

청각피질(AUDITORY CORTEX) - 측두엽 중 귀로 들리는 소리를 처리하는 부분. 청각피질 전체는 서로 다른 유형의 소리를 처리하는 데 특화된 여러 가지 다른 영역으로 구성되어 있다.

체성감각피질(SOMATOSENSORY CORTEX) - 두정엽 앞쪽, 전두엽의 경계에 자리잡은 영역으로, 몸으로부터 촉각 신호를 받아들인다.

축삭돌기(AXON) - 뉴런의 세포체에서 나오는 긴 덩굴손 모양의 구조물로 멀리 떨어져 있는 다른 세포에게 활동전위를 전달한다. 축삭돌기의 끝에는 축삭말단이 있고, 이 축삭말단은 그 다음 뉴런의 가지돌기 옆에 붙어 있다. 축삭돌기는 수초라는 물질로 덮여 있는 경우가 있다. 수초는 활동전위가 먼 거리를 가로질러 갈 수 있게 도와준다.

축삭말단(AXON TERMINAL) - 축삭돌기의 말단부로 시냅스후 뉴런과 시냅스를 이룬다.

측두엽(TEMPORAL LOBE) - 뇌의 4개 엽 중 하나. 후두엽의 바로 앞, 두정엽의 아래 자리잡고 있다. 측두엽의 서로 다른 영역들이 대상 처리, 청각, 언어 이해, 기억, 감정 등과 관련되어 있다.

카그라스 망상(CAPGRAS DELUSION) - 당신이 알고 있는 사람이 생기기는 아주 똑같이 생겼지만 다른 사기꾼으로 대체되었다는 잘못된 믿음.

코르티솔(CORTISOL) - 대사에서 역할을 하고 혈당을 조절하는 스트레스 호르몬.

코르티코스테론(CORTICOSTERONE) - 많은 동물에서 HPA 축을 통해 부신에서 분비되는 스테로이드 호르몬. 스트레스와 공격적 행동의 증가와 관련되어 있다. 사람에서 이 호르몬의 유사체는 코르티솔이다.

코타르 망상(COTARD'S DELUSION) - 자기가 죽었고, 존재하지 않으며, 썩어 문드러지고 있고, 모든 피와 필수 내부장기를 잃어버렸다고 생각하는 잘못된 믿음.

클로버-부시 증후군(KLÜVER- BUCY SYNDROME) - 과성욕, 사물을 입안에 넣고 싶은 만성적 욕망, 극단적인 온순함 등을 일으키는 희귀한 질병. 이 질병은 좌우의 편도체가 모두 손상을 받았을 때 생긴다.

탈분극(DEPOLARIZATION) - 뉴런의 활동전위 시작 단계에서 양전하를 띤 이온이 뉴런으로 유입되면서 세포막의 음성 극성이 줄어드는 현상.

테스토스테론(TESTOSTERONE) - 여성보다 남성에서 훨씬 높은 수준으로 존재하는 호르몬이며 근육의 성장과 성적 성숙에 중요한 역할을 한다.

테트로도톡신(TETRODOTOXIN) - 보통 복어에서 발견되는 독으로 나트륨 이온의 세포 내 유입을 통제하는 이온 채널을 차단해서 신경세포가 발화하지 못하게 막는다. 그 결과 전신의 마비로 이어지는 경우가 많다.

텔레그라피아(TELEGRAPHIA) - 브로카 실어증 혹은 표현 실어증에서 나타나는 한 증상으로 복잡한 문장이 핵심 단어와 동사만으로 단순하게 표현된다.

투쟁-도피 반응(FIGHTORFLIGHT RESPONSE) - 자동적으로 나오는 생존 행동의 집합으로 심박동, 호흡, 소화, 각성을 조절하여 생명체로 하여금 인지된 위협에 대처할 수 있게 준비시킨다. 진화적으로 오래된 심부 뇌 영역에 의해 개시된다.

파킨슨병(PARKINSON'S DISEASE) – 뇌의 나머지 영역에 신경전달물질 도파민을 중계하는 흑색질 세포들이 사망해서 생기는 신경장애. 가장 두드러지는 증상으로는 운동의 계획과 협응의 어려움이 있다.

파페즈 회로(PAPEZ CIRCUIT) – 감정에 관여하는 뇌 영역 집단으로 편도체, 해마, 피질의 변연계가 포함된다.

페로몬(PHEROMONES) – 식물이나 동물이 소통을 위해, 혹은 행동을 변화시키기 위해 사용하는 화학적 메신저.

편도체(AMYGDALA) – 내측측두엽에 있는 아몬드 모양의 뇌 영역으로 각성과 감정 처리를 조절한다. 바로 뒤에 자리잡고 있는 해마의 기능과 긴밀하게 연결되어 있다.

편재화(LATERALIZATION) – 뇌에서 특정 기능이 한 뇌반구에서 다른 뇌반구보다 더 많이 처리되는 현상을 말한다. 이런 처리과정을 '편재화'되었다고 말한다. 반면 양쪽 뇌반구에서 동일하게 통제되는 기능은 '양측성으로(bilaterally)' 조직화되었다고 말한다. '대측성', '동측성'도 참고.

편측공간무시(HEMISPATIAL NEGLECT) – 오른쪽 두정엽의 손상으로 인해 공간 왼쪽에 있는 사물에 주의를 기울이기 어려워지는 것. 혹은 그 반대.

표현 실어증(EXPRESSIVE APHASIA) – '브로카 실어증' 참고

피질(CORTEX) – 신피질 참고.

피질시각장애(CORTICAL BLINDNESS) – 눈이 아니라 뇌의 시각피질에 손상을 입어서 사물을 보지 못하는 상태.

해마(HIPPOCAMPUS) – 바다동물 해마처럼 생긴 뇌 영역으로 측두엽의 안쪽에 자리잡고 있고, 공간 탐색 및 일화성 장기기억의 형성과도 관련이 있다

해마옆장소(PARAHIPPOCAMPAL PLACE AREA) – 해마 근처에 있는 측두엽의 한 뇌 영역으로 다른 시각적 자극보다 장소와 풍경을 보았을 때 더 강하게 반응한다.

핵(NUCLEUS) – (1) 신경핵: 신경해부학과 이 책에서는 서로 물리적으로 가까이 모여서 집중적으로 상호연결되어 있는 뉴런의 집합을 의미. (2) 세포핵: 세포생물학에서는 하나의 세포 안에 들어 있는 세포의 통제 센터를 의미.

헤쉴 이랑(HESCHL'S GYRUS) – 청각피질을 포함하고 있는 측두엽의 한 이랑

혈관미주신경반응(VASOVAGAL RESPONSE) – 미주신경에 가해지는 스트레스로 발생하는 불수의적인 실신.

호르몬(HORMON) – 분비샘에서 분비하는 화학물질로 뇌나 심장 같은 표적 기관의 활성을 조절하여 생리학과 행동에 영향을 미친다.

활동전위(ACTION POTENTIAL) – 세포에서 나타나는 극성의 변화로 이런 변화가 축삭돌기를 통해 세포체로부터 전달되어 시냅스간극으로 신경전달물질이 방출되는 결과를 낳는다.

확보기못함증(OCULOMOTOR APRAXIA) – 자기가 바라보고 싶은 대상으로 시선을 자발적으로 옮기지 못하는 증상.

회백질(GRAY MATTER) – 대부분 세포체와 가지돌기로 이루어진 뇌 부분.

후각망울(OLFACTORY BULB) – 코로부터 후각 입력을 받아들이는 뉴런 집단.

후두엽(OCCIPITAL LOBE) – 뇌의 4개 엽 중 하나. 뇌의 뒤쪽에 자리잡고 있으며 주로 시각 정보의 처리에 관여한다.

후두엽 얼굴영역(OCCIPITAL FACE AREA) – 후두엽을 따라 방추형이랑 근처에 자리잡고 있는 뇌 영역. 다른 대상보다 얼굴에 더 강하게 반응한다. 얼굴 네트워크의 일부.

흑색질(SUBSTANTIA NIGRA) – 바닥핵의 일부를 구성하는 뇌 영역. 흑색질에 있는 세포들은 도파민을 공급하고, 이 도파민이 다양한 뇌 영역에서 사용된다. 이 부위의 세포들이 죽는 것이 파킨슨병에서 보이는 증상의 1차적 근원이다. '바닥핵'도 참고.

참고문헌 & 추천도서

1장 그레이 (좀비) 아나토미

Diamond, Marian C., and Arnold B. Scheibel. The Human Brain Coloring Book. New York: Barnes & Noble Books, 1985.

Jarosz, Andrew F., Gregory J.H. Colflesh, and Jennifer Wiley. "Uncorking the muse: Alcohol intoxication facilitates creative problem solving." Consciousness and Cognition 21.1 (2012):487– 93.

Kandel, Eric R., James H. Schwartz, and Thomas M. Jessell. Principles of Neural Science. New York: McGraw- Hill, Health Professions Division, 2000.

Kiernan, John, and Raj Rajakumar. Barr's The Human Nervous System: An Anatomical Viewpoint. [N.p.]: Lippincott Williams & Wilkins, 2013.

MacLean, P. D. "Brain evolution relating to family, play, and the separation call." Archives of General Psychiatry 42.4 (Apr. 1985):405– 17.

Marketos, Spyros G., and Panagiotis K. Skiadas. "Galen: A pioneer of spine research." Spine 24.22 (1999):2358– 62.

Schlozman, S. The Zombie Autopsies. New York: Grand Central Publishing, 2012.

Walker, A. Earl. The Genesis of Neuroscience. Edited by Edward R. Laws and George B. Udvarhelyi. Park Ridge, IL: American Association of Neurological Surgeons, 1998.

Yildirim, F. B., and L. Sarikcioglu. "Marie Jean Pierre Flourens (1794– 1867): An extraordinary scientist of his time." Journal of Neurology, Neurosurgery, and Psychiatry 78.8 (Aug. 2007):852.

2장 좀비 꿈속의 양도 좀비인가?

Davis, Wade. The Serpent and the Rainbow. New York: Simon & Schuster, 1997.

Economo, J. von. Baron Constantin Von Economo: His Life and Work. [N.p.]: Von Wagner- Jauregg Kessinger Publishing, 2010.

Koch, C., and F. Crick. "The zombie within." Nature 411 (2001):893.

Narahashi, Toshio. "Tetrodotoxin: A brief history." Proceedings of the Japan Academy. Series B, Physical and Biological Sciences 84.5 (2008):147– 54.

Okawa, Masako, and Makoto Uchiyama. "Circadian rhythm sleep disorders: Characteristics and entrainment pathology in delayed sleep phase and non- 24 sleep- wake syndrome." Sleep Medicine Reviews 11.6 (2007):485– 96.

Rattenborg, N. C., C. J. Amlaner, and S. L. Lima. "Behavioral, neurophysiological and evolutionary perspectives on unihemispheric sleep." Neuroscience and Biobehavioral Reviews. 24.8 (2000):817– 42.

Saper, Clifford B. The central circadian timing system. Current Opinion in Neurobiology 23.5 (2013):747– 51.

Saper, Clifford B., Thomas C. Chou, and Thomas E. Scammell. "The sleep switch: Hypothalamic control of sleep and wakefulness." Trends in Neurosciences 24.12 (2001):726– 31.

Sheldon, S. H., J. P. Spire, and H. B. Levy. "Anatomy of sleep." Pediatric Sleep Medicine, S (1992):37– 45.

Skaggs, William E., and Bruce L. McNaughton. "Replay of neuronal firing sequences in rat hippocampus during sleep following spatial experience." Science 271.5257 (1996):1870– 73.

Sterman, M. Bo, and C. D. Clemente. "Forebrain inhibitory mechanisms: Sleep patterns induced by basal forebrain stimulation in the behaving cat." Experimental Neurology 6.2 (1962):103– 17.

Tononi, G. "An information integration theory of consciousness." BMC Neuroscience 5.1 (2004):42.

3장 느린 움직임의 신경 상관물

Alexander, Garrett E., and Michael D. Crutcher. "Functional architecture of basal ganglia circuits: neural substrates of parallel processing." Trends in Neurosciences 13.7 (1990):266– 71.

Clarke, E. The Human Brain and Spinal Cord: A Historical Study Illustrated by Writings from Antiquity to the 20th Century. Norman Publishing, 1996.

Geyer, S., M. Matelli, G. Luppino. and K. Zilles. "Functional neuroanatomy of the primate isocortical motor system." Anatomy and Embryology 202.6 (2000):443–74.

Glickstein, M., P. Strata, and J. Voogd. "Cerebellum: History." Neuroscience 162.3 (2009):549–59.

Graybiel, Ann M. "The basal ganglia: Learning new tricks and loving it." Current Opinion in Neurobiology 15.6 (2005):638–44.

Kandel, Eric R., James H. Schwartz, and Thomas M. Jessell. Principles of Neural Science. New York: McGraw-Hill, Health Professions Division, 2000.

Llinás, Rodolfo R. I of the Vortex: From Neurons to Self. Cambridge, MA: MIT Press, 2001.

McGuire, Leah M. M., and Philip N. Sabes. "Sensory transformations and the use of multiple reference frames for reach planning." Nature Neuroscience 12.8 (2009):1056–61.

Praamstra, P., et al. "Reliance on external cues for movement initiation in Parkinson's disease: Evidence from movementrelated potentials." Brain 121.1 (1998):167–77.

Vulliemoz, S., O. Raineteau, and D. Jabaudon. "Reaching beyond the midline: Why are human brains cross wired?" Lancet Neurology 4 (2005):87–99.

Wolpert, Daniel M., R. Chris Miall, and Mitsuo Kawato. "Internal models in the cerebellum." Trends in Cognitive Sciences 2.9 (1998):338–47.

4장 배고픔, 분노, 어리석음

Babineau, B. A., et al. "Context-specific social behavior is altered by orbitofrontal cortex lesions in adult rhesus macaques." Neuroscience 179 (2011):80–93.

Berthoud, Hans-Rudolf, and Christopher Morrison. "The brain, appetite, and obesity." Annual Review of Psychology 59 (2008):55–92.

Brown-Séquard, Charles-Edouard. "Note on the effects produced on man by subcutaneous injections of a liquid obtained from the testicles of animals." Lancet 134.3438 (1889):105–7.

Brunner, H. G., et al. "X-linked borderline mental retardation with prominent behavioral disturbance: Phenotype, genetic localization, and evidence for disturbed monoamine metabolism." American Journal of Human Genetics 52.6 (1993):1032–39.

Code, Chris, et al., eds. Classic Cases in Neuropsychology. Hove, East Sussex: Psychology Press, 1996.

Davis, Michael, and Paul J. Whalen. "The amygdala: Vigilance and emotion." Molecular Psychiatry 6.1 (2001):13–34.

Dedovic, Katarina, et al. "The brain and the stress axis: The neural correlates of cortisol regulation in response to stress." Neuroimage 47.3 (2009):864–71.

Feldman, S., and J. Weidenfeld. "The excitatory effects of the amygdala on hypothalamo- pituitary- adrenocortical responses are mediated by hypothalamic norepinephrine, serotonin, and CRF- 41." Brain Research Bulletin 45:4 (1998):389–93.

Lambert, Kelly, and Craig H. Kinsley. Clinical Neuroscience. Macmillan, 2005.

Klüver, H. and Bucy, P.C. "Preliminary analysis of functions of the temporal lobes in monkeys." Archives of Neurology and Psychiatry 42 (1939):979–1000.

Koenigs, Michael. "The role of prefrontal cortex in psychopathy." Reviews in the Neurosciences 23.3 (2012):253.

Kötter, Rolf, and Niels Meyer. "The limbic system: A review of its empirical foundation." Behavioural Brain Research 52.2 (1992):105–27.

Kruk, Menno R., et al. "Fast positive feedback between the adrenocortical stress response and a brain mechanism involved in aggressive behavior." Behavioral Neuroscience 118:5 (2004):1062.

Marlowe, Wendy B., Elliott L. Mancall, and Joseph J. Thomas. "Complete Klüver- Bucy syndrome in man." Cortex 11.1 (1975):53–59.

Nelson, Randy J., and Brian C. Trainor. "Neural mechanisms of aggression." Nature Reviews Neuroscience 8.7 (2007):536–46.

Reiter, Amy. "Mike the Headless Chicken more popular than Clinton." Salon, May 12, 1999, http://www.salon.com/1999 /05/12/snl/.

Tattersall, R. B. "Charles- Edouard Brown- Séquard: Doublehyphenated neurologist and forgotten father of endocrinology." Diabetic Medicine 11.8 (1994):728–31.

Trainor, B. C., C. L. Sisk, and R. J. Nelson. "Hormones and the development and expression of aggressive behavior." Hormones, Brain and Behavior 1

(2009):167–203.

Yang, Yaling, et al. "Morphological alterations in the prefrontal cortex and the amygdala in unsuccessful psychopaths." Journal of Abnormal Psychology 119:3 (2010):546.

5장 좀비 대재앙 앞에서 울어봐야 소용없다!

Barrett, Lisa Feldman, et al. "The experience of emotion." Annual Review of Psychology 58 (2007):373–403.

Bielsky, Isadora F., and Larry J. Young. "Oxytocin, vasopressin, and social recognition in mammals." Peptides 25:9 (2004):1565–74.

Darwin, Charles R. The Expression of the Emotions in Man and Animals. London: John Murray. 1872 (1st edition).

Davidson, Richard J., Daren C. Jackson, and Ned H. Kalin. "Emotion, plasticity, context, and regulation: perspectives from affective neuroscience." Psychological Bulletin 126.6 (2000):890.

De Dreu, Carsten K. W., et al. "The neuropeptide oxytocin regulates parochial altruism in intergroup conflict among humans." Science 328 (2010):1408–11.

Dinstein, Ilan. "Human cortex: Reflections of mirror neurons." Current Biology 18.20 (2008):R956–59.

Gallese, Vittorio. "The shared manifold hypothesis: From mirror neurons to empathy." Journal of Consciousness Studies 8 (2001):5–7.

Insel, Thomas R. "The challenge of translation in social neuroscience: a review of oxytocin, vasopressin, and affiliative behavior." Neuron 65:6 (2010):768–79.

James, William. "What is an emotion?" Mind 9 (1884):188–205.

Kosfeld, Michael, et al. "Oxytocin increases trust in humans." Nature 435 (2005):673–76.

LeDoux, Joseph E. "Emotion circuits in the brain." Annual Review of Neuroscience 23 (2000):155–84.

Parvizi, Josef, et al. "Pathological laughter and crying: A link to the cerebellum." Brain 124.9 (2001):1708–19.

Porter, Jess, et al. "Mechanisms of scent-tracking in humans." Nature Neuroscience 10.1 (2007):27–29.

Sanders, Robert. "Two nostrils better than one, researchers show." Press release,

UC Berkeley News, Dec. 18, 2006, http://www.berkeley.edu/news/media/releases/2006/12/18_scents.shtml.

Tobin, Vicky A., et al. "An intrinsic vasopressin system in the olfactory bulb is involved in social recognition." Nature 464 (2010):413–17.

Yeshurun, Yaara, et al. "The privileged brain representation of first olfactory associations." Current Biology 19.21 (2009):1869–74.

6장 꼬인 혓바닥

Berker, Ennis Ata, Ata Husnu Berker, and Aaron Smith. "Translation of Broca's 1865 report: Localization of speech in the third left frontal convolution." Archives of Neurology 43:10 (1986):1065.

Bernal, Byron, and Alfredo Ardila. "The role of the arcuate fasciculus in conduction aphasia." Brain 132.9 (2009):2309–16.

Code, Chris, et al., eds. Classic Cases in Neuropsychology. Hove, East Sussex: Psychology Press, 1996.

Cohen, Leonardo G., Pablo Celnik, Alvaro Pascual-Leone, Brian Corwell, Lala Faiz, James Dambrosia, Manabu Honda, et al. "Functional relevance of cross-modal plasticity in blind humans." Nature 389 (1997):180–83.

Dronkers, N. F. "A new brain region for coordinating speech articulation." Nature 384 (1996):159–61.

Dronkers, N. F., O. Plaisant, M. T. Iba-Zizen, and E. A. Cabanis. "Paul Broca's historic cases: High resolution MR imaging of the brains of Leborgne and Lelong." Brain 130 (2007):1432–41.

Griffin, Donald R., and Robert Galambos. "The sensory basis of obstacle avoidance by flying bats." Journal of Experimental Zoology 86.3 (1941):481–506.

Hempstead, Colin, and William Worthington, eds. Encyclopedia of 20th-Century Technology. Vol. 2. Routledge, 2005.

Kandel, Eric R., James H. Schwartz, and Thomas M. Jessell. Principles of Neural Science. New York: McGraw-Hill, Health Professions Division, 2000.

Pierce, G. W., and D. R. Griffin. "Experimental determination of supersonic notes emitted by bats." Journal of Mammalogy 19 (1938):454–55.

Sadato, Norihiro, Alvaro Pascual-Leone, Jordan Grafman, Vicente Ibañez, Marie-Pierre Deiber, George Dold, and Mark Hallett. "Activation of the primary visual cortex by Braille reading in blind subjects." Nature 380 (1996):526–28.

Schorn, Daniel. "How a blind teen 'sees' with sound." CBS, July 19, 2006, http://www.cbsnews.com/news/how-a-blind-teen-sees-with-sound/.

Schreier, Jason. "How a blind gamer plays Zelda by ear." Wired, April 7, 2011, http://www.wired.com/gamelife/2011/04/blind-gamer-plays-zelda-by-ear/.

Squire, Larry R., ed. The History of Neuroscience in Autobiography, vol. 1. Washington, DC: Society for Neuroscience, 1996.

Thaler, Lore, Stephen R. Arnott, and Melvyn A. Goodale. "Neural correlates of natural human echolocation in early and late blind echolocation experts." PLoS One 6.5 (2011):e20162.

Wada, Juhn Atsushi. "A new method for the determination of the side of cerebral speech dominance: A preliminary report of the intra- carotid injection of sodium amytal in man." Igaku to Seibutsugaki [Medicine and Biology] 14 (1949):221–22.

7장 좀비의 주의철수 결핍증

Code, Chris, et al., eds. Classic Cases in Neuropsychology. Hove, East Sussex: Psychology Press, 1996.

Holmes, Gordon. "Disturbances of visual orientation." British Journal of Ophthalmology 2.9 (1918):449.

Kandel, Eric R., James H Schwartz; Thomas M Jessell. Principles of Neural Science. New York: McGraw- Hill, Health Professions Division, 2000.

Posner, Michael I., et al. "Effects of parietal injury on covert orienting of attention." Journal of Neuroscience 4.7 (1984):1863–1874.

Rizzolatti, Giacomo, and Massimo Matelli. "Two different streams form the dorsal visual system: anatomy and functions." Experimental Brain Research 153.2 (2003):146–57.

Ungerleider, Leslie G., and James V. Haxby. " 'What' and 'where' in the human brain." Current Opinion in Neurobiology 4.2 (1994):157–65.

Walshe, Francis M. R. "Gordon Morgan Holmes, 1876–1965." Biographical Memoirs of Fellows of the Royal Society 12 (Nov. 1966):311–19.

8장 그나저나 이 좀비 얼굴은 누구지?

Caramazza, Alfonso, and Bradford Z. Mahon. "The organisation of conceptual knowledge in the brain: The future's past and some future directions." Cognitive Neuropsychology 23.1 (2006):13– 38.

Code, Chris, et al., eds. Classic Cases in Neuropsychology. Hove, East Sussex: Psychology Press, 1996.

Ellis, Hadyn D., and Melanie Florence. "Bodamer's (1947) paper on prosopagnosia." Cognitive Neuropsychology 7.2 (1990):81– 105.

Ellis, Hadyn D., and Michael B. Lewis. "Capgras delusion: A window on face recognition." Trends in Cognitive Sciences 5.4 (2001):149– 56.

Grill- Spector, Kalanit, and Rafael Malach. "The human visual cortex." Annual Review of Neuroscience 27 (2004):649– 77.

Haxby, James V., Elizabeth A. Hoffman, and M. Ida Gobbini. "The distributed human neural system for face perception." Trends in Cognitive Sciences 4.6 (2000):223– 33.

Martin, Alex. "The representation of object concepts in the brain." Annual Review of Psychology 58 (2007):25– 45.

Nestor, Adrian, David C. Plaut, and Marlene Behrmann. "Unraveling the distributed neural code of facial identity through spatiotemporal pattern analysis." Proceedings of the National Academy of Sciences 108.24 (2011):9998– 10003.

Parvizi, et al. "Electrical stimulation of human fusiform faceselective regions distorts face perception." Journal of Neuroscience 32.43 (2012):14915– 20.

Pyles, John A., et al. "Explicating the face perception network with white matter connectivity." PLoS One 8.4 (2013):e61611.

9장 내가 어떻게 내 자신이 아니지?

Berrios, G. E., and R. Luque. "Cotard's delusion or syndrome? A conceptual history." Comprehensive Psychiatry 36.3 (1995):218– 23.

Berrios, G. E., and R. Luque. "Cotard's syndrome: Analysis of 100 cases." Acta Psychiatrica Scandinavica 91.3 (1995):185– 88.

Feinberg, Todd E., et al. "Two alien hand syndromes." Neurology 42.1 (1992):19– 24.

Vulliemoz, S., O. Raineteau, and D. Jabaudon. "Reaching beyond the midline: Why are human brains cross wired?" Lancet Neurology 4 (2005):87- 99.

10장 이터널 좀비 선샤인

Awh, E., and E. K. Vogel. "The bouncer in the brain." Nature Neuroscience 11 (2008):5- 6.

Barrouillet, P., Bernardin, S., and Camos, V. "Time constraints and resource sharing in adults' working memory spans." Journal of Experimental Psychology: General 133 (2004):83- 100.

Corkin, Suzanne. "What's new with the amnesic patient H.M.?" Nature Reviews Neuroscience 3.2 (2002):153- 60.

Corkin, Suzanne. Permanent Present Tense: The Unforgettable Life of the Amnesic Patient. New York: Basic Books, 2013.

Gazzaniga, Michael, Richard B. Ivry, and George R. Mangun. Cognitive Neuroscience: The Biology of the Mind. New York: W. W. Norton & Company; 2008.

Kane, Michael J., et al. "Working memory, attention control, and the N- back task: A question of construct validity." Journal of Experimental Psychology: Learning, Memory, and Cognition 33.3 (2007):615- 22.

Kirchner, W. K. "Age differences in short- term retention of rapidly changing information." Journal of Experimental Psychology 55.4 (1958):352- 58.

Miller, E. K., and J. D. Cohen. "An integrative theory of prefrontal cortex function." Annual Review of. Neuroscience 24 (2001):167- 202.

Papez, James W. "A proposed mechanism of emotion." Archives of Neurology and Psychiatry 38.4 (1937):725.

Pasupathy, A., and E. K. Miller. "Different time courses of learning- related activity in the prefrontal cortex and striatum." Nature 433 (2005):873- 76.

Scoville, W. B., and B. Milner. "Loss of recent memory after bilateral hippocampal lesions." Journal of Neurology, Neurosurgery, and Psychiatry 20.1 (1957):11- 21.

Shiv, B., and A. Fedorikhin. "Heart and mind in conflict: The interplay of affect and cognition in consumer decision making." Journal of Consumer Research 26.3 (1999):278- 92.

Voytek, B., and R. T. Knight. "Prefrontal cortex and basal ganglia contributions to visual working memory." Proceedings of the National Academy of Sciences 107 (2010):18167–72.

11장 좀비 대재앙에 과학으로 맞서자!

Evans, Harry C., Simon L. Elliot, and David P. Hughes. "Hidden diversity behind the zombie- ant fungus Ophiocordyceps unilateralis: Four new species described from carpenter ants in Minas Gerais, Brazil." PLoS One 6.3 (2011):e17024.

Fellows, Lesley K., and Martha J. Farah. "Is anterior cingulate cortex necessary for cognitive control?" Brain 128.4 (2005):788–96.

Moore, Janice. "The behavior of parasitized animals." Bioscience (1995):89–96.

Mulquiney, Paul G., et al. "Improving working memory: Exploring the effect of transcranial random noise stimulation and transcranial direct current stimulation on the dorsolateral prefrontal cortex." Clinical Neurophysiology 122.12 (2011):2384–89.

Perlmutter, Joel S., and Jonathan W. Mink. "Deep brain stimulation." Annual Review of Neuroscience 29 (2006):229–57.

Sotelo, Julio, Vicente Guerrero, and Felipe Rubio. "Neurocysticercosis: A new classification based on active and inactive forms: a study of 753 cases." Archives of Internal Medicine 145.3 (1985):442–45.

Talwar, Sanjiv K., et al. "Behavioural neuroscience: Rat navigation guided by remote control." Nature 417(2002):37–38.

Webster, Joanne P. "Rats, cats, people and parasites: The impact of latent toxoplasmosis on behaviour." Microbes and Infection 3.12 (2001):1037–45.

Widner, Hakan, James Tetrud, Stig Rehncrona, Barry Snow, Patrik Brundin, Björn Gustavii, Anders Björklund, Olle Lindvall, and J. William Langston. "Bilateral fetal mesencephalic grafting in two patients with parkinsonism induced by 1- methyl- 4- phenyl- 1, 2, 3, 6- tetrahydropyridine (MPTP)." New England Journal of Medicine 327.22 (1992):1556–63.

Zangrossi, Helio, Jr., and Sandra E. File. "Habituation and generalization of phobic responses to cat odor." Brain Research Bulletin 33.2 (1994):189–94.